科学史ライブラリー

微生物学の歴史 I

レイモンドW.ベック 著
嶋田甚五郎・中島秀喜 監訳

朝倉書店

A Chronology of Microbiology in Historical Context

Raymond W. Beck
Professor Emeritus
Department of Microbiology
University of Tennessee
Knoxville, Tennessee

Copyright © 2000 ASM Press
American Society for Microbiology
1752 N St. NW
Washington, DC 20036-2804

All rights reserved. Translated and published by arrangement with ASM press.

Cover illustration: A photogravure of a portrait of Louis Pasteur by Finnish artist Albert Edelfelt (courtesy of the American Society for Microbiology Archives; the original portrait is in the Musée d' Orsay, Paris, France).

監訳者 序

　医学の歴史は，感染症との戦いの歴史でもある．19世紀後半から20世紀は，ヒトが感染症との戦いで大きな成果をあげた時代であった．多くの病原微生物が突き止められ，それらを攻撃するたくさんの抗菌薬や化学療法薬が開発された．一時期，ヒトは「感染症を征服することができるかもしれない」と思った．

　だがこれは大きな考え違いであった．ヒトが現れる数十億年も前からこの地球で勢力を張ってきた微生物との闘いは，そんなに生やさしいものではなかった．抗菌薬で抑えられ追いつめられたように見えた細菌たちは，その抗菌薬の攻撃をかわす能力を獲得し，再びヒトに襲いかかってきた．耐性菌という新たな脅威を抱えることになったのである．また，これまではヒトに無害あるいは弱毒と考えられていた種類の微生物たちも，ヒトにキバを剥くようになってきた．そのような微生物は，もともと生体内や環境内にあって，おとなしくしていたものたちであった．彼らが強力になったのではない．公衆衛生の普及や医療状況の改善によって，ヒトの防御力の方が弱くなり，両者のバランスが崩れる事態が出現した結果といえる．

　この「微生物学年代記とその歴史的背景」(原題)は，ヒトと微生物との複雑な関係を描いた史実の記録である．読み進むと，20世紀になって急に微生物の存在が明確になったわけでは決してなく，ましてヒトと感染症との闘いに終わりがあるわけでないことがわかる．古代からの観察者の記録が，そして技術の発達の集積が，現代へとつながる医学の進歩を導いてきたのである．その進歩も一直線に発展してきたのではなく，間違った概念が先行し，正統な業績が長く評価されなかった時代があったこともわかる．加えて，当時の社会や政治，芸術，文化などが，医学に限らず，物理学，化学などの自然科学の発達にいかに影響し，微生物学の発展を推進して（時によっては発展を遅らせて）きたかが理解できる．期せずして同時期に，複数の科学者が独自の研究を行い，議論を戦わせながら真理を追究してきたこともわかる．現在はまだ発展の途中であり，これから先も微生物との闘いは続いていくのである．

　本書の使命の第一は，微生物学の教師や学生に対して貴重な資料を提供することだが，医学専門家以外の読者にとっても格好の読み物になっていると思う．この本を通じて，医学への興味を持つひとが増えてくれることを願っている．

なお，本書の翻訳は以下の分担で行い，全体を監訳者が整理・統一した．原書は1冊で刊行されたが，日本語版では1918年までをI，1919年以降をIIとして，二分冊で刊行することにした．

紀元前3180年～1773年　木下秀則（新潟市民病院救命救急センター）
　　1774年～1865年　内藤真一（新潟市民病院小児外科）
　　1866年～1897年　金沢　宏（新潟市民病院心臓血管外科・呼吸器外科）
　　1898年～1923年　吉川博子（新潟市民病院感染症科）
　　1924年～1944年　山内豊明（名古屋大学医学部基礎看護学）
　　1945年～1960年　竹村　弘（聖マリアンナ医科大学微生物学）
　　1961年～1974年　山本啓之（海洋研究開発機構海洋生態環境研究部）
　　1975年～1990年　中島秀喜（聖マリアンナ医科大学微生物学）

本書は，原題に in Historical Context とあるように，微生物学以外の分野の事柄も多数収録されているため，訳者の専門分野ではない事項も多く，各種の辞事典類も含めできる限り調べたうえで正確を期したが，該当分野の専門の方からみれば，不十分または不適切なところも残っているかもしれない．ご批判ご教示をいただければありがたいと思っている．

　　2004年7月

監　訳　者

序

Preface

　年代記とは著明な史実を記録したものであり，さまざまな資料を探索することによって学びえた情報を提供するものである．この年代記編纂の目的は微生物学の歴史の中から，注目すべき業績の数々を提供することにあり，誰がそれを成したかを明らかにするものである．科学に関する年代記は，科学的推論の根拠がいつ成されたか知るということを基本姿勢にすることが重要なことであり，その結果，この知識がしばしばどのようにして，そして何故に特別な科学の進歩が生じたかを人々が理解する助けとなる．これに加えて，本書はさまざまな歴史的背景や，他の科学領域の研究分野，例えば生化学，細胞生物学，遺伝学，顕微鏡，化学，物理学や応用科学，そして同様に社会，政治そして文化史の上で重要な事項をも書込むことに努力した．年代記は百科事典というわけにはいかないので，幾つかの情報は除く必要があった．

　初期の事項の多くは，おおよその年代しか解らない．新しい時代の科学業績に関する項目は論文あるいは書籍の発刊日に基づいた．20世紀の事項に関しては，多くのものが重複したり，基本的に関係のある発見が短期間になされたりしており，個々の発見の正確な日付，特定の個人あるいは研究者のグループを明らかにすることは難しかった．多くの場合，発見は幾人かの人々によるとされるが，その他の人々が見落されている可能性もあることを認識しておく必要がある．

　年代記に何を選択採用するかは，その業績が1つの歴史を創造するか否かの眼で判断し，重要性が少ないからという理由で不採用にしたわけではない．最近の50年間における生物学の急激な発展とその知識は全ての重要な進歩に挑戦的な役割を果してきている．この年代記にはつい最近の発見についても，少しではあるが気がついたものは収載している．年代記は決して終るものではなく，時間の経過とともにいっそう完成されたものになる必要がある．

　本書，*A Chronology of Microbiology in Historical Context*（微生物学年代記とその歴史的背景）は微生物学を教える先生と学ぶ生徒の双方に価値ある資料となることを目

的として著した．参考図書として，本書は微生物学の発展や，他の科学や社会全般の出来事との関連についての情報にアクセスできるよう著された．本書の利用者は，さまざまな業績の日付やそれに関わった人々の氏名を明らかにでき，かつその文献を通して興味ある特別な領域における関連する発見について学ぶことができる．

レイモンド・W・ベック

紀元前 3180 年頃

古代の病気：plague あるいは pestilence（悪疫あるいは疫病）
エジプト第 1 王朝の Shemsu（Shememsu）王時代の記述に大きな伝染病があったとある．これが最初に記録された流行病であろう．"plague" と "pestilence" は当時の記述にたびたびみられるが，明確に定義されないまま使用されていた．

紀元前 3000 年頃

A. 古代の医学
Shen Lung 帝が最古の医学書 *The Great Herbal*（薬草本）を著した．

B. 文明：**青銅器時代**
青銅器時代が，錫鉱石と銅鉱石を混ぜて製錬すると，容易に鋳型に入れることのできる新しい金属をつくることができるという発見で始まった．

C. 文明：**文字の発明**
エジプト人がパピルスに象形文字と呼ばれる絵文字をインクを用いて書いた．

紀元前 2750 年頃

古代の医学
中国の Shen Nung（神農）帝が薬草や鍼を用いた．

紀元前 2595 年頃

A. 古代の医学
中国の Huang Ti（黄帝）帝が編纂した現存する医学書 *Nei Ching*（内経）に，視診，聴診，触診，問診（見る，聞く，感じる，尋ねる）が病気の診断に用いられるとの記述がある．

B. 技術：**時計**
水時計がエジプトに現れた．

紀元前 2500 年頃

A. 文明：**鉄器時代**
鉄鉱石を非常に高い温度で精錬することにより，銅よりも硬度の高い金属が得られることを発見したことから鉄器時代が始まった．鉄の使用は後の 1000 年間にゆっくり世界に広がっていった．

B. 文明：文字

シュメールで生まれた楔形文字ではおよそ600種の標示が使われていた．

紀元前2000年頃

技術：ガラス

メソポタミアにおいて，陶器に上薬を塗る過程で偶然にガラスがつくられた．それはカットされ磨かれることはあっても，紀元前1500年頃まで熱いうちに鋳型に入れられることはなかった．

紀元前1700年頃

数学：シュメール人の数学/πの計算

シュメールで数学者たちがπのおよその値，すなわち直径に対する円周の比を計算した．彼らはまた平方根，立方，立方根を発明し，二次方程式を考案した．（190年，600年，1596年，1706年参照）

紀元前1500年頃

A. 古代の病気：流行熱

1862年エジプトのThebes（テーベ）の墓からGeorge Ebers（エーベルス）によって発見された，いわゆるEbersのパピルス古文書に流行熱の記載があり，多種の薬物療法が記されている．

B. 技術：ガラス

溶融ガラスの型取りが始まった．

紀元前1190年頃

古代の病気：plague

トロイア戦争の終わり頃，ギリシア軍の兵員がある流行病によって激減した．Homer（ホメロス）の *The Iliad*（イリアス）が"plague"や"pestilence"とともにマウスやラットにも言及するのは，その流行病が腺ペストであることを示唆している．

紀元前1122年頃

古代の病気：天然痘

皮膚に水疱を生じた後，しだいにその数を増し，膿を形成し，消退すると記載された中国の病気は，天然痘であると考えられている．

紀元前1000年頃

食品細菌学：食物保存

中国で用いられた食物の保存技術に乾燥，薫製，塩漬け，香辛料があった．ワインも酢に変化させ，食物保存に用いられていた．

紀元前790～紀元前640年

古代の病気：疫病

1579年に英訳された *Plutarch's Lives*（プルタルコス英雄伝）やRome（ローマ）の歴史家Livy（Titus Livius，リウィウス）の記述によると，疫病（plagues）が紀元前790年，紀元前710年，紀元前640年にRomeを襲ったとされている．

紀元前585年

物理学：磁気と静電気

ギリシアの自然哲学者Thales（タレス）が天然磁石や軽くこすると誘引力を生ずる琥珀の磁性について調べた．彼の琥珀の観察は静電気現象を最初に報告したものであろう．（1600年A，1660年B，1745年B参照）

紀元前460年頃

医学：Hippocrates/Hippocrates派

ギリシアのCos（コス）島に生まれたHippocrates（ヒポクラテス）は紀元前460年から紀元前377年頃まで生きた．彼の生涯については医学を実践，教授しながらギリシア国内中を旅したこと以外はあまり知られていない．"Hippocrates集"として知られる70余の医学関連の記載は，彼や他のHippocrates派（Cos派；何人かはライバル学派のCnidos（クニドス）派）の人々によるものである．Hippocratesは四体液すなわち血液，粘液（鼻汁），黄胆汁，黒胆汁の不均衡が病気の根元であると述べている．四体液の関係はEmpedocles（エンペドクレス）の四元素に基づいており，血液は火（温乾），黄胆汁は空気（温湿），黒胆汁は土（冷乾），粘液は水（冷湿）に対応する．この概念は2世紀のGalen（ガレノス）によって発展され，17世紀に至るまで医学界を支配した．Hippocratesの誓いは今ではHippocrates派の創作ではなかったと考えられているが，医を職業とする者の倫理の基礎として今日まで伝承されている．（紀元前430年B，2世紀参照）

紀元前 430 年

A. **古代の病気：Thucydides の疫病あるいは Athens の疫病**

Thucydides（トゥキディデス）は *History of Peloponnesian War*（ペロポネソス戦争史）の中で，疫病が伝染性であり，その病気から回復した人は二度とそれに罹らないことを述べた．Thucydides は，疫病に冒された人は健康な状態から一気に病的になり，呼吸困難，嘔吐，膿疱や潰瘍，高熱といった症状を呈すると述べている．また動物の死骸をえさとする鳥はその病気で死んだ動物を攻撃しないとも述べている．こうした記述に関して研究者の解釈は大きく異なり，麻疹について記述したと考える者もいれば，発疹チフスだという者もいる．その病状が麦角中毒であると考える者さえいる．Athens（アテナイ）と Sparta（スパルタ）の戦争の間に Athens の人口の少なくとも 3 分の 1 が疫病で死んだ．

B. **化学：四元素**

Empedocles（エンペドクレス）が四元素を命名した．すなわち，土，水，火，空気である．Aristotle（アリストテレス）と Plato（プラトン）がこの概念を発展させ，18 世紀まで元素の概念を支配した．

紀元前 367～紀元前 322 年頃

生物学と天動説

Aristotle（アリストテレス）は紀元前 367 年 Plato（プラトン）のアカデミー学園で勉学を始め，Plato が没する紀元前 347 年まで留まった．教え子の記録を含めて，彼の記述は，ほとんどすべての分野にわたる見識の広い探索から成り立っている．彼の業績には，地球が宇宙の中心であるという天動説や，進化を意味するわけではないが 500 種の動物をヒトに至るまで 8 つの綱に分けたこと，帰納法を説明し，原理と仮定の区別を明らかにしたことなどがある．彼はまたニワトリの胚の発達や反芻動物の胃についても記載している．動脈と静脈の役割の違いについての彼の見解は血液循環の研究の妨げとなった．2 世紀に Galen（ガレノス）が Aristotle 学説を採用したことにより，16～17 世紀までその学説が優位を保つことになった．（2 世紀 A，2 世紀 B 参照）

紀元前 300 年頃

数学：Euclid 幾何学

数学者の Euclid（ユークリッド）によって著され，ギリシア幾何学を代表する *Elements*

（幾何学原論）は 13 巻より成り，平面幾何学，立体幾何学，無理数論などを含んでいる．

 紀元前 280 年頃

解剖：心臓の機能
Galen（ガレノス）の記述を通して知られる Erasistratus（エラシストラトス）は心臓の弁を研究し，心拍と関連させて正確にその作用を解明した．彼は，右心系が血液を受け取って肺に送るというふうに認識したが，左心系については肺内の動脈から空気を受け取り，その空気あるいは精気（*pneuma*）を身体の他の部分に送っていると考えた．

 紀元前 260 年

数学と物理学：π の計算，てこ，比重
Archimedes（アルキメデス）が π の値を 3.1408 と 3.1428 の間と計算した．彼はまた，てこを数学的に考察した．伝説によれば，彼は風呂に浸かっているときに，水中に沈む身体や浮かんだ身体と同じ重量の水が置換されるという Archimedes の原理を発見したという．そして "*Eureka！*"（わかった！）と叫んだといわれている．（紀元前 1700 年頃，190 年，600 年，1596 年，1706 年参照）

 紀元前 250 年頃

物理学：力学と流体静力学
Archimedes（アルキメデス）が力学と流体静力学の基本的概念を確立した．

 77 年頃

A． 古代の病気：狂犬病
Gaius Plinius Secundus（Pliny the Elder，大プリニウス）は，狂ったイヌの肝臓を食べると狂犬病が治ると考えた．

B． 古代の植物学
Nero（ネロ）の軍隊の医師 Pedanius Dioscorides（ディオスコリデス）が，*De materia medica*（薬物誌）の初版を完成させ，600 種以上の植物，その起源，薬効を取り出す方法，使用法について述べた．ギリシア語で書かれたこの本は何度も改訂・翻訳されたが，薬局方の 1 つとして臨床家に広く用いられたもっとも古くもっとも有名な美しい絵入りの "本草学書" である．*De materia medica* は 17 世紀まで使われたが，1000

年以上にわたって膨大な数の書写本がつくられ，絵は植物本来の外観とはほど遠いものとなってしまった．1544 年 Pierandrea Mattioli がイタリア語の解説のついた改訂版を出し，後にドイツ語版，フランス語版，その他のヨーロッパの言語版が出され，ヨーロッパ中に広がった．イタリア語版だけでも 30000 部が売れた．（1530 年 B 参照）

79 年

古代の病気：炭疽

Vesuvius（ヴェスヴィオ）山の噴火後まもなく流行病（おそらく炭疽）がイタリアの家畜の多くを死に至らしめた．同じ頃原因不明の疫病（plagues）がイタリアの都市に多数の死者をもたらした．

2 世紀

A. 医学と解剖学：Galen

ギリシアの医師であり，解剖学者であり，生理学者でもある Galen（Claudius Galenus もしくは Galenos，ガレノス）が医学的な問題や哲学的な主題について広範囲かつ論争的に記した．彼の著述は 1500 年もの間医学，解剖学および生理学における概念を支配していた．彼は自分の仕事を，Hippocrates（ヒポクラテス）の概念を展開し完成させたものとみなしているが，他の臨床家をそれが先人であれ同時代人であれ軽蔑している．Galen は解剖と生理の知識を得るために動物やおそらく人間も解剖したと思われる．彼は，肝臓が食物を血液に変え，血液は心臓に向かい，そこで精気が吹き込まれると考えた．彼は心臓の 2 つの心室の間に微細な孔があると考えた．彼は筋肉と骨について正確に記載した．彼の死後 1000 年間は実質的に実験作業による確認は行われなかった．Galen の仕事は 12 世紀にギリシア語からアラビア語にそしてラテン語に翻訳されるまで西欧に伝わらなかった．現代に伝えられている彼の著作の中には，*De anatomicicis administrationibus*（解剖学的手技に関するもの）や *De usu partium*（身体の一部の機能に関するもの）などがある．

B. 物理学：天動説

Ptolemy（Claudius Ptolemaeus，プトレマイオス）が 2 世紀に活躍した．彼の *Almagest*（アルマゲスト）には地球中心の宇宙観（天動説），地球から太陽や月までの距離，太陽や月の大きさ，星の一覧，5 つの惑星の動きが含まれている．5 つの惑星の動き以外は Hipparchus（ヒッパルコス）の著作から引用されたと考えられている．彼の地球中心の宇宙観の概念（プトレマイオスの宇宙体系）は Plato（プラトン）と Aristotle（アリストテレス）の考えを不朽のものとした．Copernicus（コペルニクス）が

太陽中心説（地動説）を提示するまで，その考えが世界を支配した．また Ptolemy は *Geographica*（地理学）を著した．それには地図の作成法，多くの土地の緯度経度が記されている．（紀元前 367 年頃～紀元前 322 年頃，1512 年参照）

164 年

古代の病気：Antoninus または Galen の疫病

"Antoninus の疫病" あるいは "Galen の疫病" などさまざまに呼ばれる疫病が 189 年までにイタリアで多数の犠牲者を出した．Galen（ガレノス）の記述は天然痘の流行についての最初の記録であると考えられる．

190 年

数学：πの計算

Liu Hu が π を 3.14159 と計算した．（紀元前 1700 年頃，600 年，1596 年，1706 年参照）

250 年

数学：代数

Diophanus が *Arithmetica* を著し，代数の計算をした．

251 年

古代の病気：Rome の疫病

251～266 年にかけて Rome（ローマ）とその周辺を大流行病が襲い，人口の少なくとも 3 分の 2 が死滅した．この疫病（plague）はその地域を荒廃させ耕作を不可能とさせ，経済全体を深刻なまでに陥れた．

499 年

数学：πの計算/小数点

インドの数学者 Aryabhata（アーリアバタ）が π を 3.1416 と計算し，小数点を使用した．

500 年頃

免疫学：天然痘の免疫

中国人が，乾いたかさぶたを鼻から吸い込むことによって天然痘の免疫を行った．こ

うした免疫過程はその後変化し，現在では腕に原因物質を注入するに至った．（1715年 A，1721年 A，1764年 A 参照）

 542 年

古代の病気：腺ペスト

この頃おそらく腺ペストの最初の大流行 the great plague of Justinian（ユスティニアヌスの大疫病）が地中海の国々に起こり，およそ50年の間におおむね1億人が死亡した．これは Constantinople（コンスタンティノープル；Byzantium，ビザンティウム）に起こり，東はシリア，ペルシア，インドに広がり，西はアフリカ，ヨーロッパ大陸に広がった．動物の腐敗によって大気が変化し，それによって伝染が引き起こされると考えられた．

 580 年

古代の病気：赤痢

Tours（トゥール）の司教 Gregory（グレゴリウス）がフランスにおける赤痢の流行について記載した．富の蓄積が猛威を振るう流行病をもたらしたと信じ，Chilperic 王は女王の指示によりすべての税金リストを焼いた．

 600 年

数学：π の計算

Zu Chong-zhi と Zu Geng-Shi（父子）が π を 3.1415926 と計算した．（紀元前1700年頃，190年，1596年，1706年参照）

 664 年

古代の病気：yellow plague/回帰熱

腺ペストかもしくは天然痘と考えられる疫病がイギリスで発生した．黄熱病とは関係ないが，肌が黄色くなることからこの病気は yellow plague と呼ばれた．病型に不確定な部分もあるが，医学史家の中にはこれを *Borrelia* 属によって引き起こされる回帰熱というものもある．

 750 年

化学：煆焼と蒸留

アラビアの錬金術者 Jabir ibn Haiyan が鉛を燃やすと重量が増すと記した．彼はまた

酢を蒸留し，高濃度の酢酸を得た．アラビアの科学がヨーロッパに現れ始めた．

 857 年

古代の病気：**麦角中毒**

Rhine（ライン）渓谷で最初に記録された麦角中毒は，数種類のアルカロイドをつくる真菌の *Claviceps purpurea* がライムギに感染し，そのムギからつくったパンが混入することにより発症したものであった．St. Anthony's fire in human（聖アントニー熱）とも呼ばれる麦角中毒は嘔吐，極度の冷感や高熱，筋肉痛および幻覚といった徴候を有する．

 900 年

A. 古代の病気：**ボツリヌス中毒**

この頃，Byzantine（ビザンチン）帝国の LeoⅥ（レオン 6 世）は血を混ぜたソーセージを食べることを禁じた．それは今ではボツリヌス中毒と考えられる致死的な食中毒と関連があるためであった．（1735 年 A，1820 年 A，1895 年 C 参照）

B. 化学：ワインから蒸留されたアルコール

アラビアの化学者が，ワインを蒸留してアルコールをつくることを覚えた．11 世紀後半までには，この技術はイタリアの Salerno（サレルノ）で用いられていた．

 910 年

古代の病気：天然痘と麻疹

天然痘と麻疹は医学史の初期にはしばしば区別がつかなかった．910 年アラビアの医師 Rhazes（ラゼス，ラージー）が皮膚病変の出現の前後の症状の違いによって，この 2 つの疾患を初めて明確に区別した．天然痘は発症と同時に皮膚病変が生じ，麻疹は症状の発現の後に皮膚病変が出るのである．

 1020 年頃

アラビア医学

Avicenna（アウィケンナ；Abu' Ali al-Husain ibn Abdallah ibn Sina，イブン・シーナー）が医学の *Canon*（正典，経典）を著した．また，錬金術に関する著作 *De anima*（魂について）も著したと考えられる．

1070 年

食品微生物学：ロクフォールチーズ

伝説によるとフランス Roquefort（ロクフォール）村近くの洞窟に新鮮なチーズを置き忘れた羊飼いによって Roquefort チーズが発見された．彼が戻ると，チーズには緑色のかび（今では *Penicillium roqueforti* として知られる）が生えていた，といわれる．

 1095 年

古代の病気：**第 1 回十字軍**

ローマ教皇 Urban II（ウルバヌス 2 世）がイスラム教徒から聖地パレスチナを奪回する目的で第 1 回十字軍を組織した．十字軍兵士は戦死だけでなく，病気によっても激減した．歴史家によると赤痢，天然痘，腺ペスト，腸チフス，発疹チフス，マラリア，壊血病などさまざまな病気が原因との説がある．12, 13 世紀の十字軍も病気で大きな打撃を受けた．

 1096 年

古代の病気：**発疹チフス**

頭痛をきたすが，リンパ腺は腫れない，腺ペストとは異なる発疹チフスの流行が Bohemia（ボヘミア）で発生した．

 1100 年頃

化学：**アルコールの蒸留/ブランディ**

11 世紀後半アルコールがイタリアの Salerno（サレルノ）で蒸留された．イタリア人もブランディをつくったのである．

 1150 年

文化：**大学**

ヨーロッパ中に大学が創設され始める中で，パリ大学が設立された．

 1163 年

社会と宗教

パリの Notre Dame（ノートル・ダム）教会の礎石が置かれた．

1167 年

文化：**大学**

Oxford（オックスフォード）大学が設立された．

1210 年

A. 化学：**無機酸**

蒸留器の改良により無機酸が発見された．

B. 社会と政治

Genghis Khan（チンギス・ハーン）が中国北部に侵入した．

1215 年

社会と政治

イギリス国王の権力を制限した Magna Carta（マグナ・カルタ，大憲章）に，John（ジョン）王および第3回十字軍を指揮した獅子心王 Richard（リチャード）1世が署名した．

1217 年

文化：**大学**

Cambridge（ケンブリッジ）大学が設立された．

1249 年

光学機器：**拡大レンズ**

Roger Bacon（ロジャー・ベーコン）が視力の改善のために拡大レンズを使用することについて記述した．彼は1268年の *Opus majus*（大著作）の中で，遠視の人のための眼鏡に関する記載をした．この世紀に眼鏡がイタリアと中国で使用されるようになった．（1299年参照）

1250 年頃

A. 植物学：**植物の分類**

Albertus Magnus（アルベルトゥス・マグヌス）が *De vegetabilibus*（植物について）を著し，植物を分類した．

B. 数学：アラビア数字と小数

帰還した十字軍がヨーロッパにアラビア数字と小数を導入した．（1585 年参照）

1267 年

光学機器：拡大レンズ

Roger Bacon（ロジャー・ベーコン）が収束レンズを単純な拡大装置として利用することを述べた．

1299 年

光学機器：眼鏡

イタリアの本に，視力を改善するために新しく発明された眼鏡についての言及がある．眼鏡は Florence（フィレンツェ）の貴族 Salvano d'Aramento degli Amati によって発明されたのであろう．彼はそれをつくる方法を秘密にしていた．彼の墓石の碑文に 1317 年の日付で"眼鏡の発明者"とある．1313 年に没した Pisa（ピサ）の Alessandro della Spina が眼鏡のつくり方を人々に教えたといわれている．眼鏡の発明はおそらく偶然に，複雑な顕微鏡や望遠鏡の発見へとつながった．（1249 年，1590 年 A，1608 年参照）

1300 年頃

化学：硫酸

無名の錬金術師が硫酸を発見した．

1307 年

芸術：文学

Dante Alighieri（ダンテ・アリギエーリ）が 1321 年の死の直前に完成される叙事詩 *The Divine Comedy*（神曲）を書き始めた．

1343 年

古代の病気：腺ペスト

Crimea（クリミア）の交易所，Kaffa（Calla）の包囲攻撃で Tartar（タタール）人が腺ペストにおかされた．彼らは投擲台の上に死体を置き，それを都市の中に投げ入れた．そしてそこで住民が感染した．Kaffa は，病原菌を運ぶネズミにおそらく既におかされていたであろう．多くの人々が都市から逃げ，Genoa（ジェノヴァ），Venice

（ヴェネツィア），Constantinople（コンスタンティノープル），その他の地中海都市に伝染病を持ち込むことになった．（1348年参照）

1348年

古代の病気：腺ペスト

疫病が紅海やペルシア湾の港を出た船と同様，Kaffaを去ったガレー船から始まり，ヨーロッパ中に広がった．影響を受けたほとんどすべての町が住人の50%まで失うことになった．Gentile da Foligno（ジェンティーレ・ダ・フォリーニョ）が腺ペストの症状を詳細に記載している．（1343年参照）

1358年

古代の病気：腺ペスト

Giovanni Boccaccio（ボッカッチョ）が創作 *The Decameron*（デカメロン）の中で，イタリアのFlorence（フィレンツェ）で1348年に起きた疫病の発生を記述した．その病気が伝染性であるとして彼は，病人と接触したいかなるものにも触れないよう警告している．

1400年

芸術：文学

Geoffrey Chaucer（チョーサー）が，中世の社会を描いた24の物語 *The Canterbury Tales*（カンタベリー物語）を未完成のまま残して，この世を去った．

1403年

感染症：検疫

腺ペストがVenice（ヴェネツィア）に起こった．市民の罹病を防ぐためVeniceはある期間が過ぎるまでだれも都市に入ることができないという政策を打ち出す．40日の待機期間が"検疫"（イタリア語でquaranta）という言葉の語源である．40日という期間を選択した理由は不明だが，1377年にユーゴスラビアのRagusa（ラグーザ）で疫病に罹患したと思われる人々の施設が40日の待機期間を要求していた．

1454年

技術：印刷術

Johann Gutenberg（グーテンベルク）が活版印刷術を発明した．彼は1456年に聖書

(Mazarin Bible) を出版した．

1480 年

古代の病気：発疹チフス

発疹チフスが 1480 年と 1481 年にドイツとフランスで，1489 年にはスペインで流行したと記録されている．この病気は腸チフスであったのかもしれない．なぜなら 19 世紀になるまでこの 2 つの病気は鑑別されなかったからである．

1492 年

A. 古代の病気：ジフテリア

Hartmann Schedel（シェーデル）がジフテリアの特徴を有する Nuremberg（ニュルンベルク）での流行について記載した．（1576 年，1748 年 B，1765 年 B 参照）

B. 社会：探検

Christopher Columbus（Cristoforo Colombo，コロンブス）が大西洋の初航海に出て，Bahama（バハマ），Cuba（キューバ），Hispaniola（ヒスパニオラ）を発見した．

1495 年

A. 感染症：梅毒

1493 年に初めて出現した梅毒は，Naples（ナポリ）がフランス Charles Ⅷ（シャルル 8 世）の軍に攻略されたときヨーロッパに蔓延した．この 15 世紀の猛威は梅毒の唯一無二の流行で，後期には風土病とみなされた．この感染は，Christopher Columbus（コロンブス）によってポルトガルに連れて来られたアメリカ原住民がヨーロッパに持ち込んだという説が広く受け入れられている．フランス人はそれをナポリ病と呼び，イタリア人はフランス病あるいはスペイン病と呼び，イギリス人はフランス痘と呼ぶ．それはまたスペイン膿疱，ドイツ膿疱，ポーランド膿疱，トルコ膿疱などさまざまに呼ばれる．梅毒はまた第 2 期の重症な病変を指して，天然痘の "small pokkes" に対比して "great pokkes" と呼ばれる．"syphilis"（梅毒）の語源については 1530 年を参照せよ．

B. 芸術：美術

Leonardo da Vinci（レオナルド・ダ・ヴィンチ）がイタリア Milan（ミラノ）の Santa Maria delle Grazie（サンタ・マリア・デッレ・グラツィエ）教会の隣に立つ修道院の壁に *The Last Supper*（最後の晩餐）を描いた．

1497 年

社会：探検

John Cabot（Giovanni Caboto，カボット）が Newfoundland（ニューファンドランド）や Nova Scotia（ノヴァスコシア）を発見し，北アメリカ大陸に到達した．これはヴァイキング以来のことである．1492 年に Christopher Columbus（コロンブス）が沿岸の島々に到達した．

 1498 年

感染症：梅毒

Francisco Lopez de Villalobos（ロペス・デ・ヴィラロボス）による *A Summary of Medicine* は，実際は梅毒について書かれたラテン語の詩である．彼が 1493 年にその詩を書き始めた証拠があり，彼はその病気を記載した最初の医師で，彼自身はそれを *las buvas* と呼んでいた．（1530 年 A 参照）

 1500 年

化学：煆焼/酸化

Paul Ech が銀や水銀を熱すると重量が増すことに気づいた．それは 1613 年に *Theatrum chemicum* と題された本の中で発表された．

 1502 年

社会：探検

南アメリカ沿岸を探検した Amerigo Vespucci（Americus Vespucius，ヴェスプッチ）は，Christopher Columbus（コロンブス）がアジアを発見したと信じたのは誤りであることに気づいた．彼は新大陸を発見したと発表し，その新大陸は地図製作者 Martin Waldseemüller（ヴァルトゼーミュラー）によって 1507 年に彼の名にちなんでアメリカと命名された．

 1504 年

芸術：美術

Michelangelo Buonarroti（ミケランジェロ・ブオナロッティ）が彫像 *David*（ダビデ）を完成させた．

1507 年

芸術：**美術**

Leonardo da Vinci（レオナルド・ダ・ヴィンチ）が *La Gioconda*（ジョコンダ, *the Mona Lisa*（モナ・リザ））を描き終えた．

 1508 年

芸術：**美術と宗教**

Rome（ローマ）において Michelangelo Buonarroti（ミケランジェロ・ブオナロッティ）が Vatican（ヴァチカン）の Sistine（システィーナ）礼拝堂の天井画を描き始めた．

 1509 年

社会と政治

Henry Ⅷ（ヘンリー 8 世）がイギリス国王となった．

 1512 年

天文学：**地動説**

1510～1514 年の間に Nicolaus Copernicus（コペルニクス）が太陽を中心とした宇宙の数学的記述を始めた．彼は短い記述 *Commentariolus* において彼の見方を概括し，Plato（プラトン）や Aristotle（アリストテレス），Ptolemy（プトレマイオス）の天動説を否定した．Copernicus の全集 *De revolutionibus orbium coelestium*（天球の回転について）は彼が没する 1543 年にようやく世に出た．（紀元前 367～紀元前 322 年頃，2 世紀 B，1543 年 B，1573 年，1609 年参照）

 1513 年

社会：**探検**

Vasco Núñez de Balboa（バルボア）が太平洋を発見した．

 1518 年

感染症：**天然痘**

この年の後半，Hispaniola（ヒスパニオラ，Santo Domingo（サンドミンゴ））島の住人は，スペイン人によって持ち込まれた天然痘に感染した．1492 年に Christopher Columbus（コロンブス）がここに上陸したとき人口は 100 万～500 万人の間と見積もら

れていたが，ブタコレラの流行とスペイン人の犯した残虐な行為により人口がかなり減少した．1519年初期までに，残された人口の3分の1が天然痘によって死亡した．この病気はPuerto Rico（プエルトリコ）やCuba（キューバ）にまで広がり，これらの島の人口の3分の1が死亡した．

1519年

A. 感染症：天然痘

Hispaniola（ヒスパニオラ）やPuerto Rico（プエルトリコ），Cuba（キューバ）の天然痘の流行がYucatan（ユカタン）半島を通ってメキシコに広がった．それはHernando Cortés（コルテス）の遠征の一部でPanfilo de Narváez（ナルバエス）に指揮されたスペイン軍によって持ち込まれた．その流行は北に広がり，破壊的な影響をもたらし，Aztec（アステカ）族の50%以上を死に至らしめた．

B. 社会：探検

Ferdinand Magellan（マゼラン）がMagellan海峡および太平洋の入り口の発見につながる航海に出た．Magellanが1521年にフィリピンで殺された後，Juan Sebastian del Cano（El Cano，カノ）が5隻で出発したうちの1隻で1522年に世界一周を達成した．

1526年

医学：医化学

錬金術師Paracelsus（パラケルスス，Theophrastus Bombastus von Hohenheim）が，古い書物に対する侮蔑を表すためにGalen（ガレノス）とAvicenna（アウィケンナ）の著作を公然と燃やした．Paracelsusは，麻薬を用いたり水銀や他の金属との調剤を用いた奇跡的な治療法で知られていた．彼は植物や動物そして鉱物から薬の成分を取り出し，治療のエキスを得るために蒸留と抽出を錬金術師に奨励した．彼はEmpedocles（エンペドクレス）の四元素を信じたが，塩，硫黄，水銀の三要素を強調していた．彼は今では，治療者であり医者でもあったと考えられるが，同時に魔術師であり，詐欺師でもあったとみなされている．

1530年

A. 感染症：梅毒

梅毒という名前はGirolamo Fracastoro（フラカストロ）の"Syphilis sive Morbus Gallicus"（シフィリス，あるいはフランス病）と題された詩から生まれた．詩にはその

病気で苦しむ羊飼い Syphylis（シフィリス）の苦悩が書かれている．syphilis という名前は，羊飼い Sipylus（シフュロス）の神話から生まれたものかもしれない．

B.　植物図鑑

Dioscorides（ディオスコリデス）の *De materia medica*（薬物誌）とその模倣本の中のイラストは実際の植物とはかけ離れたものとなっていた．Otto Brunfels（ブルンフェルス）と芸術家 Hans Weiditz は *Herbarum vivae eicones*（植物の描写）を著し，植物をより写実的に描いた．Brunfels は Dioscorides の新版を伝統的な文脈に沿って書いたが，彼の住む地方の植物を新たに含め，Weiditz はそれをみたとおりに，虫食い，葉のしほみ，その他の不具合も描写した．Brunfels の同時代の Leonhart Fuchs（フックス）は 1542 年に Dioscorides の本とはさらに異なる，より正確な描写を著した．（1542 年参照）

1535 年

A.　薬草

Valerius Cordus（コルドゥス）が *Dispensatorium* と呼ばれる薬局方において薬，化学薬品，調合薬剤について記述した．

B.　社会と政治

1515 年に *Utopia*（ユートピア）を書き，後に HenryⅧ（ヘンリー 8 世）のもとで大法官を勤めた Thomas More（モア）が，国王至上法の宣誓を拒否したため，国王によりこの年処刑された．

1542 年

近代植物学

Leonhart Fuchs（フックス）が *De historia stirpium* を出版した．それは Otto Brunfels（ブルンフェルス）や Hans Weiditz の 1530 年の作品以上に Dioscorides（ディオスコリデス）の *De materia medica*（薬物誌）を凌ぐものである．Fuchs は絵を描く人，木片に絵を写す人，印刷するために木片に彫刻する人の 3 人の芸術家を雇った．本文はまだかなり Dioscorides に頼っているが，絵はドイツや他の国々からたくさん集められた植物を含み，非常に正確に描かれた．この本は後に出る植物の本に対して，ある一定のスタンダードとなった．（77 年 B，1530 年 B 参照）

1543年

A. 解剖学：人体の解剖

Andreas Vesalius（ヴェサリウス）が人体の解剖を *De humani corporis fabrica*（人体解剖学書）の中で記述し，Jan van Calcar（カルカル）が詳細な図を描いた．

B. 天文学：地動説

Nicolaus Copernicus（コペルニクス）の完成作 *De revolutionibus orbium coelestium*（天球の回転について）が彼の没年に出版された（彼は死の床において本を受け取った）．Copernicus は神学者の Martin Luther（ルター）や Ptolemy（プトレマイオス）の天動説に固執する人々から批判を受けたため，自分の仕事を大衆に知らせることをしなかった．にもかかわらず，彼は友人に説得されて出版を許可した．印刷を指示したAndreas Osiander（オジアンダー）が，事実というよりは仮説としてその仕事を世に出し，著者の署名のない序文を書いた，ということを知らないままであった．（紀元前 367～紀元前 322 年頃，2 世紀 B，1512 年，1573 年，1609 年参照）

 1545年

書誌学

Conrad Gesner（ゲスナー）がギリシア語，ラテン語，ヘブライ語で著名な本の題名を載せた *Bibliotheca universalis* の第 1 巻を著した．彼はおのおのの要約と批評も書いた．彼はときに"書誌学の父"と呼ばれる．（1546 年 B 参照）

 1546年

A. 感染症：胚種説

Girolamo Fracastoro（フラカストロ）が *De contagione*（感染について）を著し，その中で感染や伝染病は"seminaria"すなわち病気の種（seeds of disease）によって引き起こされると提唱した．彼は seminaria を生物とみていたかもしれないが，その一方でタマネギから出る涙のもととなる発散物とも比較した．彼は直接接触，fomites（非生命体），大気を介する空気感染の 3 つの伝播様式を示唆した．*De contagione* の第 2 巻で Fracastoro は痘瘡，麻疹，発疹チフス（あるいは腸チフス），消耗（結核），恐水病（狂犬病）を含む多くの伝染性感染症を記載している．（1762 年 A 参照）

B. 近代動物学

Conrad Gesner（ゲスナー）がよく知られた動物をすべて記載した *Historia animalium*（動物誌）を著し，近代動物学の始まりとされる．彼は長さ 300 フィートのオオウミ

ヘビのような神話上の動物だけでなく，実在する動物についても考察した．彼は起源，捕獲方法，飼育，医学における利用について記述した．死亡の直前まで，きれいなイラストを含む *Historia plantarum*（植物誌）の出版を準備していた．これらのイラストはその後紛失されたが再発見され，1973～1980 年の間に 8 巻が出版された．

1553 年

感染症：**猩紅熱**

Giovanni Filippo Ingrassia（イングラシア）が猩紅熱を火のように赤い大小の発疹と記載し，麻疹の皮疹と鑑別した．（1670 年 B 参照）

1558 年

社会と政治

Elizabeth I（エリザベス 1 世）がイギリス女王として戴冠した．

1559 年

解剖学：**血液循環**

Realdo Colombo（コロンボ）が心臓から肺を通る血液小循環を再発見した．William Harvey（ハーヴィー）の血液循環の研究には Colombo の観察が使われている．著書 *De re anatomica*（解剖学書）の中で Colombo は人間の胎児，眼のレンズ，腹膜，胸膜について記述している．

1561 年

解剖学：**Fallopius 管**

Fallopius（Gabriele Fallopio，ファロピウス）が女性生殖系に関する論文を著し，後に Fallopius 管（卵管）と命名される卵巣と子宮を結ぶ管について記述した．

1572 年

感染症：**皮膚感染症**

Geronimo Mercuriali が *De morbis cutaneis et omnibus corporis humani excrementis tractatus* の中で皮膚疾患について記述した．

 1573 年

天文学：**超新星**

Tycho Brahe（ティコ・ブラーエ）が *De nova stella*（新しい星について）を著し，新星について記述した．それは1572年にカシオペア座に現れ，後に超新星として承認された．恒常不変の天における"新しい"物体の発見は，彼の名声を天文学における先駆者として確立した．デンマーク国王は，資金を援助して島を贈り，Tychoが設備と時計の整った観測所を建てることができるようにした．Tychoの惑星の概念は，地球以外のすべての惑星が太陽のまわりを回り，その太陽と惑星の複合体が地球のまわりを回るというものであった．Tychoが没する前の2年間彼の助手であったJohannes Kepler（ケプラー）が，Tychoの777の星の一覧と太陽と惑星の観測の遺著を監修した．（1609年参照）

 1576 年

感染症：**ジフテリア**

Guillaume de Baillou（バイユー）がParis（パリ）のジフテリアの流行を記述した．（1492年A，1748年B，1765年B参照）

 1579 年

芸術：**文学**

Thomas North（ノース）が，Rome（ローマ）の伝記作家Plutarch（プルタルコス）による *Lives of the Noble Grecians and Romans, Plutarch's Lives*（プルタルコス英雄伝）をJacques Amyot（アミヨ）が以前にフランス語訳したものから英語に翻訳した．

 1580 年

感染症：**インフルエンザ**

influentia coeli という用語は，天空の影響を意味し，イタリアのFlorence（フィレンツェ）で1357年に起きた流行を記述するために使われた．その名は後に他の著述家にも使われ，"influenza"となった．（1732年，1781年A，1830年A参照）

 1582 年

A． 物理：**振子**

Galileo（Galileo Galilei, ガリレオ）はPisa（ピサ）の大聖堂にある揺れる祭壇ランプ

の弧がその長さにかかわらず,(彼の脈で測ると)同じ時間を要することに気づいた.彼はこうして振子の等時性あるいは周期性を発見した.彼は後にこの原理を時計に応用しようと試みたが,1657年になって初めて,オランダの時計職人とともに働くChristiaan Huygens(ホイヘンス)が振子時計をつくることに成功した.(1590年B,1610年参照)

B. 社会と政治

ローマ教皇GregoryⅩⅢ(グレゴリウス13世)がChristoph Clavius(クラヴィウス)により考案された暦を採用し,あまりに多くの閏年をもち,400年の間に3日も付け加えなければならないJulius(ユリウス)暦を修正した.新しい暦は,00年で終わる年で,かつ400で割り切れない年を閏年としないこととした.Julius暦の11日の誤差を修正するためにローマ教皇GregoryⅩⅢは西暦1582年の10月4日の次を10月15日と規定した.Gregory(グレゴリオ)暦はヨーロッパのカトリックではすぐに採用されたが,ロシアやイギリス・プロテスタント,アメリカ・プロテスタントには採用されなかった.イギリスとアメリカは1752年に,ロシアは1918年にGregory暦に変更した.

1583年

植物学:植物の分類

Andrea Cesalpino(チェザルピーノ)が,実と根に基づいた植物の最初の科学的な分類である*De plantis*(植物について)を著した.彼は植物の葉脈を発見し,種の構造と発芽を記述した.

1585年

数学:小数

Simon Stevinus(ステヴィン)が十進法を解説した*De thiende*(10分の1あるいは10分の1税)と題する小冊子を出版した.上付き文字を使った彼の扱いにくい表記は,対数の発明者であるJohn Napier(ネーピア)によって小数点に置き換えられた.Stevinusの小冊子により小数は広く使用されるようになったが,彼は十進法を最初に発明した人物ではなく,紀元前2205年頃には小数の表示がBabylon(バビロン)で使用されていた.十進法は5世紀〜7世紀にはインドで,11世紀にはスペインで使用され,1250年頃にはPtolemy(プトレマイオス)の原理に基づいて天文学の本を書いた数学者Johannes de Sacrobosco(サクロボスコ,John Halifax,ハリファックス)によってイギリスに導入されていた.(499年,1250年B参照)

1586 年

物理学：落下体

Simon Stevinus（ステヴィン）が，重量の異なる物体がある高さから落下する際，Aristotle（アリストテレス）が述べたように落下するスピードが重量に比例したりはしないことを発見した．1590 年に Galileo（ガリレオ）がおそらく同じような実験から同様の結論に達した．Galileo の落下体の法則が展開されるに至り，彼の業績は広く認識されるようになった．（1590 年 B 参照）

 1587 年

芸術：音楽

Claudio Monteverdi（モンテヴェルディ）がマドリガルの初版を著した．

 1588 年

社会と政治

イギリス海軍が嵐にも助けられてスペイン無敵艦隊を破った．

 1590 年

A. 光学機器：顕微鏡

この年は顕微鏡が発明された年といわれることがある．その功績は通常 Hans Jansen（ヤンセン）とその息子 Zacharias Jansen に与えられているが，息子は 1590 年にはまだ 2 歳で父子共同作業は不可能である．もう 1 つの主張では 1610 年頃までに望遠鏡を発明したとされるが，父親の Hans は 1593 年に亡くなっている．1623〜1624 年にかけてイギリスの Cornelius Drebbel，イタリアの Galileo（ガリレオ），オランダの James Metius が科学的観察のために顕微鏡をつくった．望遠鏡に関するより詳しい情報は 1608 年参照．

B. 物理学：落下体

著書 De motu に記された Galileo（ガリレオ）の落下体に関する研究は，落ちる速度が物体の重量に関係するという Aristotle（アリストテレス）の意見を否定している．彼は，もし空気抵抗がないならば，すべての物体が同じ速度で落ちることを示した．彼はこの点に関しては，1586 年に Simon Stevinus（ステヴィン）に先行されていたが，落下する物体の法則を展開することによりさらに知見を深めた．（1582 年 A，1586 年，1610 年参照）

C.　芸術：文学/演劇

William Shakespeare（シェイクスピア）が三幕物 *Henry VI*（ヘンリー6世）の第1幕をつくった．

 1592 年

芸術：**演劇**

Christopher Marlowe（マーロウ）による演劇 *Doctor Faustus*（ファウスト博士）が London（ロンドン）で上演された．

 1596 年

数学：**π の計算**

Cologne（ケルン）の Ludolph von Ceulen（ケーレン）が π を小数点以下 20 桁，後に 35 桁まで計算した．（紀元前 1700 年頃，190 年，600 年，1706 年参照）

 1598 年

社会と政治

Boris Godunov（ボリス・ゴドゥノフ）が Fedor I（フョードル1世）の死後ロシア皇帝となった．

 1600 年

A.　物理学：**磁気と電気**

William Gilbert（ギルバート）が *De magnete, magneticisque corporibus, et de magno magnete tellure, physiologia nova*（磁石について）を著し，磁気と電気に関する実験，観察を報告した．彼は地球が磁石であり，琥珀とある宝石を擦って生じる磁気と電気は，ある種の力の表現型であると信じた最初の人物である．彼は，摩擦により帯電する物質を記述するために，琥珀を意味するギリシア語から派生した"eletrics"という言葉を用いた．1646 年に Thomas Browne（ブラウン）が最初に"eletricity"という言葉を用いている．（紀元前 585 年，1660 年 B，1745 年 B 参照）

B.　芸術：**音楽**

Jacopo Peri（ペリ）による最初のグランドオペラ *Eurydice*（エウリディーチェ）がイタリアの Florence（フィレンツェ）で上演された．

C.　芸術：文学/演劇

William Shakespeare（シェイクスピア）の *Twelfth Night*（十二夜）が上演された．

1603 年

解剖学：**静脈の弁**

Hieronymus Fabricius ab Aquapendente（ファブリキウス, Girolamo Fabrici）が *De venarum ostiolis*（静脈弁について）を著し，1574 年頃 Salomon Alberti（アルベルティ）から学んだ静脈の弁を図示した．また 1578 年もしくは 1579 年にそれらについて講義した．Fabricius は William Harvey（ハーヴィー）の師である．Harvey は 1616 年に血液循環の発見について講演し，1628 年にその内容を出版した．（紀元前 280 年頃，1616 年，1628 年参照）

 1605 年

芸術：**文学**

Miguel de Cervantes（セルバンテス）が *The History of the Valorous and Witty Knight-Errant Don Quixote*（ドン・キホーテ）の第 1 部を書いた．

 1606 年

A. 化学：**phlogiston（フロギストン，燃素）**

Hapelius（Raphael Eglin）が金属の完全燃焼・不完全燃焼にかかわる性質を記述するために "phlogiston" という用語を用いた．Johann Becher（ベッヒャー）が 1668 年に，また Georg Ernst Stahl（シュタール）が 1697 年に，燃焼により放出される物質を示す言葉として phlogiston という用語を用いた．（1668 年 C，1697 年 A 参照）

B. 芸術：**文学/演劇**

William Shakespeare（シェイクスピア）が *Macbeth*（マクベス）を書いた．

 1607 年

A. 感染症：**Jamestown 植民地**

Jamestown（ジェームズタウン）植民地がイギリスの探検家により Virginia（ヴァージニア）に建設された．そこに上陸した 105 人のうち半数以上がこの年の夏に死亡した．1624 年までに 7549 人中 6454 人の移民が死亡した．1609～1610 年の期間は植民者の "餓死期" と呼ばれ，一部の著述家は脚気（ビタミン B_1 欠乏）により多数の死者が生じたと考えた．一方，他の著述家は，記述された症状からみて，おそらくイギリスから船でやって来た乗客によって持ち込まれた腸チフスによるものであると結論づけている．

B. 芸術：音楽

通常 Jacopo Peri（ペリ）の *Eurydice*（エウリディーチェ）が最初のオペラとみなされるが，Claudio Monteverdi（モンテヴェルディ）による *Orfeo*（オルフェオ）も多くの人々によって最初のオペラと考えられている．*Orfeo* は Mantua（マントヴァ）の公爵によって製作を依頼され，この年に上演された．

1608 年

光学機器：望遠鏡

この頃 2 枚のレンズの組み合わせにより望遠鏡が作り出されたと思われるが，それがだれによるものかを決定することはむずかしい．Hans Lippershey と James Metius（Jacob Adriaanzoon）がそれぞれ 1608 年に望遠鏡を発明した証拠がある．Lippershey も Metius もこのような装置を生産する許可をオランダ政府に請願した．Lippershey の装置はテストされ少なくとも 1 つは政府により購入されたが，Metius によってつくられた装置については不明である．Zacharias Jansen（ヤンセン）の息子 Johannes Sachariassen が，1588 年に生まれた彼の父が 1590 年に望遠鏡を発明したという主張を 1655 年に行い，混乱が大きくなった．この主張は 1655〜1656 年に Pierre Borel によって著された本 *De vero telescopii inventore* で報告された．Borel の情報は Zacharias Jansen の幼年時代の友人 William Boreel によるものである．Zacharias Jansen が望遠鏡を発明したという証拠は他にはない．Boreel は James Metius の兄弟 Adrian Metius と Cornelius Drebbel が望遠鏡（telescope）を Jansen の店から買い求めたと述べたが，顕微鏡（microscope）という用語が 1625 年以前には使用されていなかったことから，彼らが購入したものは実は顕微鏡だった可能性がある．望遠鏡という用語は Galileo（ガリレオ）に名誉を与える Rome（ローマ）の宴でギリシアの詩人が 1611 年に提案したものである．（1590 年 A 参照）

1609 年

天文学：惑星運動

Tycho Brahe（ティコ・ブラーエ）の助手である Johannes Kepler（ケプラー）が *Astronomica nova* を著し，その中で惑星は円ではなく楕円軌道を描いて動くことを示した．周期や回転円に関する Ptolemy（プトレマイオス）の考えを捨てることにより彼は惑星運動の第 1 法則，第 2 法則を，William Gilbert（ギルバート）の業績に影響を受けた磁力の見地から説明して確立した．彼の第 3 法則は 1619 年 *De harmonica mundi*（宇宙の調和）に示された．この本には，自然界に想定された調和の概論も含まれて

いる．1627 年に Kepler は彼の法則に基づいて Tycho の星の一覧を増補して，1005 個の惑星の天文暦表を著した．（1573 年参照）

1610 年

天文学：月と惑星

オランダでの望遠鏡の発明を知った後 Galileo（ガリレオ）は屈折望遠鏡をつくり，天体観測を行った．この年彼は *Sidereus nuncius*（恒星の使者）を著し，月の山や平野を含むたくさんの新しい天文学の発見を述べた．彼はもっとも大きく暗い領域を海と想定してそれを marias と命名した．彼はまた（Medicean Stars（メディチ家の星）と命名された）木星の衛星を 3 つ観察し，後に 4 つめを，さらには銀河に膨大な数の星を観測した．金星が太陽のまわりを回ることを指摘して Galileo は Copernics（コペルニクス）の地動説を強く主張するようになるが，そのためにカトリック教会から警告を受けた．彼は 1632 年に *Dialogo sopra i due masimi sistemi del mondo*（天文対話）を出版し，その中で 3 人の登場人物に Aristotle（アリストテレス）と Galileo の信条を Galileo の支持者が議論に勝つ設定で討論させ，教会との摩擦を増大させた．彼はその後 Rome（ローマ）で宗教裁判に出廷するよう要求され，自説を取り消すよう強いられた．Galileo は Florence（フィレンツェ）の近郊で自宅拘禁され，余生を過ごした．1638 年に著された彼のもっとも重要な本 *Discorsi e dimonstranzioni matematiche intorno a due nove scienze*（新科学対話）は，真空中での落下体の法則，independent force の原理，放物線弾道の理論を提示している．

1611 年

文学と宗教

James（ジェイムズ）1 世の命により King James Bible が刊行された．

1612 年

芸術：美術と建築

Paris（パリ）の Louvre（ルーヴル）宮の建設が始まった．完成したのは 1690 年である．

1614 年

A. 生理学と代謝

Santorius（Santorio Santorio, サントリオ）が竿秤（さおばかり）から吊るされた計

量椅子に座って飲食し，食物摂取量と体重増加の相関をみることで代謝を研究した．彼はその状態で生涯の大半を 30 年以上にわたって過ごした．

B． 数学：対数

John Napier（ネーピア）が"対数"と呼ぶべき指数の表を完成させ，出版した．彼は対数の加算と減算によって乗算と除算を達成した．（1617 年 B，1620 年 A 参照）

 1616 年

解剖学：**血液循環**

William Harvey（ハーヴィー）が心臓の働きと血液循環に関する実験を記述した．この仕事が最初に出版されたのは 1628 年である．（紀元前 280 年頃，1559 年，1603 年参照）

 1617 年

A． 化学：**硫酸銅**

Angelo Sala が銅，硫酸，水から硫酸銅をつくった．硫酸銅を分解した後で彼は，その構成要素が元の混合物と同じ比率であることを発見した．

B． 数学：対数

John Napier（ネーピア）が対数の計算に計算盤の使用を記載した．（1614 年 B，1620 年 A，1622 年参照）

 1618 年

社会と政治

Prague（プラハ）で，プロテスタントによって 2 人のカトリックの知事が窓から投げられた，いわゆる窓外放出事件を契機として三十年戦争が始まった．戦争は 1648 年までヨーロッパの大半を荒廃させることになった．

 1620 年

A． 数学：**計算尺**

Edmund Gunter（ガンター）が計算尺の先駆けとなる，積算や除算が容易にできる Gunter 尺を考案した．（1617 年 B，1622 年参照）

B． 科学論法

Aristotle（アリストテレス）と彼の信奉者によって展開された演繹的論理を否定して，Francis Bacon（フランシス・ベーコン）は科学的実験や自然研究では帰納的展開が

重要であることを記載した．彼の著書 *Novum organum*（新機関）は，科学方法論の要素として帰納法を論じた最初のものである．

C. 社会と政治

The Pilgrims Fathers（巡礼始祖，ピルグリムファーザーズ）が Massachusetts（マサチューセッツ）の Plymouth（プリマス）に上陸した．

1622 年

数学：計算尺

William Oughtred（オートレッド）が Napier（ネーピア）の計算盤と Gunter（ガンター）尺をもとにして計算尺をつくった．（1617 年 B，1620 年 A 参照）

1623 年

A. 感染症：黄熱病

Aleixo de Abreu が *enfermedad del gusano* を記述し，それが黄熱病の最初の記述であるといわれている．

B. 植物学：植物の分類/二名法

Gaspard Bauhin（ボーアン）が植物を分類する際に二名法を用いた．（1737 年参照）

1624 年

A. 発酵：発酵素

Jean Beguin が "fermentum" という用語を使用した化学論文を著した．fermentum は，シリアル粉をパンに変えるような fermentatio（作用）を始めるのに必要なものを指している．しかし fermentatio の正確な意味は明らかでなく，それは生物にせよ，非生物にせよ，いかなる変化にも適用された．fermentum は後に ferment（発酵素）といわれるようになった．

B. 社会と政治

Cardinal Richelieu（リシュリュー枢機卿）が終世，宰相として Louis XIII（ルイ 13 世）のもとでフランス法廷を支配した．

C. 社会：歴史

John Smith（スミス）船長が *General History of Virginia* を著し，その中でアメリカ・インディアンの王女 Pocahontas（ポカホンタス）が彼を死から救う物語を書いた．

1625 年

光学機器：顕微鏡

Giovanni Faber が microscope（顕微鏡）という単語を作り出した．

1626 年

A. 生理学：体温

Santorius（サントリオ）が温度測定器でヒトの体温を測った．

B. 社会と政治

後に New York（ニューヨーク）市の一部となる Manhattan（マンハッタン）島がオランダ人によって Wappinger（ワピンジャー）Confederacy の Canarsie（カナーシー）族の酋長から購入された．

1628 年

解剖学：循環

William Harvey（ハーヴィー）が彼の研究成果であり，血液循環に関する結論である *De motu cordis*（動物における心臓の動きと血液に関する小論）を著した．（紀元前 280 年頃，1559 年，1603 年，1616 年参照）

1630 年

A. 感染症：天然痘

イギリスの入植者によって設立された Massachusetts Bay Colony（マサチューセッツ湾植民地）が天然痘の第 1 例目を報告した．1634 年にインディアンの間に流行が起こり，多くの死者を出した．

B. 化学：煆焼／酸化

化学結合という概念は抱いていなかったが，Jean Rey（レイ）は空中で熱せられた金属が重量を増すのは金属に空気が付着（物理的吸収）することによって起こると記載した．Rey の仕事はほとんど知られておらず，評価もされていない．

1634 年

社会：建築

Taj Mahal（タージ・マハール）の建設がインドの Agra（アグラ）近郊で始まった．1648 年に完成し，モスク，集会所，霊廟として利用された．

1636 年

文化：大学

Harvard（ハーヴァード）College，後の Harvard University が Massachusetts（マサチューセッツ）に設立された．Massachusetts に住むイギリス人牧師であり，筆頭寄贈者でもある John Harvard にちなんで 1639 年に命名された．

1637 年

数学と哲学

Discours de la méthode（方法序説），*La dioptrique*，*Les météores*，*La géometrie* といった René Descartes（デカルト）による刊行物が出版された．*L'homme* と *De la formation du foetus* は没後の 1664 年に出版された．*Discours* に加えて，*Meditationes de prima philosophia*（省察；1641 年）や *Principia philosophiae*（哲学原理；1644 年）が，体系的に疑うという彼の哲学的教義や cogito ergo sum（われ思う，ゆえにわれ在り）という彼の定理，および精神と物質の二元性という彼の考えを広めた．彼は解析幾何学の創造者でもある．彼は生理学的発見はしなかったが，人間の身体は物理的法則にのっとって動く機械であるという主張を含む世界観を広め，生理学の歴史に影響を与えた．彼はまた，血液循環，呼吸，消化についての結論に Vesalius（ヴェサリウス；1543 年）や William Harvey（ハーヴィー；1628 年）の業績を応用した．彼は松果体が精神の場であると考えた．

1640 年

感染症：百日咳

Guillaume de Baillou（バイユー）が，没後に出版された *Epidemiorum et ephemeridium* の中で百日咳について正確な記述をした．（1679 年参照）

1641 年

A. **技術：計算機**

Blaise Pascal（パスカル）が加算と減算をする機械を発明した．

B. **芸術：美術**

Rembrandt van Rijn（レンブラント）が *The Night Watch*（夜警）を描いた．

1643 年

A. 物理学：気圧計

Evangelista Torricelli（トリチェリ）が気圧計を発明した（1663 年に発表）．彼は水銀の皿の上で水銀を含んだチューブをひっくり返すと水銀の上に真空がつくられることに気づいた．彼は 30 インチの水銀柱が大気圧と均衡することを記載した．（1646 年 B 参照）

B. 社会と政治

フランスの Louis XIII（ルイ 13 世）が没し，王位を継承した 4 歳の息子は，1715 年まで Louis XIV（ルイ 14 世）として君臨した．1661 年まで実際の統治は枢機卿 Giulio Mazarin（マザラン）により行われた．

1645 年

技術：空気ポンプ

Otto von Guericke（ゲーリケ）が空気ポンプを発明した（1672 年に発表）．（1654 年参照）

1646 年

A. 感染症：微細な生物

Athanasius Kircher（キルヒャー）が物理学や生物学の多くの主題に関して記述した．*Ars magna lucis et umbrae* には拡大鏡の描写があり，1658 年の *Scrutinium phisico-medicum pestis* では，接触感染の原因であり，衣類，ロープ，リネンなど小孔を有するものなら何にでも入り込むことのできる小さく感知できない生物体について論じている．Kircher の記述が曖昧で理解しにくいため，彼の業績を学んだ者の多くは，仮に価値があるとしてもたいしたものではないとみなすことになった．

B. 物理学：気圧計

Blaise Pascal（パスカル）が Torricelli（トリチェリ）の水銀気圧計実験を追試した．40 フィートのチューブに水と赤ワインを入れ，34 フィートの水柱や 34.6 フィートのワインの柱が均衡することに気づいた．したがって彼は，根本的な力が働いていると結論づけた．（1643 年 A 参照）

C. 社会と政治

1642 年にイギリスで始まったピューリタン革命は Oliver Cromwell（クロムウェル）が先導した Calvinist（カルヴァン派）が Charles I（チャールズ 1 世）国王を倒すこ

1648 年

A. 化学：錬金術からの進展

Johannes Baptista van Helmount（ヘルモント）の仕事の全容が彼の息子 Francis Mercurius van Helmount によって没後に出版された．van Helmount の仕事は Paracelsus（パラケルスス）のような錬金術師の教訓から発展し，学問的化学の始まりに続くものである．論じられた多くの主題の記述中に van Helmount の "gas" という単語の発明があり，燃えている木や発酵から生じるガスを "gas sylvestre" あるいは wood gas と呼んでいた．彼はガスと空気とを区別し，発酵や他の型の化学反応から "wild spirit" としてガスが産生されることに気づいた．彼は発酵とは超自然的実体であるガスを生じさせるものであると記述した．食物の消化とは一連の発酵が食物を肉体に変える化学的過程であると提唱する．彼は陶器のポットに生えたヤナギに水をやり，その重量の増加が水の取り込みに帰するという，5 年間にもおよぶ有名な実験を行った．この実験は枢機卿 P. Nicolai Cusa により以前に記述されていたが，Cusa が実際にそれを行ったかどうかは明らかでなく，van Helmount が Cusa の考えを知っていたかどうかも不明である．（1659 年 B 参照）

B. 社会と政治

ヨーロッパ中を巻き込んだ三十年戦争が Westphalia（ウェストファリア）条約の締結により終結した．

1649 年

社会と政治

イギリスの Charles I（チャールズ 1 世）が議会により反逆罪を宣告され，斬首された．議会は君主国家と上院を廃止して，イギリスが連邦であり，Oliver Cromwell（クムロウェル）が護国卿であると宣言した．

1651 年

社会と政治

Thomas Hobbes（ホッブス）が，君主は絶対の権力を有し，人々は統治者に個々の権利を譲渡しなければならないとする政治哲学の本 *Leviathan*（リヴァイアサン）を著した．（1690 年 B 参照）

1653 年

A. 解剖学：リンパ系

Olaf Rudbeck（ルードベック）がリンパ系，すなわちリンパ液を組織から血液に戻す循環系を発見した．

B. 芸術：文学

Izaak Walton（ウォールトン）が *The Compleat Angler*（釣魚大全）を書いた．

1654 年

技術：真空ポンプ

Otto von Guericke（ゲーリケ）が1645年に発明した空気ポンプを使って大気圧と真空の実験を行った．彼は8頭の馬の2チームが2つの半球からなる真空状態の金属球を引っ張って2つにすることに失敗したという有名な実験を行った．

1657 年

A. 技術：振子時計

Christiaan Huygens（ホイヘンス）がオランダの時計職人の助けを借りて振子時計を組み立てた．Galileo（ガリレオ）の息子 Vincenzio Galilei（ガリレイ）が1641年頃振子時計をつくったが，正確な時を刻むものとしては Huygens の時計が最初である．しかし，この時計は動く船の上ではその正確さを失ってしまう．Huygens は Antony van Leeuwenhoek（レーウェンフーク）の知人であり，顕微鏡のレンズをつくるうえで彼に助言を与えていたかもしれない．

B. 社会と政治

神聖ローマ皇帝 Ferdinand III（フェルディナント3世）が没し，その息子が Leopold I（レオポルド1世）として継承し1704年まで統治した．

1658 年

解剖学：赤血球

Jan Swammerdam（スワンメルダム）がカエルの血液を顕微鏡で観察し，はじめて赤血球を記載した．

1659 年

A. **感染症：腸チフス**
Thomas Willis（ウィリス）が *De febribus* の中で腸チフスの症状を記載した．

B. **発酵と腐敗：メカニズム**
Thomas Willis（ウィリス）は発酵は粒子の内的運動であると記述した本の中で，Johannes van Helmont（ヘルモント）の提唱した発酵生理学を援用した．彼は発酵と腐敗を物事の分離にたとえ，腐敗は香辛料，塩水，漬物，砂糖により予防できると述べた．（1648 年参照）

1660 年

A. **生理学：動物の呼吸**
Robert Boyle（ボイル）がネズミとスズメを閉じ込めたつぼの中でろうそくを燃やす実験をし，ろうそくを燃やさないときより動物たちが早く死ぬことを観察した．彼はまた空気ポンプによって容器を真空にすると炎が消え，動物が死ぬことに気づいた．動物が死ぬことを説明するために彼は，"vital spirit" が空気の一部であると提案した．

B. **物理学：静電気**
Otto von Guericke（ゲーリケ）が，クランク軸上の硫黄の玉が，回転する間に軽く擦れることによって，かなりの静電気を蓄えることを示した．彼はまた静電気が光を生じることも観察した．（紀元前 585 年，1600 年 A，1745 年 B 参照）

C. **社会と政治**
Oliver Cromwell（クロムウェル）が 1658 年に没し，イギリス連邦の護国卿の地位は彼の息子 Richard Cromwell に継承された．1660 年には国外追放されていた Charles I（チャールズ 1 世）の息子がイギリスに戻り，Charles II（チャールズ 2 世）として戴冠し，王政復古が始まった．

D. **芸術：文学**
Samuel Pepys（ピープス）が *Diary*（日記）を書き始めた．

1661 年

A. **解剖学：血液循環**
Marcello Malpighi（マルピーギ）がカエルの肺における赤血球と毛細血管循環を観察し，William Harvey（ハーヴィー）の循環の記載を補完した．彼は赤血球が脂肪の

球だと考えた．De motu cordis の中で Harvey は動脈系と静脈系には吻合が存在するであろうと述べたが，実際には発見できなかった．（1628 年参照）

B. 化学：元素の記述

Robert Boyle（ボイル）が The Sceptical Chymist（懐疑的な化学者）を書き，その中で Aristotle（アリストテレス）の "四元素" すなわち空気，土，火，水と，Paracelsus（パラケルスス）の "三元素" すなわち硫黄，塩，水銀を嘲笑した．彼は化学元素を他の物質からつくることができないか，あるいは他の物質に変えることができないものと定義した．彼は元素であると思った物質のリストを示さなかったが，彼の定義は広く引用されることとなった．Boyle は化学元素を定義し，化学とは医学や錬金術と関係なく科学として学ぶべきものと認識したことから，近代化学の創設者と呼ばれる．彼はまた化学に実験的手法を導入した．

1662 年

A. 化学：Boyle の気体の法則

Robert Boyle（ボイル）は 1660 年の新版 New Experiments Physico-Mechanicall の付録で，Boyle の法則として知られる，気体の圧と容積は一定の温度であれば反比例する，ということを述べた．（1687 年参照）

B. 科学の社会

イギリスの Charles II（チャールズ 2 世）が Royal Society of London を認可した．

C. 芸術：建築

フランスの Louis XIV（ルイ 14 世）が Versailles（ヴェルサイユ）宮殿の建設を始めた．

1664 年

A. 生理学：動物の呼吸

Robert Hooke（フック）が，イヌの肺に空気を連続的に吹き込むことによって，生命に必要なのは肺の動きではなく，新鮮な空気であることを示した．

B. 社会と政治

New Amsterdam（ニューアムステルダム）の名称が New York（ニューヨーク）となった．

1665 年

A. 感染症：腺ペスト

London（ロンドン）での大流行で 60000 人以上が死亡した．人口の 2 分の 2 以上が感染を避けるために都市から逃げたが，その疫病は London にとどまらず，周辺の小さい村に住むほとんどすべての住人が死亡した．London がこの後ペストの流行にみまわれなかったのは，翌年の大火災のおかげであると考える人もいる．しかし，この大火災で焼け落ちたのは旧市街に限られており，焼けなかった地区においてもペストは蔓延していたのである．

B. 生物学：細胞

Robert Hooke（フック）が *Micrographia*（ミクログラフィア）を著し，高等動物，かび，さび菌を描写した．彼はコルクの微細な形状を記述するために "cell"（細胞）という用語を導入した．

C. 化学：燃焼

Robert Hooke（フック）が燃焼論を提案し，その中で彼は空気を一方は燃焼に必要で，他方は不活性な 2 つの物質の混合物であると記述した．彼はまた植物が呼吸を必要とすることも指摘した．

D. 数学：微積分

Issac Newton（ニュートン）がおそらく最初の微分形である流率について記述した．

E. 科学的刊行物：Royal Society of London

もっとも古くから続いている科学雑誌 *Philosophical Transactions of the Royal Society of London* が創刊された．Royal Society of London の長官で Antony van Leeuwenhoek（レーウェンフーク）の書簡の受取人 Henry Oldenberg がその刊行を主催した．（1673 年 A 参照）

F. 芸術：音楽

Antonio Stradivari（ストラディヴァリ）が最初のバイオリンに標号をつけた．

1666 年

A. 物理学：光のスペクトル／プリズム

Isaac Newton（ニュートン）がプリズムを使って実験する間に，白い光が一連の色の組合せから構成されていることを発見した．

B. 物理学：重力

Issac Newton（ニュートン）がリンゴが木から落ちるのを観察し，なぜ月が同じよう

に落ちないのかと考えた．こうした現象に関する彼の考えと計算は1687年に *Principia mathematica*（プリンキピア）で発表された重力の理論につながった．

C. 社会と政治

大火災がLondon（ロンドン）の旧市街の大半を焼き尽くした．

1667年

A. 感染症：天然痘

1667年と1668年のイギリスにおける天然痘の流行で，London（ロンドン）だけでも少なくとも2700人が死亡した．イギリスのHippocrates（ヒポクラテス）と称されたThomas Sydenham（シデナム）は1669年に天然痘について記述を始め，主に治療について論じたが，完成することはなかった．種痘（予防接種）の実施が数年のうちにヨーロッパ中に知られるようになったが，天然痘の流行は何世紀にもわたって続いた．（1715A年，1717年，1721年A，1764年A参照）

B. 顕微鏡：双眼顕微鏡

Chérubin d'Orleansが最初の双眼顕微鏡を設計した．

C. 芸術：文学

John Milton（ミルトン）が *Paradise Lost*（失楽園）を著した．

1668年

A. 生物学：生命の自然発生

無生物体から自然発生的に生命が発生するかどうかを調べるために，Francesco Redi（レーディ）がもっとも古い対照実験を行った．彼は肉を2枚の皿の中に入れ，一方を空気にさらし，他方を覆った．彼は実験を繰り返し，一方を開放し，他方をガーゼで覆った．両方の実験とも，覆わなかった方の皿にだけ蛆虫が現れた．しかし，彼の実験により，生命が自然発生的には生じないと確信した人はほとんどいなかった．（1748年A，1765年A，1858年A参照）

B. 化学：空気と燃焼

Johannes Mayow（メイヨー）が燃焼と呼吸は空気の "igneo-aërial" な部分を含んでいると記載した．

C. 化学：燃焼

Johann Joachim Becher（ベッヒャー）が「可燃性の」という意味のterra pinguisという用語を用い，物質が燃える間に放出される素材について記載した．Georg Ernst Stahl（シュタール）は後に同じような文脈で "phlogiston（フロギストン，燃素）"

という用語を用いた．（1697 年 A 参照）

1669 年

A. 解剖学：**血液循環**

Richard Lower が，肺静脈の血液が心臓に到達する前に動脈の色をしていることを示した．

B. 生物学：**昆虫の生活環**

Jan Swammerdam（スワンメルダム）が，*Historia insectorum generalis* を著し，カゲロウ，ミツバチ，その他の昆虫の生活環を記述した．1680 年に彼が死亡した後，彼が描いた生物学的観察による多くの図が，1737～1738 年に *Biblia naturae*（自然の聖書）として刊行された．彼は近代昆虫学の父とみなされている．

1670 年

A. 感染症：**赤痢**

Thomas Sydenham（シデナム）が，時に熱を伴い，"腸の激烈な痛み"を起こす赤痢の一型を記述した．彼はそれが老人には致命的であるが，若者には致命的とは限らないと述べた．

B. 感染症：**麻疹**

Thomas Sydenham（シデナム）が *Of Measles in the Year 1670*（1670 年の麻疹に関して）を書き，臨床医が麻疹と天然痘を識別することが可能となるほど，その病気の正確な記載をした．

C. 社会：**経済発展**

The Hudson's Bay Company（ハドソン湾会社）が北アメリカにおける貿易のために設立された．

1671 年

A. 化学：**水素の発見**

Robert Boyle（ボイル）が塩酸や硫酸で鉄を溶かすことにより可燃性気体を産生した．この気体は 1787 年に Guyton de Morveau によって水素と命名された．Nicolas Lemery が 1700 年に，Henry Cavendish（キャベンディッシュ）が 1766 年に同様の実験で水素を得ている．

B. 芸術：**美術**

Christopher Wren（レン）が 1666 年の London（ロンドン）の大火を記念して "The

Monument"の建設を始めた．

1673 年

A. 光学機器：Leeuwenhoek の顕微鏡

Antony van Leeuwenhoek（レーウェンフーク）が最初に Royal Society of London に送った書簡が，Graaf（グラフ）卵胞の発見者である Regruer de Graaf によってその長官 Henry Oldenberg に伝えられた．Leeuwenhoek の書簡にはかび，ハチの針と口，シラミの針の顕微鏡観察が記載されていた．後の数年にわたって彼は 200 以上の手紙を送り，顕微鏡を用いた多くの観察を記述した．Leeuwenhoek は簡単な顕微鏡のために平凸レンズと両面凸レンズをつくった．現代の測定によれば，彼の装置は開口数 0.1 から 0.4 で，30 倍から 200 倍の拡大を達成していた．Leeuwenhoek の大きな貢献の 1 つは物体の測定を可能としたことである．彼は砂粉の大きさ（1/30〜1/100 インチ），シラミの目の大きさ（1/250〜1/400 インチ），ヒトの赤血球の大きさ（1/3000 インチ）について報告した．（1674 年 A，1676 年，1677 年，1680 年 B，1683 年 A 参照）

B. 化学：燃焼/煆焼

Robert Boyle（ボイル）が金属の煆焼に関する 2 つの論文を著し，金属に取り込まれた炎が金属の重量を増やすと結論づけた．このように彼は Jean Rey の考えよりも後退していた．（1630 年 B 参照）

C. 社会：探検

Jacques Marquette と Louis Joliet が Mississippi（ミシシッピ）川の源流を発見した．

1674 年

A. 顕微鏡：原虫，藻，赤血球

原虫を最初に観察した Antony van Leeuwenhoek（レーウェンフーク）はそれを"非常に多くの小さな微小動物"と記載した．彼はまたおそらく *Spirogyra*（アオミドロ）と思われる緑藻やヒトの血液中の赤血球を観察し，赤血球が血液の赤い色を作り出していることに気づいた．（1673 年 A，1676 年，1677 年，1680 年 B，1683 年 A 参照）

B. 芸術：文学

Nicholas Boileau-Despréaux（ボワロー）が *L'Art Poétique*（詩学）を書いた．

1675 年

A. 感染症：猩紅熱

febris scarlatina という記述をしたことにより，Thomas Sydenham（シデナム）が，天然痘から猩紅熱（scarlet fever）を区別すると同時に，その病気を命名したとみなされている．しかし Samuel Pepys（ピープス）が彼の *Diary*（日記）で，1664 年 11 月 10 日に娘 Susan（スーザン）が麻疹，"あるいは少なくとも scarlett feavour" にかかったと記載していることから考えると，その名称は日常的に使われていたのかもしれない．（1553 年参照）．

B. 生理学：動物の呼吸

Johannes Mayow（メイヨー）が水の入った容器の上にひっくり返したジャーの中に小動物を置き，ジャーの水位が上昇することによって示されるように，動物が空気を消費するということに気づいた．ハエ，ハチその他の昆虫を用い，ろうそくをジャーに入れた実験で，空気の 2 つの構成要素のうちの 1 つ "spiritus nitro-aereus" が生命と燃焼を支えると結論づけた．

1676 年

細菌学：細菌の最初の顕微鏡的観察

Antony van Leeuwenhoek（レーウェンフーク）が顕微鏡を用いて胡椒水を調べ，原虫と同じくらい "信じられないほど小さい" 生体を観察した．彼は最初に細菌を見たと考えられる．（1673 年 A，1674 年 A，1677 年，1680 年 B，1683 年 A 参照）

1677 年

顕微鏡：精子

Antony van Leeuwenhoek（レーウェンフーク）が動物の精子を初めて観察した．（1673 年 A，1674 年 A，1676 年，1680 年 B，1683 年 A 参照）

1678 年

発酵：シャンパン

フランス，Champagne（シャンパーニュ）地方の Dom Pérignon（ドン・ペリニョン）は 2 度目の発酵を始めるためにワインの酒樽に砂糖を加えた．その結果できるワインは発泡性でシャンパンという名前がつけられた．

1679 年

感染症：百日咳

Thomas Sydenham（シデナム）が百日咳（pertussis）と命名した病気の症状を記載した．（1640 年参照）

1680 年

A. 感染症：結核

John Bunyan（バニヤン）が著書 The Life and Death of Mr. Badman の中で，結核を"captain of all these men of death"と呼んだ．

B. 顕微鏡：酵母

Antony van Leeuwenhoek（レーウェンフーク）が酵母を初めて顕微鏡で観察した．（1673 年 A，1674 年 A，1676 年，1677 年，1683 年 A 参照）

C. 発酵：基質

Johann Becher（ベッヒャー）は糖が発酵に不可欠であることを発見した．

1681 年

A. 光学機器：接眼レンズ

Christiaan Huygens（ホイヘンス）が望遠鏡のために接眼レンズを考案し，それはその後，複雑な顕微鏡に使われるようになった．

B. 技術：オートクレーブ

Denys Papin（パパン）が動物の骨からゼラチンを得るときに使う"骨を軟らかくするエンジン"に関して記載する際，オートクレーブの原型について記載した．

1682 年

A. 生物学：種の定義

John Ray（レイ）が Methodus plantarum nova（新植物方法論）を著し，その中で彼は種を，自分自身に類似した新しい個を再生するものの集まりと定義した．彼はその定義を植物と動物の両方に適用した．Ray は花をつける植物を単子葉植物と双子葉植物に初めて分けた．彼は種の固定性に強い信念をもっていたが，小さな変化が起こりうることも認識していた．（1686 年参照）

B. 植物学：植物の解剖と雌雄

Nehemiah Grew（グルー）が The Anatomy of Plants（植物解剖学）の中で，多くの顕

微鏡観察も含めて，植物の構造のすぐれた描写を著した．彼は植物の組織を描写し，"柔組織（parenchyms）" や "形成層（cambium）" といった用語を作り出した．Grew はまた花をつける植物が花の中に生殖器官を有すると考えたが，実験による証明はしなかった．彼は男性生殖子としての花粉や女性生殖子としての胚珠について書いている．（1694 年参照）

1683 年

A. 細菌学：**細菌の顕微鏡的観察**

Antony van Leeuwenhoek（レーウェンフーク）が詳細な観察をし，歯垢にみられる微生物の描写をした．彼の挿画は，後に数多くの細菌学の教科書に再掲載されていることから，彼が細菌の観察を行っていたことは明白である．（1673 年 A，1674 年 A，1676 年，1677 年，1680 年 B 参照）

B. 解剖学：**毛細血管循環**

Antony van Leeuwenhoek（レーウェンフーク）は Marcello Malpighi（マルピーギ）のものより精密な毛細血管循環の記述をした．（1661 年 A 参照）

1684 年

数学：**微分**

Gottfried Wilhelm Leibniz（ライプニッツ）が微分を考案したが，最初にこの新しい数学法を発明したのが Leibniz か Isaac Newton（ニュートン）かという論争が沸き起こった．一般的には Newton の方が先に発見したと思われるが，Leibniz の方が簡単で完璧であるとされている．（1665 年 D 参照）

1686 年

植物学：**植物の分類**

John Ray（レイ）が，この当時ヨーロッパで知られていた約 6000 種の植物すべてを記述した *Historia generalis plantarum*（植物誌）と題された 3 巻からなる本の第 1 巻を著した．Carolus Linnaeus（リンネ）の分類に先立つ彼の分類は，彼のもっとも重要な仕事だという科学者もいる．彼はまた脊椎動物や昆虫の分類法もつくった．彼は旅行記や格言集といったものも含め，いろいろなテーマの著作を書いたが，もっとも知られ，増刷された作品は *The Wisdom of God Manifested in the Works of the Creation*（1691 年）である．（1682 年 A，1737 年参照）

1687 年

物理学：プリンキピア
Isaac Newton（ニュートン）が普通 *Principia mathematica*（プリンキピア）として知られる *Philosophiae naturalis principia mathematica*（自然哲学の数学的原理）を出版した．その中で彼は重力の法則と運動の3法則を説明し，数学的に気体の圧と容量の関係（Boyle（ボイル）の法則）を示した．この本には微積分の発見に関する最初の記録も含まれている．（1662年A参照）

1690 年

A. 数学：積分
Jokob Bernoulli（ベルヌーイ）が Gottfried Leibniz（ライプニッツ）の微分を用いてつくった計算法に "integral"（積分）という用語を使用した．

B. 社会と政治
John Locke（ロック）が *Two Treatises of Civil Government*（政府二論）を著し，個人が自由を楽しみ，財産を所有する権利を維持するような立憲君主制論を提唱した．（1651年参照）

1692 年

社会と政治
魔女裁判が Massachusetts（マサチューセッツ）の Salem（セーラム）で開かれた．

1693 年

A. 感染症：黄熱病
Cotton Mather（メイザー）によって書かれた記述によると，イギリスの艦隊によって Barbados（バルバドス）から持ち込まれた黄熱病が Boston（ボストン）で発生した．西半球における最初の黄熱病の出現は1647年の Barbados であるが，おそらく奴隷貿易でアフリカから持ち込まれたものと考えられる．

B. 技術：計算機
Gottfried Leibniz（ライプニッツ）が加算や減算だけでなく，自動加算による乗算や反復自動減算による除算ができる計算機を発明した．

1694年

植物学:植物における有性生殖

Rudolph Jakob Camerarius(カメラリウス)が *De sexu plantarum epistola* を著し,植物における有性生殖を記載した.彼は雌雄同株,雌雄異株,両性として知られるようになる型別をした.(1682年B参照)

1696年

数学:積分

Gottfried Leibniz(ライプニッツ)と Jakob Bernoulli(ベルヌーイ)が"微分"の反対概念として"積分"という用語を用いることに合意した.

1697年

A. **発酵と腐敗:製法**

Georg Ernst Stahl(シュタール)は,発酵や腐敗とは,他の物質に移転するとその物質を発酵させるか,腐らせる粒子(分子)の内部での撹拌であるという彼の信念を表明した.

B. **化学:フロギストン**

Georg Ernst Stahl(シュタール)が,可燃性物質は,燃焼に際して放出される物質フロギストンを含むということを記述した.Stahl によれば炎をつくるためにはフロギトンと空気が必要である.(1668年C参照)

1699年

A. **感染症:黄熱病**

South Carolina(サウスカロライナ)の Charleston(チャールストン),Philadelphia(フィラデルフィア)の両方で黄熱病により多数の死者が出た.その後45年以上にわたり,Charleston はその疾患により繰り返し被害を受けた.1745年のピークの後,1790年代まで再び大きな流行は起きなかった.

B. **物理学:気体の法則**

Guillaum Amontons(アモントン)が気体の体積が温度に比例して変化することを発見した.1787年に Jacques Charles(シャルル)が,1802年には Joseph Gay-Lussac(ゲイ=リュサック)が同じ発見をして,後に Charles の法則あるいは Gay-Lussac の法則と呼ばれるようになった.Amontons の業績は忘れさられてしまったのである.

C. 物理学：**温度計**

水は常に同じ温度で沸騰するという Guillaum Amontons（アモントン）の観察により，温度計の参考点が確立した．

1700 年

芸術：**演劇**

William Congreve（コングリーヴ）の *The Way of the Western World*（世の習わし）が London（ロンドン）で上演された．

1701 年

文化：大学

Yale（エール）大学が単科大学として Connecticut（コネティカット）に設立された．東インド会社の商品を扱うことによって，図書を寄贈し，学費援助をした Elihu Yale にちなんで 1718 年に命名された．

1704 年

化学：物質の組成

Isaac Newton（ニュートン）が物質はそれ以上小さくできない粒子により構成されていると提唱した．彼は化学作用が粒子間の引力と斥力の結果として生じると述べた．

1705 年

天文学：Halley 彗星

天文学者 Edmund Halley（ハレー）が，1531 年，1607 年，1682 年に観察された彗星が 1758 年か 1759 年に再び現れることを正確に予測した．この彗星は後に Halley 彗星と呼ばれることになった．

1706 年

数学：π の計算

William Jones（ジョーンズ）が *Synopsis palmariorum matheseos*（A New Introduction to Mathematics）の中で，円の直径に対する円周の比に対して π というギリシア文字を最初に使った．（紀元前 1700 年頃，190 年，600 年，1596 年参照）

1711 年

技術：蒸気機関

Thomas Newcomen（ニューコメン）が最初の実用的な蒸気機関をつくった．

1714 年

物理学：温度の測定

Gabriel Daniel Fahrenheit（ファーレンハイト）が，氷と水と塩化アンモニウムの混合した温度を 0℃ とし，人間の体温を 96℃ としたスケールを有する水銀温度計を発明した．Fahrenheit のスケールでは水は 32℃ で凍り，212℃ で沸騰するといわれる．

(1741年参照)

1715年

A. 免疫学：天然痘

Giacomo Pylarini が Constantinople（コンスタンティノープル）の子どもたちが1701年に（後に種痘と呼ばれる手技によって）どのように天然痘の免疫を獲得したかを記述した．イギリスの John Woodward（ウッドワード）が Constantinople での出来事について述べられた Emmanuel Timoni からの手紙を受け取り，その手紙は *Philosophical Transactions of the Royal Society of London* で公開された．（1717年，1721年A，1764年A，1774年A参照）

B. 芸術：音楽

George Frederic Handel（ヘンデル）の *Water Music*（水上の音楽）が初めて演奏された．

1717年

免疫学：天然痘

Constantinople（コンスタンティノープル）のイギリス大使の妻 Mary Wortley Montagu（モンタギュー）が，イギリスの友人に手紙を書き，"ingrafting"と呼ばれる天然痘の接種の方法を記述した．これは天然痘の病変から採取した少量の物質を針で静脈に注入するものである．1721年 Montagu 夫人がこの手技をイギリスに導入した後，彼女の息子がトルコで予防接種を受け，娘はイギリスで接種を受けた．中国で生まれ，イギリスでも用いられたもう1つの方法は，天然痘の膿に浸した糸を前腕の掻き創に入れるものであった．感染した人の膿を用いたさまざまな免疫法は種痘として知られ，天然痘ウイルスは"variola"として知られるようになった．種痘は中には罹患したり，死ぬ者もいたので論争の的となった．Montagu 夫人が種痘を広めたとみなされるが，さまざまな方法による予防接種が何世紀にもわたってインド，ペルシア，中国，その他の国々で行われていたのである．（1715年A，1721年A，1764年A，1774年A参照）

1719年

芸術：文学

Daniel Defoe（デフォー）が *Robinson Crusoe*（ロビンソン・クルーソー）を書いた．

1720 年

A. 感染症：結核

臨床医の Benjamin Martin（マーティン）が *A New Theory of Consumptions：More Especially of a Phthisis of the Lungs* という，この当時もその後の叙述家にも無視されたと思われる本を著した．Martin は，体液で生存しうるある種の微小動物か微細な生物によって結核が引き起こされるのだろうと述べた．それらは肺の血管を傷害し，その結果，閉塞，炎症，潰瘍その他の症状を引き起こす．彼の考えは 19 世紀後半の Robert Koch（コッホ）や Louis Pasteur（パストゥール），その他による発見におよそ 150 年先行していた．

B. 発酵：製法

この頃，フロギストン（燃素）理論を否定した Hermann Boerhaave（ブールハーフェ）が，発酵と腐敗は無関係で，発酵は酒精（気体）が酸を産生することができる植物でしか起きないと述べた．（1697 年 A，1697 年 B 参照）．

1721 年

A. 免疫学：天然痘

Boston（ボストン）で Cotton Mather（メイザー）の提案に従い，Zabdiel Boylston（ボイルストン）が流行の間に天然痘の予防接種を行った．後に Mather と Boylston はその試みが成功かどうかを評価するために統計学手法を用いた．種痘が危険であるという証拠は，ある者は重症になり，そのうちのある者は死亡しうるという事実にある．Boylston と Mather は個別に口頭であるいは書面で攻撃され，個人的に襲撃も受けた．London（ロンドン）では George I（ジョージ 1 世）が，英国医師会長であり英国学士院の長官である Hans Sloane（スローン）に，Newgate（ニューゲート）刑務所の死刑囚に種痘の実験を行うことを許可した．この実験の成功に続いて，他の同様な実験が行われた．これらの成功にもかかわらず，種痘に対する反対は根強く，広範囲の使用は妨げられていた．（1717 年，1764 年 A，1774 年 A，1776 年 A 参照）

B. 芸術：音楽

Johann Sebastian Bach（バッハ）が *The Brandenburg Concerti*（ブランデンブルク協奏曲）を作曲した．

C. 芸術：文学

Daniel Defoe（デフォー）が *Moll Flanders：the Fortunes and Misfortunes of the Famous*（モル・フランダース）を書いた．

1726 年

A. 芸術：音楽

Antonio Vivaldi（ヴィヴァルディ）が *The Four Seasons*（四季）を作曲した．

B. 芸術：文学

Jonathan Swift（スウィフト）が *Gulliver's Travels*（ガリヴァー旅行記）を著した．

1727 年

植物学：植物生理学

Stephen Hales（ヘールズ）が *Vegetable Statics* を著し，1705 年に始めた実験について定量的測定法を強調した．彼は植物の水収支と水分の流れを研究し，葉の吸引と根の圧を測定し，葉の成長を研究した．"植物生理学の父"と呼ばれる Hales は，1648 年に Johannes van Helmont が植物の成長には水の摂取が寄与すると結論したことに対して，空気が植物の成長に重要であると結論づけた．（1733 年参照）

1728 年

芸術：音楽

John Christopher Pepusch（ペープッシュ）作曲，John Gay（ゲイ）作詩の *The Beggar's Opera*（乞食オペラ）が初めて上演された．1928 年に Kurt Weill（ヴァイル）と Bertolt Brecht（ブレヒト）が *The Threepenny Opera*（*Die Dreigroschenoper*，三文オペラ）に改作した．

1729 年

光学機器：色消しレンズ

Chester Moor Hall（ホール）がフリントガラスでできた凹型レンズとクラウンガラスでできた凸型レンズを組み合わせて望遠鏡用の色消しレンズをつくった．彼の発明はあまり知られておらず，価値も認められていない．John Dollond（ドロンド）が，開発したレンズを公にし，それが望遠鏡の改良につながったことから，この発明をしたとみなされることがある．複雑な顕微鏡のための色消しレンズはこの後 1 世紀以上の間，開発されることがなかった．（1758 年，1827 年 A 参照）

1732 年

感染症：インフルエンザ

世界中で感染性の高いインフルエンザの流行が始まり，1733 年まで続いた．最初の感染が Connecticut（コネティカット）で始まったと考える人もいれば，Moscow（モスクワ）で始まったと考える人もいる．（1580 年，1781 年 A，1830 年 A 参照）

1733 年

生理学：血液循環と血圧

Stephen Hales（ヘイルズ）が血液循環と血圧に関する研究の報告書 *Haemastaticks* を著した．彼は雌ウマ，雄ウマ，イヌ，ヒツジ，ヒトといったさまざまな動物の動脈にガラス管を挿入して血圧を測った．彼の仕事は William Harvey（ハーヴェイ）以来の血液循環に関するもっとも重要な調査である．（1628 年参照）

1734 年

社会と政治

Voltaire（ヴォルテール，本名：François-Marie Arouet（アルエ））が *Lettres anglaises on philosophiques*（哲学書簡）を著し，イギリス憲法に言及し，宗教的・社会的・政治的自由を賛美した．

1735 年

A． 食中毒：ボツリヌス

ボツリヌス中毒として知られるようになる病気がドイツでみられた．ボツリヌス中毒という名前はソーセージを意味するラテン語 botulus から生まれ，ソーセージを食べることと病気とが関連あることから 19 世紀の初めに使われるようになった．（900 年 A，1820 年 A 参照）

B． 植物学：植物の分類

1682 年と 1686 年の John Ray（レイ）の仕事に引き続いて Carolus Linnaeus（Carl von Linne，リンネ）が植物の分類 *Systema naturae*（自然の体系）を発表した．花をつける植物の分類に関する彼の記述は "男性" 器官（おしべの長さと数）に基づいていた．彼は苔や他の花をつけない植物も "女性" 器官（花柱や柱頭）に基づいて整然と分類した．Linnaeus は andros（男性）や gyne（女性）のような性に関係するギリシア語から用語をつくった．当時，植物学の学生の多くは性的な類推に困惑した．（1737

年，1749 年 A，1753 年，1763 年 A，1767 年 B 参照）

1736 年

感染症：猩紅熱

William Douglass（ダグラス）が猩紅熱の症状と診断を記述した．

1737 年

植物学：分類学

Carolus Linnaeus が *Genera plantarum*（植物の属）を書き，18000 の植物種を記述し，1623 年の Gaspard Bauhin（ボーアン）の体系から生まれた二名法に基づきそれらに名前をつけた．1749 年には彼は二名法の改訂版を発表した．（1735 年 B，1749 年 A，1753 年，1763 年 A，1767 年 B 参照）

1739 年

技術：石炭ガス

John Clayton（クレイトン）が石炭の蒸留により石炭ガスをつくり，その照明力を示した．

1741 年

物理学：温度の測定

Anders Celsius（セルシウス）が水の凍る温度を 100℃，沸騰する温度を 0℃ とする百分度温度計を発明した．その目盛りは 1743 年に Jean Pierre Christin によって反転された．この温度計は，国際協定により Celsius 温度計あるいは Celsius 尺と呼ぶことが決定された 1948 年まで，百分度温度計と呼ばれていた．（1714 年参照）

1742 年

芸術：音楽

George Frederic Handel（ヘンデル）がオラトリオ *the Messiah*（メサイア）を作曲した．

1745 年

A. 生理学：血液の鉄

Vicenzo Menghini が血液中の鉄の存在を発見した．これは，生体における微量元素

の最初の発見である．

B. 物理学：**静電気/Leyden 瓶**

Pieter van Musschenbroek（ミュッセンブルーク）と Ewald Georg von Kleist（クライスト）が別々に静電気装置をつくった．彼らはガラスか金属の瓶に入れた水が，その瓶が回転して擦られると，静電気を生じて，帯電することに気づいた．van Musschenbroek と von Kleist はともに水中に浸かる金属ワイヤが触れると大きな電荷が放出されることを発見した．Musschenbroek は種々の追加実験を行った．Musschenbroek はオランダの Leyden（ライデン）の大学で働いていたためその装置は Leyden 瓶として知られるようになった．（紀元前 585 年，1600 年 A，1660 年 B 参照）

1748 年

A. 微生物学：**生命の自然発生**

John Turberville Needham（ニーダム）が，植物または動物組織の溶出液の中で"顕微鏡的微小動物"，が発生するかどうかの実験を報告した．彼は Georges Louis Leclerc（Comte de Buffon, ビュフォン）の意見に従って実験を行った．Buffon の観察により，生長した植物は，そのおのおのが新しい完全な有機体をつくることができるような同一の体で構成されていると結論づけた．Needham が Buffon に会い，1748 年に議論した後，彼は自分たちが正しいかどうか確認するための実験に着手した．典型的な実験では，Needham は空気を遮断するために羊肉の汁を入れた管をコルクで密封した．管を熱した後，微細な生命が混在しているのを観察した．彼は生きた動植物の一部であった物質にはすべて生長力が存在するという結論を得た．彼は元来懐疑的であったのだが，熱した（あるいは熱しない）管の中の顕微鏡的生物は先祖がなくても発達すると結論づけ，自然発生を強力に主張することとなった．（1668 年 A，1749 年 B，1765 年 A，1858 年 A 参照）

B. 感染症：**ジフテリアまたは猩紅熱**

John Fothergill（フォサーギル）が咽頭感染の臨床的記述を著した．それはジフテリアを観察したのか，猩紅熱とジフテリアの併発を観察したのか，それとも他の感染症を観察したのかはっきりしない．ジフテリアのより早い記述は Hippocrates（ヒポクラテス）の時代や西暦 1 世紀，5 世紀にさかのぼる．（1492 年 A，1576 年参照）

C. 生物学：**浸透性**

Jean Antoine Nollet（ノレ）が動物の膜を透過して糖液の中に水が拡散することに気づき，浸透性を発見した．（1881 年 I，1886 年 H 参照）

1749 年

A. 植物学：分類学

Carolus Linnaeus（リンネ）が種と属以外に綱と目を確立することにより二名法と植物の分類を発展させた．彼はそれぞれの種が，性質でも，地理的局在でも，食物連鎖においても特定の位置を有することを主張した．（1735 年 B，1737 年，1753 年，1763 年 A，1767 年 B 参照）

B. 生物学：進化

Georges Louis Leclerc（Comte de Buffon，ビュフォン）が不朽の大作である 44 巻（うち 8 巻は彼の没後に出版）からなる *Histoire naturelle*（博物誌）の第 1 巻を著し，自然科学について周知のあらゆる事実を論じた．第 2 巻 *Des animaux*（動物について）では，生命の自然発生について John Turberville Needham（ニーダム）と議論された彼の考えを表した．Buffon の仕事は生命の多くが神が創造した他のものから変成したという変容論者の見地を提示している．彼はまた地球の形成は 75000 年前に彗星が太陽に衝突したためとした．彼の考えは Charles Darwin（ダーウィン）の時代まで影響力を保った．（1868 年 E 参照）

C. 芸術：文学

Henry Feilding（フィールディング）が *The History of Tom Jones, a Foundling*（トム・ジョーンズ）を完成した．

1751 年

社会と政治

Denis Diderot（ディドロ）の編集のもと *Encyclopédie*（百科全書）すなわち *Dictionnaire raisonné des sciences, des arts et des métiers* の第 1 巻が出版された．最後の第 28 巻は 1772 年に出版され，Jean-Jacques Rousseau（ルソー）や Voltaire（ヴォルテール）といった多くの著名な著述家の論文を載せ，人間の知識に関する多くの議論を含んでいた．

1752 年

物理学：電気

Benjamin Franklin（フランクリン）が，Leyden（ライデン）瓶で発生した電気の火花は，雷でみられる電気と同じ形であることを示した．雷雨の間に彼は凧を揚げ，その絹糸は凧の金属片から地上の金属の鍵につながっていた．彼は糸を鍵まで伝わる電気が火花を生じ，Leyden 瓶を帯電させることを発見した．（1745 年 B 参照）

1753 年

植物学：分類学

Carolus Linnaeus（リンネ）が *Species plantarum*（植物の種）を著し，その中で彼が分類した 5900 の植物に属と種の名前を与え，二名法の体系をしっかり確立した．彼の以前の命名では，使うには長くて単調なラテン式の記述となり，覚えにくいものとなっていた．（1735 年 B，1737 年，1749 年 A，1763 年 A，1767 年 B 参照）

1754 年

化学：気体

Joseph Black（ブラック）が医学論文を完成させた．それは 1756 年に *Experiments upon Magnesia Alba, Quicklime, and Some Other Alcaline Substances* として増補したうえで出版された．Black は，白マグネシウム（炭酸マグネシウム）が熱せられると，彼が"安定した空気"と呼んだ気体が放出されることを報告した．彼は石灰（酸化カルシウム）が空気中に放置されると炭酸カルシウムになることを発見し，空気の一部は安定した空気であるという結論に到達した．彼は安定した空気により苛性石灰が軟石灰に変わること，また，後に呼吸が空気の一部を安定した空気に変えることを指摘した．この安定した空気は後に二酸化炭素であることが判明した．Black は化学実験に定量法を初めて導入した．

1755 年

A. 芸術：音楽

Franz Joseph Haydn（ハイドン）が最初の四重奏曲を作曲した．

B. 文化：辞書

Samuel Johnson（ジョンソン）が *A Dictionary of the English Language* を完成させた．

1757 年

発酵：二酸化炭素

Joseph Black（ブラック）は"安定した空気"（二酸化炭素）が発酵により生じるのを示すために石灰水を用いた．彼は Johannes van Helmont（ヘルモント）の"gas sylvestre"を再発見した．（1648 年 A，1754 年参照）

1758 年

光学機器：色消しレンズ

John Dollond（ドロンド）が望遠鏡用に色消しレンズをつくった．1729 年に似たようなレンズをつくった Chester Moor Hall（ホール）が Dollond に対して訴訟を起こしたが，法廷は彼の主張を却下した．

1759 年

A. 生物学：後成説/発生学

Casper Friedrich Wolff（ヴォルフ）が *Theoria generationis*（発生について）を著し，その中で受精した卵は均質の構造をしており胎児のすべての器官はそこから新たに起こるという後成説を記述した．(1828 年 A 参照)

B. 社会と政治

Quebec（ケベック）近郊の Abraham（エイブラハム）平野の戦闘で，イギリス軍がフランス軍を破り，イギリス人によるカナダの統治が確立した．

C. 芸術：文学

・Voltaire（ヴォルテール）が *Candide*（カンディード）を書いた．

・Laurence Sterne（スターン）による *The Life and Opinions of Tristram Shandy*（トリストラム・シャンディ）の 9 巻のうち最初の 2 巻が刊行された．1767 年までに 9 巻が著されたが，その物語は未完のままである．

1761 年

A. 疾患：病理

Giovanni Morgagni（モルガーニ）が病理解剖学の著作 *De sedibus et causis morborum per anatomen indagatis*（疾患の原因に関して）を著した．彼の死体解剖の記述は，それぞれの症例における死亡原因となる疾患と結び付けられた．

B. 植物学：植物の雑種

J. G. Kölreuter が，植物の雑種に関する体系的研究の結果を公表し始めた．Gregor Mendel（メンデル）も Charles Darwin（ダーウィン）も研究を発表するときには彼の仕事を知っていた．(1859 年 B，1865 年 B 参照)

1762 年

A. 感染症：**病気の種**

Marcus Antonius Plenciz が，病気の種は空気中で運ばれるのであろうと記述した．これらは休眠中であり，カブトムシやハエ，ヒル，ブヨの幼虫の中で発育するのと同様に多数の微小動物（その中のいくつかは目に見えない）の中で発育すると考えられた．Girolamo Fracastoro（フラカストロ）が1546年 *De contagione*（感染について）の中で病気の種の概念を提唱していた．

B. 社会と政治

Jean-Jacques Rousseau（ルソー）が *Le contrat social*（社会契約論）を著し，"人は生まれながらにして自由であるが，どこでも鎖で縛られている"という彼の見方を表明した．

1763 年

A. 疾患：**分類**

Carolus Linnaeus（リンネ）が *Genera morborum* の中で疾患の分類を試みた．（1735年B，1737年，1749年A，1753年，1767年B参照）

B. 文化：**陶器**

Charles Darwin（ダーウィン）の母方の祖父 Josiah Wedgwood（ウェッジウッド）がその名を冠した陶器の特許を得た．それは有名になり，収集の対象となった．

1764 年

A. 免疫：**天然痘**

Angelo Gatti（ガッティ）が，感染したヒトから得た膿を用いた天然痘の予防接種すなわち種痘に関して発表した．彼は天然痘を起こす原因を弱めることにより，それを安全に使用できると推測した．Gatti は Edward Jenner（ジェンナー）が1796年に牛痘ウイルスを用いて成功することを知らずに没した．（1721年A，1774年A，1776年A，1796年B参照）

B. 技術：**紡績機械**

James Hargreaves（ハーグリーヴズ）のジェニー紡績機の発明は，1770年に特許を取得し，織物製造が機械化されることになった．

1765年

A. 細菌学：生命の自然発生

Lazzaro Spallanzani（スパランツァーニ）が John Turberville Needham（ニーダム）の1748年の実験，すなわちコルク栓をしたガラスチューブの中で肉汁をゆでる実験を繰り返した．ただし，改良してチューブの封をする際に炎で蓋を溶かした．彼は，肉汁を充分な時間熱するならば微生物は自然発生しないと結論した．今では，肉汁が空気中の微生物に汚染されず，幸運にも細菌の内生胞子が熱処理で生き残らなかったために，彼の実験は成功したということをわれわれは知っている．しかも Spallanzani の顕微鏡は Comte de Buffon（ビュフォン）や Needham のすぐれた装置と異なり，細菌の大きさをみる能力に限界があった．彼は食物を密閉した容器に保存することが可能だと提案した．（1748年A，1749年B，1858年A，1858年B参照）

B. 感染症：ジフテリア

クループに関する論文で Francis Home がジフテリアの臨床症状を記述した．

C. 技術：蒸気機関

1711年に Thomas Newcomen（ニューコメン）によってつくられた蒸気機関を James Watt（ワット）が大幅に改良した．彼と手工業者の Mathew Boulton（ボールトン）は1776年に新たに改良した蒸気機関を作り始めた．（1711年参照）

1766年

A. 発酵：気体

Henry Cavendish（キャヴェンディッシュ）が"燃えやすい空気"（水素）と数種の"安定した空気"（二酸化炭素）に関して著す．この二酸化炭素には，糖溶液に対する酵母の作用によって産生され，水酸化ナトリウム溶液に吸収されたものが含まれている．彼は二酸化炭素が石灰岩から生じたものであることを確認した．

B. 社会と政治

Charles Mason（メーソン）と Jeremiah Dixon（ディクソン）が Pennsylvania（ペンシルヴァニア）と Maryland（メリーランド）の境界線の調査を完了した．Mason-Dixon 線は後に奴隷州と自由州の境界となった．

1767年

A. 感染症：梅毒/淋病

イギリスの臨床医 John Hunter（ハンター）が淋病患者の膿を用いて彼自身を淋病と

梅毒の両方に感染させた．1787年に彼は，淋病は梅毒の初期段階であるという概念を支持して，性病に関する論文を著した．彼は1793年に，おそらく感染の結果である狭心症で没した．天然痘に対するワクチン接種を確立するEdward Jenner（ジェンナー）はHunterのもとで2年間学んだ．Hunterは比較解剖論と発生学の研究でも知られ，また死ぬまでに13600に達する生物標本を収集したことでも知られている．（1796年B参照）

B. 生物学：微小動物の分類

Carolus Linnaeus（リンネ）が *Systema naturae*（自然の体系）の第12版で，6つの種とともに微小動物を分類不能のVermesと分類し，最後を *Chaos infusorium* とした．顕微鏡観察の有用性を疑って，Linnaeusは精子の存在を信じなかった．Chaosの終わりにLinnaeusは妙な項目，すなわち発疹の原因，梅毒"ウイルス"，発酵物質，精子（その存在を疑っているにもかかわらず），"花咲く月に空にかかる天空の雲"などを設けた．（1735年B，1737年，1749年A，1753年，1763年A参照）

1768年

感染症：コレラ

1768年から1769年におけるインドのコレラの流行で，この1年間におよそ60000人が死亡した．（1817年A参照）

1769年

A. 技術：紡績フレーム

Richard Arkwright（オークライト）が綿の縦糸を紡ぐための水力フレーム（水フレーム）の特許を得た．彼の発明はイギリス産業革命に重要な役割を果たした．

B. 技術：自力推進車

Nicholas Joseph Cognotが蒸気機関を運搬車につけて最初の自力推進車をつくった．（1859年F，1885年O，1893年F参照）

1770年

A. 社会：探検

James Cook（クック）がオーストラリアの東海岸を発見した．

B. 社会と政治

いわゆるBoston（ボストン）虐殺でイギリス軍隊がプロテスタントの群衆の中の5人を殺害した．

C. 文化：音楽
Wolfgang Amadeus Mozart(モーツァルト)が14歳で最初の四重奏曲を完成させた.

1771年

A. 化学：酸素と窒素
Carl Wilhelm Scheele（シェーレ）が空気は"2つの流体"で構成されていることを発見し，それらを"燃える空気"（Feuerluft, 酸素）と"汚れた空気"（verdorbene Luft, 窒素）と呼んだ．窒素の発見者といわれるDaniel Rutherford（ラザフォード）が1772年空気は生命や炎を消滅させる何かをたくさん含んでいることを指摘した．出版社の遅延のため，Scheeleの仕事は，Joseph Priestley（プリーストリ）よりも後の1777年まで出版されなかった．Priestleyの実験はScheeleに遅れること1〜3年に行われ，同じ内容の多くのことについて別個に出版されていた．Priestleyの出版日が早かったことから彼が酸素を発見したとされている．

B. 植物生理学：植物による酸素の産生
1770年代初期にJoseph Priestley（プリーストリ）が，ろうそくが燃え尽きた空気中でミントを栽培することにより，空気を"復活"させた．再びろうそくが燃え，ネズミが復活した空気で生存した．彼はろうそくが非常に明るく燃えるたくさんの"空気"を用意した．彼はphlogiston（フロギストン，燃素）説を信じていたので，そのときはまだ酸素を認識していなかった．彼はまた植物の成長と酸素の産生に光が重要であることに気づいていなかった．（1697年AとB，1779年B，1782年参照）

C. 近代歯科学
John Hunter（ハンター）が *A Treatise on the Natural History of the Human Teeth*（人間の歯の歴史）を著し，近代歯科学の基礎となった．

D. 文化：文学と学問
Encyclopedia Britannica（ブリタニカ百科事典）の初版が印刷された．

1772年

A. 化学：炭酸水／二酸化炭素
Joseph Priestley（プリーストリ）がビール樽で気体を調べた結果，炭酸水を発明した．ビール発酵から生じた二酸化炭素を水に溶かす方法を発見することによって，彼は炭酸水をつくる産業を始めた．

B. 化学：窒素
Antoine Lavoisier（ラヴォワジエ）がDaniel Rutherford（ラザフォード）により発

見された有害な空気を "azote" と命名した．彼は Carl Wilhelm Scheele（シェーレ）が空気中の窒素を発見したことに気がつかなかった．"azote" という単語が Lavoisier のノートに現れているが，それは 1787 年まで出版されなかった．（1771 年 A 参照）

C. 化学：**燃焼**

Antoine Lavoisier（ラヴォワジエ）がフロギストン（燃素）理論を覆すこととなる燃焼についての研究を始めた．この頃彼は呼吸に関する実験を始めている．（1697 年 B，1771 年 B，1775 年 B 参照）

1773 年

A. 細菌学：**細菌の最初の記述**

Otto Frederik Müller（ミュラー）が今では細菌と分類される生物の最初の記述と考えられるものを著した．*Vermium terrestrium et fluviatilum* の中で Vermes の下の Infusoria という分類項目には *Monas* や *Vibrio* があげられ，彼が識別した細菌を含んでいる．（1767 年 B 参照）

B. 社会と政治

Boston（ボストン）の入植者が茶税に抗議して港に茶を捨てて Boston 茶会事件が勃発した．

C. 芸術：**劇場**

Oliver Goldsmith（ゴールドスミス）による *She Stoops to Conquer*（負けるが勝ち）が London（ロンドン）で上演された．

1774 年

A. 免疫学：**天然痘の免疫化**

牛痘からの膿性の材料を用いた，天然痘に対する接種がイングランドの Dorset（ドーセット）の農夫でウシの畜産家であった Benjamin Jesty により初めて行われた．当時，感染したウシに接触して軽い病気の牛痘にかかった者は，後に天然痘感染に免疫性になると一般に信じられていた．Jesty は彼の妻と 2 人の息子の腕を針で引っ掻いてウシの乳房からの膿性の材料を注入した．3 人全員が後の天然痘流行時に感染から免れて生存した．Jesty はそれより以前に牛痘に自然感染しており，天然痘に対しての免疫を獲得していた．（1721 年 A，1764 年 A，1776 年 A，1796 年 B 参照）

B. 化学：**酸素**

Joseph Priestley（プリーストリ）は赤い酸化第二水銀を凸レンズ（拡大鏡）で熱することにより酸素を得た．彼はこの所見を Carl Wilhelm Scheele（シェーレ）が彼独

自の発見を発表する前に報告しており，Priestley にこの発見の優先権が認められている．（1771 年 A 参照）

C. 化学：金属の酸化

Antoine Lavoisier（ラヴォワジエ）は，*Opuscles physiques et chimiques*（物理学と化学の小冊子）を発表した．その中で，鉛と錫の燃焼についての Robert Boyle（ボイル）の実験（1673 年）の追試を報告し，空気のある部分が吸収されると結論づけた．彼はこの過程を 1775 年に説明している．

1775 年

A. 生理学：酸素と呼吸

Joseph Priestley（プリーストリ）は，通常の空気中よりも，"新しい"（new）空気中の方がマウスが 2 倍長生きすることを発見した．この実験に関する彼の結論は，フロギストン（燃素）理論に基づいて説明されている．（1697 年 B, 1771 年 B, 1772 年 C, 1776 年 B 参照）

B. 化学：金属の酸化

Antoine Lavoisier（ラヴォワジエ）は，金属材料の燃焼は金属と"われわれが呼吸している空気のもっとも純粋な部分"との結合を起こし，金属の重量が増加すると記述した．彼は，空気は 2 つの要素（後に酸素と窒素と呼ばれることになる）で構成されていると結論づけた．この業績はフロギストン（燃素）理論の否定に大きく貢献している．（1697 年 B, 1772 年 C, 1775 年 A, 1781 年 B 参照）

C. 社会と政治

1783 年まで続くアメリカ独立戦争が，Lexington（レキシントン），Concord（コンコード），そして Bunker Hill（バンカーヒル）の戦闘で始まった．

1776 年

A. 免疫学：天然痘の免疫化

アメリカ連合植民地独立軍の George Washington（ワシントン）総司令官は，全軍の兵士に，天然痘に感染した人からの膿性の材料を接種することを命令した．このテクニックは種痘（人痘接種法）と呼ばれる．Washington は後に初代合衆国大統領に就任した．（1764 年 A, 1774 年 A, 1796 年 B 参照）

B. 細菌生理学：メタン産生

Alessandro Giuseppe Volta（ヴォルタ）は"燃える空気"（combustible air）が北イタリアの Como（コモ）近辺のすべての湖，池，小川の淡水沈殿物から放出されるこ

とを見出した．生物学的なメタン産生はメタン生成微生物と呼ばれることになる細菌によって産生されることが後に見出された．Voltaの燃える空気は，現在ではメタンと呼ばれる，人工照明ガスの主な構成成分と同一のものとみなされる．(1906年 A，1936年 B 参照)

C. 生物学：**人種**

Johann Friedrich Blumenbach（ブルーメンバハ）は *On the Natural Varieties of Mankind* (人の自然な多様性)を発表し，ヒトを5つの人種，すなわち Caucasian (European), Ethiopian (sub-Saharan Africans), American Indian, Malayan (Southeast Asians and Pacific Islanders), Mongorian (East Asians) に分類した．

D. 社会と政治

イギリスに対して異議を申し立てるアメリカの植民地群によって構成される大陸会議が独立宣言を採択した．

E. 社会と政治

経済学者の Adam Smith（スミス）が *The Wealth of Nations*（国富論）を発表した．

F. 社会：**歴史**

Edward Gibbon（ギボン）が *History of the Decline and Fall of the Roman Empire*（ローマ帝国衰亡史）の第1部を発表した．

1777年

A. 生理学：**呼吸**

Antoine Lavoisier（ラヴォワジエ）は，呼吸は血液によって供給される炭素の緩やかな燃焼であり，動物の熱はその過程の結果生じ，炭酸を生じると記載した．

B. 芸術：**演劇**

Richard Brinsley Sheridan（シェリダン）による *The School for Scandal*（悪口学校）がロンドンで上演された．

1779年

A. 生物学：**精液と受精**

Lazzaro Spallanzani（スパランツァーニ）は卵の受精においての精液の重要性を認めた．

B. 植物生理学：**光合成**

Jan Ingenhousz（インヘンホウス）は，植物が太陽光の中で"生命の空気"(酸素)(vital air) を産生し，光がないところでは"安定した空気"(fixed air) を産生すること

を証明した．彼はまた，植物が炭素を土壌からではなく大気中から得ていることを示した．したがって彼は現在光合成として知られている反応に関する証拠を初めて提示したことになる．（1782年参照）

1780年

A. 細菌の発酵：乳酸

Carl Wilhelm Scheele（シェーレ）が酸敗した牛乳から乳酸を分離した．彼はまた生物学的に重要な他のいくつかの化合物を発見した，すなわち，尿酸（1780年），シュウ酸（1776年），クエン酸（1784年），リンゴ酸（1785年），グリセロール（1783年），カゼイン（1780年）である．加えてSchleeleはいくつかのエステルとアルデヒドについても研究した．

B. 化学：酸素

Antoine Lavoisier（ラヴォワジエ）は"酸素（oxygen）"という用語を，"よく燃える空気"（dephlogisticated air），あるいは"著しく呼吸性の高い空気"（eminently respirable air）と表現されていたものに置き換えて導入した．

C. 物理学：電気学

Luigi Galvani（ガルヴァーニ）はカエルの筋肉が2つの異なった種類の金属，真鍮と鉄に接触したときにぴくつくことを観察した．彼はこの効果を"動物の電気"（animal electricity）であるとしたが，この考えが誤りであることは，1800年にAlessandro Giuseppe Volta（ヴォルタ）が示した．電流を検知する検流計（galvanometer）と，"刺激する，跳び上がらせる"という意味に使うgalvanizedという単語はGalvaniの名前に由来している．（1800年D参照）

1781年

A. 感染症：インフルエンザ

中国から始まったと考えられるインフルエンザの大流行が北アメリカ，ヨーロッパ，ロシア，インドに広がった．いくつかの都市での感染率は75％にも上った．（1580年，1732年，1830年A，1847年A参照）

B. 化学：水素と酸素から形成された水

Henry Cavendish（キャヴェンディッシュ）は，"燃えやすい空気（水素）"（inflammable air）と"よく燃やす空気（酸素）"（dephlogisticated air）を2：1の割合で爆発させると，気体は完全に水に変換することを示した．彼は"inflammable air"はフロギストン（燃素）と水の結合であると説明した．Cavendishは，気体の容積の測定法

を大きく進歩させた．(1775年A，1775年B，1783年B参照)

C. **生理学：シアン化物**

Felice Fontana は，摂食させたり，注射したりすることにより動物を毒殺するために，"セイヨウバクチノキ"(cherry-laurel) の葉からの蒸留物を用いた．その蒸留物は後に呼吸を阻害するシアン化物を含んでいることが判明した．

D. **社会と政治**

新たにアメリカ合衆国を構成する州は連合規約を受け入れ，西部における彼らの領地の要求を放棄した．

1782年

植物生理学：光合成

Jean Senebier（セネビエ）は植物の生長による空気の回復には光が必要であることを報告した．

1783年

A. **生理学：動物の呼吸**

Antoine Lavoisier（ラヴォワジエ）と Pierre Simon de Laplace（ラプラス）は動物の呼吸に関する実験をした．彼らは Laplace が考案した氷熱量計の chamber 内にモルモットを置いたときに氷の溶ける量を測ることにより，放出された熱を見積もった．放出された熱，消費された酸素，産生された二酸化炭素を考察することにより，彼らは動物の熱は緩徐な燃焼の過程によって生じると結論した．

B. **化学：水素と酸素から形成される水**

Joseph Priestley（プリーストリ）は"燃えやすい空気（水素）"(inflammable air) と"よく燃やす空気（酸素）"(dephlogisticated air) の混合物の爆発から水を得た．Priestley と Henry Cavendish（キャヴェンディッシュ）の1781年の実験を繰り返して，Antoine Lavoisier（ラヴォワジエ）は水が水素と酸素で形成されることを示した．これらの，そしてその他の金属の煆焼実験の結果，燃焼は酸素の消費を含むという彼の結論は受け入れられ，フロギストン（燃素）理論は下火となった．(1775年A，1775年B，1781年B参照)

C. **化学：シアン化合物**

Carl Wilhelm Scheele（シェーレ）がシアン化合物を精製した．

D. **技術：気球**

Joseph-Michel Montgolfier（モンゴルフィエ）と Jacques-Etienne Montgolfier は煙と

暖めた空気で満たした無人の気球を飛び立たせることに成功した．5カ月後，Jean Pilâtre de Rozier と Marquis François d'Arlandes は気球での初めての有人飛行に成功し，500フィートの高度に達し，5.5マイルの距離を移動した．（1932年 N 参照）

E. 社会と政治

1775年に始まったアメリカ独立戦争がイギリスとの条約締結によって終わった．

1786年

A. 細菌学：**細菌の記述**

Otto Frederik Müller（ミュラー）は150種の細菌を形態学的に正確に表現し，Antony van Leeuwenhoek（レーウェンフーク）の1683年の観察以来最初の重要な進歩をなし遂げた．彼の著書 *Animalcula infusoria fluviatilia et marina*（淡水および海水中の微小動物，滴虫類）は彼の死から2年後に発行された．

B. 芸術：**音楽**

Wolfgang Amadeus Mozart（モーツァルト）がオペラ *Le nozze di Figaro*（フィガロの結婚）を作曲した．

1787年

A. 化学：**命名法**

Guyton de Morveau，Antoine Lavoisier（ラヴォワジエ），Claude Louis Berthollet（ベルトレ），Antoine de Fourcroy（フルクロワ）はその組成に従って化学物質を命名した *Methode de nomenclature chimique*（化学的命名法）を出版した．彼らの本は化学的命名法の大改訂となった．

B. 化学：**Charles/Gay-Lussac の気体の法則**

Jacques Alexandre César Charles（シャルル）は，一定圧の気体の容積はその絶対温度に正比例することを発見した．この現象は1699年に Guillaume Amontons（アモントン）により観察されており，また1802年に Joseph Gay-Lussac（ゲイ＝リュサック）により再発見された．この原理は通常 Charles の法則といわれ，時には Gay-Lussac の法則といわれることもある．

C. 社会と政治

新しく形成されたアメリカ合衆国における憲法制定会議で合衆国憲法が起草された．

D. 芸術：**音楽**

Wolfgang Amadeus Mozart（モーツァルト）がオペラ *Don Giovanni*（ドン・ジョヴァンニ）を上演した．

1789 年

A. 感染症：灰白髄炎

Michael Underwood（アンダーウッド）は *Debility of the Lower Extremities*（下肢の衰弱）の中で灰白髄炎の特徴について記載した．エジプト第 18 王朝（紀元前 1350 年に終わる）の宮殿の柱石には，おそらくは灰白髄炎によって下肢が障害された男が描かれている．詩人 Walter Scott（スコット）が小児期に灰白髄炎にかかり，右下肢が萎縮し，不具になったことは確実と思われる．

B. 発酵：化学的平衡

Antoine Lavoisier（ラヴォワジエ）は，発酵を純粋に化学反応であると考え，その過程において含まれるすべての物質の化学的質量測定を試みた．

C. 生理学：動物の呼吸

Antoine Lavoisier（ラヴォワジエ）と Armand Séguin は，呼吸が炭素と水素の緩徐な燃焼以外の何物でもないことを述べた論文を書いた．これがフランス科学アカデミーによって読まれたのは 1791 年で，刊行されたのは 1793 年である．

D. 近代化学

Antoine Lavoisier（ラヴォワジエ）は，科学としての化学の始まりと考えられる論文，*Traité élémentaire de chimie présenté dans un ordre nouveau et d'après les découvertes modernes* を刊行した．この論文は燃焼の酸素理論の説明を含み，定量化法の利用を促し，既知の化学元素のリストを与え，1787 年に最初に記載された化学的命名法の体系を説明し，質量保存の法則について初めて明らかな解説をしたものである．(1787 年 A 参照)

E. 社会と政治

・George Washington（ワシントン）が初代のアメリカ合衆国大統領になった．
・王室の要塞，バスティーユ監獄の陥落によりフランス革命が始まった．下院議員，あるいはフランス議会第 3 部は彼らが国民議会を構成することを宣言した．

1790 年

A. 感染症：黄熱病

South Carolina（サウスカロライナ）の Charleston（チャールストン）は 1790，1791，1792，1795，1798，1799 年と，黄熱病の流行に苦しめられた．

B. 化学：窒素

Jean Chaptal（シャプタル）は Carl Wilhelm Scheele（シェーレ）と Joseph Priestley

(プリーストリ)によって発見された気体に,硝酸との関連を表す"nitrogen"(窒素)という用語を使った.

1791 年

A. 技術:メートルとグラム

フランス国民議会によって創設された委員会が長さの標準としてメートルを,質量の標準としてグラムを推薦した.1799 年にはフランスで,他のヨーロッパ各国でもすぐ後に,法律によりメートル法が採用されたのに対して,イギリスとアメリカ合衆国では採用されなかった.

B. 芸術:音楽

Wolfgang Amadeus Mozart(モーツアルト)による *The Magic Flute* (*Die Zauberflöte*) (魔笛)が初めて演奏された.

1792 年

社会と政治

Mary Wollstonecraft(ウルストンクラフト)が,女性の権利に関しての最初の完全な議論である *Vindication of the Rights of Women* (女性の権利の擁護)を刊行した.

1793 年

A. 感染症:黄熱病

アメリカ合衆国の暫定的な首都であった Philadelphia(フィラデルフィア)が黄熱病の流行に見舞われ,人口の約 10%,少なくとも 5000 人が死亡した.内科医であり合衆国独立宣言の署名人である Benjamin Rush(ラッシュ)は,予防方法,治療法,Bush Hill と呼ばれる建物の中に病院を設立することに大きな役割を演じた.瀉血がもっともよい治療であると主張することにより論争を引き起こした Rush は,彼自身を含め多くの人々に治癒をもたらしたと主張した.彼はまた他の多くの人々と同様,黄熱病は不潔な水辺での物質の腐敗によって放たれる腐敗した空気に起因すると考えた.

B. 社会と政治学

フランス国王 Louis XVI(ルイ 16 世)がフランス革命国民議会によって断首された.

1794 年

生物学:獲得形質の遺伝

Charles Darwin(ダーウィン)と Francis Galton(ゴールトン)の 2 人の祖父,Erasmus Darwin が *Zoonomia* (動物生理学) を刊行し, 生命の"変異" (transmutation) という考えを提唱した. 彼は種の生存競争および後天的に獲得された形質の遺伝による種の進化を記述した.

1795 年

A. 細菌の属：粘液菌

H. Link (リンク) は, 彼が真菌と考えた微生物について記述した. この微生物は, 1892 年に Ronald Thaxter (サクスター) により粘液菌であることがわかった.

B. 社会と政治

Napoleon Bonaparte (ナポレオン・ボナパルト) が 1795 年の革命中に Tuileries (チュイルリー) 宮殿を守るための内務軍の司令官に指名された.

1796 年

A. 感染症：黄熱病

New Orleans (ニューオーリンズ) は最初の黄熱病の流行を経験し, 19 世紀の間中, 流行が繰り返された. 黄熱病はミシシッピー川とテネシー川を伝って New Orleans から Vicksburg (ヴィクスバーグ), Memphis (メンフィス), Illinois (イリノイ) 州 Cairo (ケアロ), St. Louis (セントルイス), Chattanooga (チャタヌーガ), Louisville (ルイスヴィル) に広がった.

B. 免疫学：天然痘

イギリスの Gloucester (グロスター) 州で開業する内科医の Edward Jenner (ジェンナー) が, 牛痘と呼ばれる軽い病気にかかった酪農場で働く女やその他の人々がその後に天然痘の感染から守られるという観察に関する検査を初めて試みた. 1789 年あるいは 1790 年に, Jenner は, 彼の生後 10 カ月の息子に, 感染したブタからの膿性の材料を接種した. 後に, この子が天然痘に感染する危険があったにもかかわらず, この子が免疫をもつことが示唆された. しかしながら, Jenner が最初の実験として報告したのは乳搾りの女の手の牛痘からの材料による 8 歳の男児, James Phipps (ジェイムズ・フィップス) への免疫化成功である. 1798 年に Jenner はこの実験と, 牛痘感染の後に天然痘に対して免疫となった, 他の 16 人の経験を記述した本を刊行した. Jenner が種痘を発見あるいは発明したわけではないが, 彼の実験はその有効性を証明した. Benjamin Jesty らはこの現象を研究しようとしたり, この発見を身近な家族や友人以外の人々へ適用しようとしたりはしなかった. Jenner の業績は免疫学研究の最初のものである. "vaccination" (種痘) の単語はラテン語の vacca (ウ

シ）に由来している．(1764 年 A，1774 年 A，1776 年 A 参照)
C．　社会と政治
Napoleon Bonaparte（ナポレオン・ボナパルト）の指揮下，フランス軍は北イタリアに侵攻し，オーストリア軍を打ち破った．Napoleon は，夫が 1794 年にギロチン台にかけられた Josephine de Beauharnais（ド・ボーアルネ）と結婚したが，この結婚は 1809 年に無効となった．

1798 年

A．　物理学：**摩擦熱**
大砲の穴を空けるときに産生される熱の源を確定する実験において，Benjamin Thompson Rumford（ラムフォード伯トムソン）は熱に関する新しい概念を解説した．彼は *Experimental Inquiry Concerning the Source of Heat Excited by Friction*（摩擦によって励起される熱の源に関する実験的探求）で，熱の振動理論を説明し，成された作業と産生された熱との関係を確立した．

B．　生物学：**比較解剖学**
比較解剖学の父といわれる Georges Cuvier（キュヴィエ）が，各種の動物の解剖を比較した最初の論文を発表した．1817 年に彼は *Le règne animal*（動物界）を出版し，動物界を，*Mollusca*（軟体動物類），*Radiata*（放射形動物，放射相称動物類），*Articulata*（関節動物，触手動物門有関節亜綱），*Vertebrata*（脊椎動物）の 4 つの群に分類した．(1812 年 B 参照)

C．　社会と政治：**経済学と人口**
Thomas Robert Malthus（マルサス）が *Essay on the Principle of Population*（人口の原理に関する評論）を刊行し，世界の人口は指数的に増加するのに対して食物供給は算術的にしか増加しないことを説明し，世界的な食糧危機を予測した．

D．　芸術：**文学**
William Wordsworth（ワーズワース）と Samuel Taylor Coleridge（コールリッジ）は，*Lyrical Ballads*（抒情歌謡集）を発表し，イギリス・ロマン主義運動を創始した．

1799 年

化学：**定比例の法則**
Joseph Proust（プルースト）は化学的な合成物は常に一定の構成成分比をもつことを証明する一連の実験を開始した．定比例の法則は 1808 年に一般に受け入れられるようになった．

1800 年

A. 細菌学：飲料水の滅菌
Guyton de Morveau と William Cruikshank（クルックシャンク）は，それぞれ別個に oxymuriatic acid（1811 年に Humphry Davy（デーヴィー）により塩素（chlorine）と改名された）を飲料水の滅菌に使用した．

B. 生物学：用語の採用
Karl Burdach（ブールダハ）は"biology"（生物学）の用語を，人間の形態学的・生理学的・心理学的な性質を説明するために初めて用いた．"biology" は Jean-Baptiste Lamarck（ラマルク）と Gottfried Treviranus（トレヴィラヌス）の著作を通して，広く使われるようになった．

C. 物理学：赤外線の放射
1781 年に天王星を発見した William Herschel（ハーシェル）が赤外線の放射を発見した．

D. 物理学：電気学
Alessandro Giuseppe Volta（ヴォルタ）は Luigi Galvani（ガルヴァーニ）と"動物の電気"（animal electricity）について議論した後に，さまざまな金属を用いて実験し，銅と亜鉛を食塩水を介して接触させると電気が流れることを発見した．彼は後に Votaic pile（Volta の電池）として知られる"electric pile"（電池）を開発した．これが初めての電池であり，電気の持続的な流れを作り出す最初の装置である．電位の差を測定する単位の volt（ボルト）は彼にちなんで命名されたものである．（1780 年 C 参照）

E. 社会と政治
Washington, D.C.（ワシントン特別区）が合衆国の首都になった．

F. 文化：図書館
The Library of Congress（国会図書館）が 5000 ドルの予算で，Washington, D.C.（ワシントン特別区）に創設された．

G. 芸術：音楽
Ludwig van Beethoven（ベートーヴェン）による交響曲第 1 番ハ長調が初演された．

1801 年

A. 物理学：**紫外線の放射**

Johann Ritter（リッター）が紫外線の放射を発見した．

B. 物理学：**光の干渉模様**

Thomas Young（ヤング）が2つの別々の狭い隙間を通り抜ける光は干渉模様をつくることを発見した．

C. 技術：**Jacquard の織機**

Joseph-Marie Jacquard（ジャカード）は，指令のための穴をあけたカードでその操作を調節することにより1805年に改良することとなる機械的な織機の着想を発展させた．穴をあけたカードの概念は後に Charles Babbage（バベッジ）による分析機器やコンピュータの作製に受けつがれた．（1832 年 E 参照）

D. 社会と政治

・Act of Union（連合法）によりグレートブリテンとアイルランドの連合王国が形成された．

・海軍提督 Horatio Nelson（ネルソン）の指揮のもと，イギリス艦隊はコペンハーゲンの戦いでデンマーク艦隊を打ち破った．

1802 年

A. 感染症：**黄熱病**

Napoleon Bonaparte（ナポレオン・ボナパルト）は Charles Victor Emmanuel Leclerc（ルクレール）と25000人の軍隊を Toussaint L'Ouverture（トゥーサン・ルベルチュール）が起こした叛乱を鎮めるためにハイチに送った．黄熱病が島を襲い，Leclerc と彼の軍隊のほとんど全部を含め約40000人が死亡した．この惨事が Napoleon にルイジアナの全部をアメリカ合衆国に売却することを申し出させたといわれている．

B. 生物学：**用語の意味の拡張**

Jean-Baptiste Lamarck（ラマルク）と Gottfried Treviranus（トレヴィラヌス）の2人は Karl Burdach（ブールダハ）の "biology"（生物学）の用語をすべての生命の研究を意味するように拡張した．Lamarck は脊椎動物と無脊椎動物とを初めて区別した人である．（1800 年 B, 1809 年参照）

C. 植物学：**植物の構造**

Charles François Brisseau Mirbel（ミルベル）は，植物は連続する細胞膜組織から成り，すべての植物は細胞から構成されると述べた．

D. 社会と政治
Amiens（アミアン）条約によりフランスとイギリスの戦争が終結した．
E. 文化：**大学**
U. S. Military Academy（合衆国陸軍士官学校）がアメリカ合衆国陸軍の工兵を訓練するために創設された．

1803 年

A. 化学：**原子量**
John Dalton（ドルトン）が質量を基準として区別することにより原子の概念を改訂した．彼は液体による気体の吸収について書かれた論文に原子量の表を添えた．1808年に著書 *New System of Chemical Philosophy*（化学的哲学の新体系）で彼は，ドルトンの分圧の法則を含めて，いくつかの気体の混合物の中でもそれぞれの気体はただ1種類の気体であるときと同じ圧力を働かせるという彼の考えをより充分に説明した．近代化学において，1つの水素原子の質量の単位は，dalton（ダルトン）と呼ばれることになった．

B. 化学：**酸と塩基の電荷**
Jöns Berzelius（ベルセーリウス）と Wilhelm Hisinger は電解質の実験において酸と塩基が正反対の電荷を帯びることを発見した．

C. 社会と政治
・1802年に署名された Amiens（アミアン）条約が破られイギリスとフランスの戦争が新たに始まった．
・Napoleon Bonaparte（ナポレオン・ボナパルト）がルイジアナの領土をアメリカ合衆国に売却し，合衆国の大きさはほぼ2倍になった．

D. 芸術：**美術**
Elgin（エルギン）の伯爵である Thomas Bruce（ブルース）がアテネから大英博物館への彫刻の移送を始めた．Elgin Marbles（エルギン大理石）と呼ばれる彫刻された小壁は紀元前438年に完成されたパルテノン神殿から移送された．

1804 年

A. 食物細菌学：**食物保存/缶詰製造**
François Nicolas Appert（アペール）は，数年の実験の後に，彼が発明した加熱工程を用いてガラス瓶の中に食物を保存するための工場を開いた．彼は1808年にフランス政府から表彰された．（1808年A，1819年A参照）

B. **植物生理学：光合成/窒素**

Nicolas Théodore de Saussure（ソシュール）は，植物が炭素を土壌中からでなく，大気中から吸収することを示し，1779 年に Jan Ingenhousz（インヘンホウス）によってなされた観察を確認した．さらに de Saussure は，水は光合成における酸素の供給源ではなく，植物の窒素は大気中からではなく土壌中から吸収されると考えた．

C. **化学：光酸化**

William Wollaston（ウラストン）は，癒瘡木（ゆそうぼく）が酸素と光の影響下で青く変化することを発見した．

D. **地球物理学：高高度の調査**

Jean-Baptiste Biot（ビオー）と Joseph Gay-Lussac（ゲイ＝リュサック）は高高度の調査に初めて気球を用いた．彼らは約 4 マイル上昇し，地球の磁場と大気の組成を測定した．

E. **社会：探検**

Captain Meriwether Lewis（ルイス）と William Clark（クラーク）は太平洋への水路を探すために，ミズーリ川の探検を開始した．彼らは 1805 年 11 月に太平洋に到達した．

F. **社会と政治**

・Napoleon Bonaparte（ナポレオン・ボナパルト）は，上院，裁判所によってフランス皇帝に指名され，ローマ法王 Pius Ⅶ（ピウス 7 世）に認証された．

・アメリカ合衆国副大統領 Aaron Burr（バー）は決闘で Alexander Hamilton（ハミルトン）に致命傷を負わせた．

1805 年

A. **生物学：植物地理と鳥糞石**

Friedrich Heinrich Alexander von Humboldt（フンボルト）は 5 年間の南アメリカの探検の報告を刊行し，さまざまな植物を記載した．1802 年に彼は大量の海鳥の糞である鳥糞石（guano）を研究した．彼の報告はヨーロッパへの鳥糞石の輸出を導き，それらは肥料として，またその窒素含有量の高さから爆薬に用いられた．

B. **社会と政治**

トラファルガーの戦いでイギリス海軍は，Horatio Nelson（ネルソン）卿のもと，フランス・スペイン連合艦隊を打ち破った．Nelson は戦闘で死亡したが，その勝利はイギリスの海洋支配権を確立した．

C． 芸術：音楽
Ludwig van Beethoven（ベートーヴェン）のオペラ *Fidelio*（フィデリオ）が上演された．

1806 年

A． 生化学：最初のアミノ酸
Louis-Nicolas Vanquelin がアスパラガスから分離した物質に "asparagine"（アスパラギン）という名前をつけた．これが最初に発見されたアミノ酸である．

B． 化学：電気化学
Humphry Davy（デーヴィー）は化学的分離に初めて電気を用いた．電気分離を通して，彼は 1807 年にカリウム，ナトリウムを発見し，1808 年にはバリウム，カルシウム，ストロンチウムを発見した．

C． 社会と政治
フランスがライン同盟を組織し，神聖ローマ帝国を崩壊させた．

D． 文化：辞書
Noah Webster（ウェブスター）は，彼の名前を冠した辞書の最初のものとなる *The Compendious Dictionary of the English Language* を刊行した．

1807 年

A． 生理学：組織呼吸
Lazzaro Spallanzani（スパランツァーニ）は初めて，組織と器官の呼吸を示した．彼の呼吸に関する業績は，彼の死から 8 年後に発表された．

B． 化学：有機化合物と無機化合物
Jöns Berzelius（ベルセーリウス）は，有機物とは，生きている，あるいは死んでいる生物（あるいは有機体，あるいは微生物）に由来する化合物，あるいはそのような化合物に化学的に関連するものである，とその特徴を記述した．それ以外の物質は無機化合物となる．

C． 技術：蒸気船
最初の商業蒸気船が Hudson（ハドソン）川で活動を始めた．

D． 芸術：音楽
Ludwig van Beethoven（ベートーヴェン）の交響曲第 5 番が演奏された．

E． 芸術：文学
William Wordsworth（ワーズワース）が *Poetry in Two Volumes* を刊行した．

1808年

A. 食物細菌学：食物保存

1804年に食物の瓶詰めを始めたNicolas Appert（アペール）は，軍隊が携行可能な食物の保存法を開発したことによりフランス政府から12000フランを受賞した．彼は，食物が加熱工程を経ることによりうまく保存されることを示す20年以上にわたる実験を報告し，これが缶詰製造の近代的技術につながった．彼は，食物や液体を，密封したシャンパンの瓶の中で加熱した．これは，生命の自然発生に関する1765年のLazzaro Spallanzani（スパランツァーニ）の実験を繰り返したことになる．科学者として訓練はされていなかったが，彼が明らかにした原理は熱の有効な利用と空気の排斥である．Appertはブドウ液，果物，肉の加熱の効果についての先駆者の研究に敬意を表していた．（1765年A，1895年B参照）

B. 芸術：文学

Johann Wolfgang von Goethe（ゲーテ）が，戯曲 *Faust*（ファウスト）の第1部を完成した．第2部の完成は1832年となった．

1809年

生物学：進化(論)

Jean-Baptiste Lamarck（ラマルク）は著書 *Philosophie zoologique*（動物哲学）で系統的な進化の概念を明らかにした．彼は，身体の一部の過度な使用と不使用が長時間続くことにより進化的変化が起こることを提唱した．彼は，動物における遺伝的変化は，環境条件の変化に応じて新しい特徴を獲得する生理学的必要性が生ずるために起こるとした．Lamarckの概念は，彼が欲求あるいは意識的な意志が新しい特徴の開発をもたらすと主張したと不正確な理解をした批評家たちによって曲解されてしまった．Lamarckが"必要"の意味で使った"besoin"という語は，英語の"want"（必要，欲望，欲求）あるいは"desire"（願望，欲望，要求）に誤訳されたのである．（1812年B参照）

1810年

A. 微生物学：発酵

Joseph Gay-Lussac（ゲイ＝リュサック）は，空気は発酵の開始には必要だが，継続には必要でないと記載した．彼は空気中の微生物による汚染が起こりうることを理解しそこなっていた．

B. 食物細菌学：**食物保存**

Nicolas Appert（アペール）は *Le livre de tous les ménages*，副題 *L'art de conserver, pendant plusieurs annés, toutes les substances animales et vegetales* を刊行し，瓶の中での食物保存法を説明した．

C. 生化学：**酸化**

Louis Antonie Planche（プランシェ）は植物の根と樹液による癒瘡木（ゆそうぼく）の酸化を観察した．彼は1820年にこの実験を繰り返した．

D. 生化学：**アミノ酸**

William Wollaston（ウラストン）は膀胱結石からアミノ酸のシスチンを分離した．(1806年A参照)

E. 化学：**塩酸**

Humphry Davy（デーヴィー）は酸素が塩酸の構成要素ではないことを証明し，Antoine Lavoisier（ラヴォワジエ）のすべての酸は酸素を含むという説を否定した．

F. 文化：**大学**

Berlin（ベルリン）大学が，卓越した研究組織となった．

G. 芸術：**文学**

Walter Scott（スコット）卿が詩 *The Lady of the Lake*（湖上の美人）を刊行した．

1811年

A. 生化学：**デンプンからのブドウ糖**

Gottlieb Konstantin Kirchhoff（キルヒホフ）は硫酸の存在下でデンプンを煮ることによりブドウ糖を産生した．

B. 化学：**アボガドロ数**

同じ温度，同じ圧力，同じ容積のもとでは，すべての気体は同じ分子数をもつことを，Amedeo Avogadro（アボガドロ）が示唆した．しかし，1860年に Stanislao Cannizzaro（カニッツァーロ）によって評価されるまでほとんど無視されていた．Josef Loschmidt（ローシュミット）が1865年に初めて Avogadro 数を計算した．

C. 化学：**シアン化合物**

Joseph Gay-Lussac（ゲイ＝リュサック）はシアン化合物の特性を研究した．

D. 社会と政治

Indiana（インディアナ）の Tippecanoe（ティピカヌー）川と Wabash（ウォバシュ）川の合流点で William Henry Harrison（ハリソン）は Shawnee Indians（ショーニー・インディアン）を打ち破った．1840年に Harrison が，John Tyler（タイラー）を副大

統領候補として，アメリカ合衆国大統領に立候補したときの選挙運動スローガンは "Tippecanoe と Tyler を再び" であった．

E． 芸術：文学

Jane Austen（オースティン）が彼女の最初の小説, *Sense and Sensibility, a Novel by a Lady*（分別と感受性）を出版した．

1812 年

A． 感染症：**発疹チフス**

Napoleon Bonaparte（ナポレオン・ボナパルト）の 9～10 月のモスクワ占領の間に，彼の軍隊は発疹チフスの感染によって激減した．フランスがモスクワ市から退却するときに，彼らは，病気で行軍できない数千人の兵士を置き去りにした．退却でリトアニアを経由する間にも，約 30000 人の兵士が置き去りにされた．彼らの大部分は発疹チフスで死亡した．追撃するロシア軍もこの病気で 62000 人を失った．感染は民間人に広がり，ドイツ，スイス，オーストリア，フランスに及んだ．

B． 生物学：**古生物学/進化(論)/天変地異説**

Georges Cuvier（キュヴィエ）は，空を飛ぶ爬虫類である翼手竜の化石を，初めて発見した．古生物学に関する彼の本の中で第 1 に重要な点と認められるのは，彼が Linné（リンネ，スウェーデンの植物学者）の分類体系に従って化石を分類していることである．それぞれの動物は独立して出現し，進化体系の一部分なのではないという彼の理論は，全世界的な洪水の結果として個々の個体が絶滅したという彼の観点のために，"天変地異説"（catastrophism）として知られるようになった．Cuvier は，Jean-Baptiste Lamarck（ラマルク）の進化に関する見解への痛烈な批評を書き，反進化論者として記憶されることになった．（1809 年参照）

C． 植物学：**分類学**

Augustin-Pyrame de Candolle は，植物百科事典の中で種の分類のために "taxonomy"（分類学）という単語を用いた．この百科事典のうち 7 巻は，彼の存命中に刊行された．

D． 化学：**触媒反応**

F. C. Vogel が，動物または木炭の存在下で，室温での H_2 と O_2 の結合を示すときに，初めて触媒反応について記述した．これが，水素と酸素からの水の形成には高温を要しないという最初の証拠である．

E． 技術：**転写器**

William Wollaston（ウラストン）は，その上をなぞれるように 1 枚の画用紙上に画

像を投影する，"転写器"（camera lucida）を発明した．この装置は顕微鏡的に観察された物体を描くために広く用いられるようになった．

F. 社会と政治

イギリスと Napoleon Bonaparte（ナポレオン・ボナパルト）支配下のフランスとの長い戦いの間，アメリカ合衆国は，両国と商取引をする運送業に忙しかった．イギリス裁判所は，Essex（エセックス）号に関する訴訟で，この運送の停止を命ずる判決を下した．合衆国はイギリスに1812年戦争といわれる戦争を宣言し，1814年まで続いた．

G. 芸術：文学

George Gordon Byron（バイロン）卿が，詩編 Childe Harold's Pilgrimage（チャイルド・ハロルドの巡礼）の第1編と第2編を出版した．第3編と第4編は1818年に出版された．

1813年

A. 化学：化学記号

Jöns Berzelius（ベルセーリウス）は，化学元素の記号として文字を使う方法を採用した．この方法は，1802年と1808年に Thomas Thompson（トムソン）によって始められたものであった．Berzelius の方法は，元素の最初の文字を使い，もし必要であれば，混乱を避けるために最初の2文字を使う，というものである．

B. 社会と政治

Napoleon Bonaparte（ナポレオン・ボナパルト）が Leipzig（ライプチヒ）の戦いで敗れた．

C. 芸術：音楽

Franz Peter Schubert（シューベルト）の交響曲第1番ニ長調が演奏された．

D. 芸術：文学

・Jane Austen（オースティン）が Pride and Prejudice（高慢と偏見）を刊行した．
・Johann Rudolf Wyss（ウィース）が，彼の父，Johann David Wyss によって始められた The Swiss Family Robinson（スイスの家族ロビンソン）を完成させた．

1814年

A. 技術：蒸気機関車

George Stephenson（スティーヴンソン）が最初の実用的な蒸気機関車を開発した．

B. 芸術：文学と音楽

1812年の戦争でBaltimore（ボルティモア）のMcHenry砦へのイギリスの砲撃をみたFrancis Scott Key（キー）は，*The Star-Spangled Banner*（星のきらめく軍旗）を書いた．そのすぐ後に，それは，John Stafford Smith（スミス）がAnacreon（アナクレオン）の詩を顕彰するイギリスのAnacreontic協会のために書いた*The Anacreontic Song*（アナクレオン風の歌）という歌曲のメロディーで歌われるようになった．1931年にアメリカ合衆国議会は*The Star-Spangled Banner*を国歌に定めた．

1815年

A. 生化学：発酵

Joseph Gay-Lussac（ゲイ＝リュサック）はAntoine Lavoisier（ラヴォワジエ）の発酵に関するデータを点検し，修正し，現在，$C_6H_{12}O_6 \rightarrow 2\,CO_2 + 2\,C_2H_5OH$と表現されるアルコール発酵のGay-Lussac反応式として知られるようになるものの第1版を書いた．

B. 化学：光学活性

Jean-Baptiste Biot（ビオー）は，テレビン油と樟脳と同様に，糖液と酒石酸の溶液でも，偏光面の旋光を発見した．（1848年A参照）

C. 技術：砕石道路

John Loudon McAdam（マカダム）は砕いた石で道路を舗装した．アスファルトやタールを舗装に用いる応用はまだ後のことであるが，このような道路は，彼の名前にちなんで"macadam"（砕石道路）と名づけられた．

D. 社会と政治

Napoleon Bonaparte（ナポレオン・ボナパルト）がWaterloo（ワーテルロー）の戦いで最後の敗北を受け，後にSaint Helena（セントヘレナ）島に流刑になった．

1816年

A. 生化学：発芽している穀類からの砂糖

Gottlieb Konstantin Kirchhoff（キルヒホフ）は，発芽している穀類からの粉の煎じ汁中で糖が形成されることに気づいた．

B. 技術：聴診器

René Laënnec（ラエネック）が聴診器を発明した．

C. 芸術：音楽

Gioacchino Antonio Rossini（ロッシーニ）のオペラ*The Barber of Seville*（セビリアの

理髪師)がローマで上演された.

1817年

A. 感染症:コレラの流行

コレラの流行がインドから始まり,東アフリカ,アジア,日本,フィリピンにまで広がった.(1768年,1826年A参照)

B. 疾病:Parkinson病

James Parkinson(パーキンソン)は,後に彼の名前がつけられることになる難病を記載した *An Essay on the Shaking Palsy*(震える麻痺に関する小論)を書いた.

C. 植物生理学:葉緑素

Pierre Pelletier(ペルチエ)と Joseph Bienaimé Caventou(カヴァントゥー)は,緑色の植物から物質を分離し,葉緑素と名づけた.

D. 化学:触媒反応

Humphry Davy(ダーヴィー)は,加熱した白金線が気体の発火点よりも低い温度で H_2(水素),CO(一酸化炭素),CH_4(メタン)の燃焼を起こすことを発見した.

E. 芸術:文学

John Keats(キーツ)が *Poems* を刊行した.

1818年

A. 生化学:過酸化水素の分解

Louis Jacques Thénard(テナール)は過酸化水素を発見し,植物と動物の組織がそれを分解することを示した.

B. 化学:原子量

Jöns Berzelius(ベルセーリウス)は,約2000の化合物の分子量を含む,酸素を100とした原子量の表を発表した.彼の相対的質量は現在使われているものに近似していた.

C. 芸術:文学

・Percy Bysshe Shelley(シェリー)が詩 *Ozymandias*(オジマンディアス)を刊行した.

・詩人 Percy Bysshe Shelley(シェリー)の妻 Mary Wollstonecraft Godwin Shelley が,ゴシック小説 *Frankenstein, or the Modern Prometheus*(フランケンシュタイン,あるいは現代のプロメテウス)を書いた.

1819年

A. 技術：缶詰製造

食物の缶詰製造で，Peter Durand（デュランド）は Nicolas Appert（アペール）のガラス容器を鋼鉄の缶に置き換えた．金属の缶の内張りは1839年に Charles Mitchell（ミッチェル）により導入された．（1808年 A 参照）

B. 技術：蒸気船

行程の大部分を帆に助けられながら，最初の蒸気船が大西洋を横断した．

C. 社会と政治

イギリスのマンチェスターの St. Peter's Fields（聖ピーター競技場）で，兵士が11人を殺し，数百人を傷つける，いわゆる Peterloo（ピータールー）の虐殺が，政治集会で起きた．

D. 芸術：文学

・Walter Scott（スコット）が小説 *Ivanhoe*（アイヴァンホー）を完成させた．
・Percy Bysshe Shelley（シェリー）が *Prometheus Unbound*（解放されたプロメテウス）を書いた．
・John Keats（キーツ）が *Ode on a Grecian Urn*（ギリシア人のかめについての叙情詩）と *Ode to a Nightingale*（ナイチンゲールへの抒情詩）を完成した．

1820年

A. 食中毒：ボツリヌス中毒あるいはソーセージ中毒

内科医・医務官となったドイツの詩人，Justinus Kerner（ケルナー）がボツリヌスによる食中毒を記載した．彼は230例のソーセージ中毒を研究して報告した．病気の名前はソーセージのラテン語 botulus に由来する．ソーセージ中毒に用いられた他の名前としては *Wurstvergiftung* と allantiasis がある．ボツリヌス中毒はまた，乾燥されたり燻製された魚から中毒が起こるために"魚肉中毒"（ichthyosismus）とも呼ばれた．Emile-Pierre-Marie von Ermengen が1895年に原因となる細菌を発見した．（900年，1735年 A，1895年 C 参照）

B. 感染症：黄熱病

人口7500人のサバンナの都市 Georgia（ジョージア）は，"エジプトカ（蚊）"（*Aedes aegypti*）というカが大量に繁殖する米作地帯に囲まれていた．この地で，破壊的な火災の後に黄熱病の流行が起こり，人口の約3分の1が死亡した．

C. 生化学：アミノ酸
Henri Braconnot は，膠（ゼラチン）を加熱することにより彼がグリシンと名づける物質を手に入れ，初めてタンパク質からアミノ酸を得た．

D. 生化学：**木材からのブドウ糖**
Henri Braconnot はおがくずと樹皮を酸で煮てブドウ糖を得た．

E. 化学：**触媒反応/白金黒**
Edmund Davy（デーヴィー）は白金黒をアルコール蒸気の燃焼に用い，酢酸を作り出した．

F. 芸術：**文学**
Washington Irving（アーヴィング）の小説集 *The Sketch Book of Geoffrey Crayon, Gent*（スケッチブック）には *Rip Van Winkle*（リップ・ヴァン・ウィンクル）と *The Legend of Sleepy Hollow*（スリーピー・ホローの伝説）が収められていた．

G. 芸術：**美術**
ギリシアの Melos（メロス，ミロ）島の地下の部屋でミロのビーナスが発見された．

1821 年

A. 感染症：ジフテリア
フランスの Tours（トゥール）の内科医 Pierre Bretonneau（ブルトノー）は，彼が"ジフテリア"（diphtérite）と名づけた病気が，伝染性であり，人から人へうつる媒介物が原因となると結論した．その名前は，気道の偽膜形成などを呈することから皮膚や膜を意味するギリシア語の diphthera に由来して名づけられた．それは後に diphtérie あるいは diphtheria に変更された．

B. 顕微鏡検査：**血液**
Jean Louis Prevost（プレヴォー），およびその2年後に Jean-Baptiste Dumas（デュマ）が，血液に関する著作の中で，顕微鏡の利用性を推奨した．

C. 物理学：**電磁気学**
Michael Faraday（ファラデー）は，電磁気が運動を生じさせることを示し，1831年の発電機の発明の基礎を築いた．電線の中の電流が磁力線を生むという彼の理論は，電磁場に関する概念が初めて示されたものである．（1831年 C, 1855年 B 参照）

D. 数学：**微積分学**
Augustin Louis Cauchy（コーシー）は数学に関する3冊の教科書を刊行し，微積分学を現代の形式に整え始めた．

1822 年

A. 細菌生理学：酢

酢酸の産生中のワインの表面にみられた薄い膜様の増殖性のものを，C. J. Persoon は *Mycoderma mesentericum*（腸間膜粘液菌）と名づけた．1837 年に Friedrich Kützing は，"酢の母"（mother of vinegar）として知られるその膜が微生物を含むことを見出した．1868 年に Louis Pasteur（パストゥール）がその膜の中の細菌がアルコールを酢酸へ転換させることを確かめた．（1837 年 C，1868 年 B 参照）

B. 物理学：電気力学

André Marie Ampère（アンペール）は，電気力学の基礎となる実験を報告した．Hans Christian Oersted（エルステッド）が1819 年に，磁気を帯びた針は電流の中で動くことを観察したことから，Ampère は他のいろいろな実験を行い，電場の磁力効果を証明することとなった．1825 年に彼は，2 本の電線の間の力は，その間の距離の 2 乗に反比例するという法則を導き出した．彼の名前は後に電流の基礎単位のアンペアとして用いられることになった．

C. 技術：difference engine

Charles Babbage（バベッジ）は，対数表の計算を完全自動で行う"階差機関"（difference engine）を考案した．彼は原型を示したが，器械は完成されなかった．（1830 年 D，1832 年 E 参照）

D. 技術：写真

Joseph Nicéphore Niepce（ニエプス）は，初めてアスファルトの 1 種のユダヤ瀝青で被われた白鑞（びゃくろう）の板の上に長持ちのする写真画像を作り出した．

E. 芸術：音楽

Franz Schubert（シューベルト）が交響曲第 8 番，いわゆる未完成交響曲を作曲し始めたが，彼はそれを完成させる前に 1828 年に発疹チフスにより死亡した．

1823 年

A. 細菌の種：*Serratia marcescens*

B. Bizio は，北イタリアでの "bloody" polenta（トウモロコシ，オオムギ，クリ粉などの粥）の発生は真菌が原因であるとした．彼は，イタリアの物理学者 Serafino Serrati にちなんで，これに *Serratia marcescens* という名前を与えた．"marcescens" とは，「色あせる」という意味の単語に由来している．後に，その微生物は細菌であることが判明した．

B. 植物学：受精

Giovanni Battista Amici（アミーチ）は植物の受精に関する一連の研究を始めた．20年以上の期間，彼はランにおける子房と胚孔を追跡し，花粉管の形成を記録し，花粉管が到達した後に，胚珠の中に存在する細胞が胚芽に育つことを示した．（1827 年 A 参照）

C. 技術：電磁石

William Sturgeon（スタージョン）がらせん状に巻いた電線の中に鉄の細長い棒を置くこと，すなわちソレノイド（円筒線輪）をつくることによって電磁石を発明した．（1829 年 A, 1831 年 C 参照）

D. 社会と政治

1 年 1 回の議会への教書の中で，アメリカ合衆国大統領 James Monroe（モンロー）は，合衆国は西半球における植民地化へのいかなる試み，あるいはその他の干渉にも反対するであろうとヨーロッパの政府に警告する "Monroe Doctrine"（モンロー主義）を宣言した．

1825 年

A. 細菌学：命名法

Bory de St. Vincent は "Tableau des Ordes, des Familles et des Genres de Microscopiques" と名づけた表を，現在細菌として知られるいくつかの微生物を記載した著書 *Mycologia europia* の中に含めた．これらは *Spirilina* 類と *Vibrio* 類を含んでいる．

B. 化学：ベンゼン/塩素化合物

Michael Faraday（ファラデー）はベンゼンを記載し，命名した．彼はまた，塩素と炭素の両方を含む化合物を初めて発見した．

C. 化学：ドイツにて

Justus von Liebig（リービヒ）は Giessen（ギーセン）大学にて彼の実験室を開いた．19 世紀の初めにドイツの化学者は化学の主流を占めるようになった．

D. 生化学：ヘマチン

Leopold Gmelin（グメーリン）がヘマチンを発見した．

E. 動物学：発生学（胎生学）

Karl Ernst Ritter von Baer（ベーア）は哺乳動物の卵子を発見し，雄と雌との交接から発生するすべての動物は，卵子の中で発達すると記述した．彼は，異なった種の胎児は最初は類似しており，区別できないほどの形状をもち，後の発達の中で区別が起こると述べた．精液は寄生虫 "体内寄生虫"（entozoa）であると考えて，彼はそれら

にspermatozoa（精虫，精子）の名を与えた．（1759年A，1677年参照）

F. 芸術：文学

1660～1669年に書かれた，Samuel Pepys（ピープス）のDiary（日記）の一部が刊行された．

1826年

A. 感染症：コレラの流行

東南アジアから始まったコレラの新しい流行が世界中に広がった．コレラはポーランド，ドイツに到達し，1831年にはイギリス，1832年にはパリにまで到達した．アイルランドの移民が1832年の夏にはカナダにまでコレラを運び込み，その後にアメリカ合衆国内にも広まった．

B. 芸術：文学

James Fenimore Cooper（クーパー）が The Last of the Mohicans（モヒカン族の最後）を刊行した．

1827年

A. 顕微鏡：色消し対物レンズ

Giovanni Battista Amici（アミーチ），Charles Chevalier（シュヴァリエ）とその他の人々が初めて複合顕微鏡の色消し対物レンズを開発し，この結果，色の収差が除去された．（1830年B参照）

B. 物理学：Brown運動

Robert Brown（ブラウン）は，水の中に浮かせた花粉の粒の断え間なく不規則な運動を観察した．Brownian movement，あるいはBrownian motion（ブラウン運動）として知られるようになるこの現象は，20世紀初めにAlbert Einstein（アインシュタイン）とJean–Baptiste Perrin（ペラン）の両者がブラウン運動を扱う論文を刊行するまで数学的に説明できなかった．1905年のEinsteinの最初の重要な論文は，粒子の動く道を測ることにより単位容積当たりの分子の数についての推論がなされうることを示した．1909年にPerrinがブラウン運動の計測を用いることにより，Avogadro（アボガドロ）数の値を計算した．両者の説明は，水に浮かんだ小さな粒子は，熱のために起きる運動中の水の分子によって衝撃を与えられるというものである．

C. 化学：異性

Jöns Berzelius（ベルセーリウス）は化学的異性体を，化学的に同じ構成分をもつが，異なった特性をもつ化合物と定義した．彼は，Friedrich Wöhler（ヴェーラー）によっ

て分析されたシアン酸と，Justus von Liebig（リービヒ）によって分析された雷酸は同じ構成分をもつが，化学的な特性は異なることに気づいた．

D. 技術：摩擦マッチ

John Walker（ウォーカー）は，頭を紙やすりで擦ることにより発火する，摩擦マッチを発明した．

E. 芸術：美術

John James Audubon（オードゥボン）はアメリカの鳥の絵画を掲載した一連の著書の第1巻を刊行した．

F. 芸術：文学

Edger Allan Poe（ポー）の最初の詩が発表された．

G. 芸術：音楽

Franz Schubert（シューベルト）が，連作歌曲集 *Die Winterreise*（冬の旅）を完成した．

1828 年

A. 動物学：発生学（胎生学）

Karl von Baer（ベーア）は，受精した1個の卵子から胎児への発達についての著作を刊行し始めた．彼は，4層の組織の胚葉（後の研究者たちが中間にある2つの胚葉は1つの組織であると認めた）が形成されることを提唱した．

B. 化学：尿素

Friedrich Wöhler（ヴェーラー）はシアン酸アンモニウムを加熱することにより人工的に尿素を合成した．

C. 化学：エチルアルコール

Jean-Baptiste Dumas（デュマ）と Polydore Boullay はエチルアルコールの反応を研究し，アルコールはエチレンの水化物であると結論した．

D. 文化：辞書

Noah Webster（ウェブスター）は，多くの単語においてイギリス綴りではなくアメリカ綴りを採用した *An American Dictionary of the English Language* を完成した．

1829 年

A. 技術：電磁石

Joseph Henry（ヘンリー）は，鉄の棒に絶縁された電線を巻くことにより強力な電磁石を作り出した．（1823 年 C 参照）

B. 文化：点字体系

3歳から盲目となったLouis Braille（ブライユ）は，ページの上に浮き上がらせた点を使って表現する文字を指で読む点字体系を発明した．この体系は1834年ごろまでには広く受け入れられるようになった．

1830年

A. 感染症：インフルエンザ

この年に始まったインフルエンザの流行は1833年まで続いた．流行は中国で始まったと考えられ，3年以上にわたり世界的な流行となった．

B. 顕微鏡：色消しレンズ

Joseph Lister（リスター）は顕微鏡用に色の収差を取り除いた無色のレンズ（色消しレンズ）を開発した．彼の仕事は1827年のGiovanni Battista Amici（アミーチ）とCharles Chevalier（シュヴァリエ）の仕事に続くものであった．（1827年A参照）

C. 生化学：発酵

Augustin Pierre Dubrunfautは，デンプンを糖に変える，透明で水のような麦芽の抽出物を作り出した．

D. 科学協会

Charles Babbage（バベッジ）は著書 *Reflections on the Decline of Science in England*（イギリスにおける科学の衰退についての反省）の中で，さまざまな疑似科学的詐欺を論じ，検証した．彼のイギリス科学についての評論はBritish Association for the Advancement of Science（科学の進歩のためのイギリス協会）の形成を導いた．（1822年C，1832年E参照）

1831年

A. 生物学：進化

Charles Darwin（ダーウィン）が "HMS Beagle"（ビーグル号）での航海を始めた．1835年に彼はGalápagos Islands（ガラパゴス諸島）に到達した．（1859年B参照）

B. 化学：クロロホルム

クロロホルムが，Samuel Guthrie（ガスリー），Justus von Liebig（リービヒ）とEugène Soubeiran，によりそれぞれ別個に発見された．

C. 技術：電気変圧器と発電機

Michael Faraday（ファラデー）が，最初の型の電気変圧器をつくるときに，電磁誘導を発見した．彼は続いて直流を発生する手動性の発電機を発明した．Joseph Henry

（ヘンリー）は別個に電磁誘導を発見したが，Faraday の報告の方が数カ月早かった．電流が回転運動を生み出すという逆の概念を用いて，Henry は最初の実用的な電動モーターを発明した．

D. 芸術：**音楽**

Felix Mendelssohn-Bartholdy（メンデルスゾーン）は，彼のピアノ協奏曲 1 番ト短調を演奏した．

1832 年

A. 感染症：**コレラ**

コレラの流行がニューヨーク市に到達し，さらにそこから西へも南へも広がった．

B. 疾病：**Hodgkin 病**

Thomas Hodgkin（ホジキン）がリンパ節の癌を発見し，1865 年に Samuel Wilks（ウィルクス）によって Hodgkin 病と名づけられた．

C. 生物学：**細胞核**

Robert Brown（ブラウン）が植物細胞の核を発見した．

D. 技術：**交流電流**

Hippolyte Pixii が交流を産生する手動性の発電機を発明した．

E. 技術：**コンピュータ**

Charles Babbage（バベッジ）は，1822 年に彼が提案した difference engine よりもさらに発展した"解析機関"（analytical engine）について記載した．イギリス政府は彼に機械をつくるための基金を与えたが，その補助は政府の 17000 ポンドと彼自身の何千ポンドを彼が使った後で，1842 年までに取り消された．数字と作業の手順の両方を備えたパンチカードの使用に基礎をおく彼の着想は Jacquard（ジャカード）織機から導き出されたものである．機械は利用可能なものとしては完成しなかったが，100 年以上後に開発される電子コンピュータの基礎理論を供給したとみなされている．（1801 年 C 参照）

F. 芸術：**文学**

Alfred Lord Tennyson（テニスン）が *The Lady of Shalott*（シャロット姫）を刊行した．

1833 年

A. 生化学：**ジアスターゼ**

Anselme Payen と Jean François Persoz は麦芽の抽出物をアルコールで処理して，デ

ンプンを糖に変える作用をもつ白い粉末を得た．彼らはこの物質に，デンプン粒の外側の層の破壊を暗に意味する，ジアスターゼという名前をつけた．ジアスターゼは後に酵素と呼ばれる物質として最初に分離されたものである．（1877年E参照）

B． 物理学：電気分解

Michael Faraday（ファラデー）は，William Whewell（ヒューエル）によって彼のために考案された"anode"（陽極），"cathode"（陰極），"ion"（イオン），"anion"（陰イオン），"cation"（陽イオン），"electrolysis"（電気分解），"electrolyte"（電解質）の用語を使用し始めた．

C． 語源学：科学者

William Whewell（ヒューエル）は，British Association for the Advancement of Science（科学の進歩のためのイギリス協会）の会員が"natural philosopher"（自然哲学者）の用語に代えて彼ら自身を"scientists"（科学者）と呼ぶことを提案した．

D． 文化：大学

Oberlin College（オーバーリン大学）がアメリカのOhio（オハイオ）に開設された．この大学は1838年に女性を受け入れ，アメリカ合衆国で最初の男女共学の大学となった．

E． 社会と政治

Zollverein（ドイツ関税同盟）が設立された．この同盟には，Bavaria（バイエルン），Württemberg（ビュルテンベルク），Prussia（プロイセン），Hesse-Darmstadt（ヘッセ＝ダルムシュタット）が含まれていた．

1834年

A． 生化学：セルロース

Anselme Payenは木材から分離した物質に"cellulose"（セルロース）と名づけた．彼はその物質がブドウ糖に分解できることを証明した．（1820年D参照）

B． 技術：写真

William Henry Fox Talbot（フォックス・トールボット）は硝酸銀の光感受性実験をした．彼は1841年に写真法を開発した．

C． 社会と政治

Alexis Charles Henri Clérel de Tocqueville（トックヴィル）が，*Democracy in America*（アメリカの民主主義）を刊行した．彼は9カ月間，カナダの一部地域と，Ohio（オハイオ），Tennessee（テネシー），Louisiana（ルイジアナ），などのアメリカ合衆国の北東部を，刑務所制度の研究をしながら旅をし，地方における全般的社会的情勢に

ついて記述した．

1835 年

A. 真菌病：カイコの硬化病

Agostino Maria Bassi は，カイコの硬化病が，G. Balsamo-Crivelli によって *Botrytis* 種として分離された真菌によるものであること示した．彼はまた，この疾患が伝染性であり，制御可能であることを証明した．

B. 生物学：進化

Charles Darwin（ダーウィン）は Galápagos Islands（ガラパゴス諸島）を訪れ，後に，別々の種の進化についての彼の新しい理論の源となる数種類のフィンチ（ウソの仲間の鳥）を採集した．

C. 芸術：音楽

Gaetano Donizetti（ドニゼッティ）によるオペラ *Lucia di Lammermoor*（ランメルモールのルチア）が上演された．

D. 芸術：文学

Hans Christian Andersen（アンデルセン）が *Fairy Tales*（童話集）を刊行した．

1836 年

A. 生化学：ペプシン

Theodor Schwann（シュヴァン）はブタの胃からペプシンを得た．これは後に酵素と呼ばれる物質のうち動物から分離された最初のものである．（1877 年 E 参照）

B. 社会と政治

San Antonio（サン・アントニオ）のフランシスコ会の伝道区にある Alamo（アラモ）と呼ばれる陸軍の駐屯地が，Antonio López de Santa Anna（サンタ・アナ）将軍に率いられるメキシコ陸軍によって陥落した．Bowie ナイフの発明者である辺境開拓者 James Bowie（ボウイ）と David (Davy) Crockett（クロケット）を含む全駐屯軍が殺された．その後，この年，テキサスは San Jacinto（サンジャシント）の戦いで，メキシコからの独立を勝ち取った．テキサス軍は，前のテネシー知事でテキサス共和国の大統領になる Sam Houston（ヒューストン）と，"Remember the Alamo"（アラモを忘れるな）を戦いのスローガンにする Sidney Sherman（シャーマン）に率いられていた．

C. 芸術：文学

Ralph Waldo Emerson（エマーソン）の評論 *Nature*（自然論）が刊行された．

1837年

A. 感染症：天然痘
Missouri（ミズーリ）川沿いに居住するアメリカ原住民が天然痘に襲われ，15000人が死亡した．

B. 微生物学：酵母
Theodor Schwann（シュヴァン）は酵母の増殖を観察し，それに*"Saccharomyces"*すなわち糖菌と名前をつけた．

C. 発酵：酵母
アルコール発酵における酵母の顕微鏡的観察を行った後にFriedrich Kützingは，酵母は生きている生物なので，化合物のリストから除外すべきであると提案した．Kützingはまた，"酢の母"（mother of vinegar）も調べ，酵母よりも小さな微生物を発見し，これがエタノールを酢酸に変換すると考えた．彼の理論は1868年にLouis Pasteur（パストゥール）によって確認された．（1822年A，1838年C，1868年B参照）

D. 原虫病：カイコの微粒子病
Agostino Maria Bassiは，カイコの微粒子病の原因となる原虫を観察した．

E. 生物学：細胞理論
Jan Evangelista Purkinje（プルキンエ）は，神経線維についての研究の結果として，1838～1839年にTheodor Schwann（シュヴァン）とMatthias Jakob Schleiden（シュライデン）によってさらに発展される細胞理論を苦心して作り上げた．1838年に，彼は細胞分裂について記載し，初めて卵における胚芽物質に"protoplasm"（原形質）という単語を使った．（1839年D，1848年G，1861年F参照）

F. 生化学：エムルシン
Friedrich Wöhler（ヴェーラー）とJustus von Liebig（リービヒ）は苦いアーモンドからエムルシンを抽出した．その結果を報告する論文の中で，彼らはJöns Berzelius（ベルセーリウス）の触媒反応の力の考えを引用し，酵母は生物でないという彼の意見に同意した．

G. 化学：触媒反応
Jöns Berzelius（ベルセーリウス）は，発酵体は触媒であって生きた微生物ではない，ということを含む，触媒反応の理論を発展させた．

H. 植物生理学：光合成
René Joachim Henri Dutrochet（デュトロシェ）は，植物は，葉緑素を含む緑色をし

ていて光の存在下であれば二酸化炭素を吸収することを報告した．彼はこのように，光合成として知られるようになる過程についての1779年のJan Ingenhousz（インヘンホウス）の観察を補強した．（1817年C参照）

I. 生理学：血液ガス

Gustav Magnus（マグヌス）は循環する血液は溶解した酸素と二酸化炭素と窒素を含んでいることを証明した．

J. 技術：電信とモールス信号

Samuel F. B. Morse（モールス）は電線と継電器の方法により電報を送信する電磁式電信の特許を獲得した．Alfred Vail（ヴェール）とともに彼は，モールス信号として知られる，長短のパルス，点とダッシュで表現される信号を開発した．

K. 社会と政治

Queen Victoria（ヴィクトリア女王）が大英帝国の王位に就き，1901年まで在位した．

L. 芸術：文学

Charles Dickens（ディケンズ）が *The Posthumous Papers of the Pickwick Club*（*the Pickwick Papers*）を刊行した．

1838年

A. 細菌学：分類学

Ferdinand Cohn（コーン）の師，Christian Gottfried Ehrenberg（エーレンベルク）は"滴虫類"（Infusionstierchen, infusion animals）に関する報告を出版し，形と大きさによって細菌を分類した．彼は，*Bacterium*, *Spirillum*, *Vibrio*, *Spirochaeta* などの属名を用いている．

B. 細菌生理学：窒素固定

Jean-Baptiste Boussingault（ブサンゴー）は，作物の4～5年の輪作およびクローバーとコムギの鉢での実験から，マメ科の植物が空気中から窒素を得ていることを示した．彼は窒素源としての窒素ガスについては言及しなかったが，1840年のJustus von Liebig（リービヒ）からの厳しい批評後に，空気中の少量のアンモニアが窒素を供給すると述べた．彼は，アンモニアが植物によって吸収されると考えていた，von LiebigとNicolas Théodore de Saussure（ソシュール）の両者を引用した．実験をしないLiebigは，Boussingaultの分析的手法に批判的であった．Saussureは1804年に実験をし，空気ではなく土壌が窒素源であると結論した．（1857年B，1886年B参照）

C. 発酵：酵母

ビール醸造の酵母の発芽と成長の顕微鏡観察に基づいて，Charles Cagniard-Latour は，酵母は生きた微生物であり，発酵を起こすと結論した．Pierre Turpin は Cagniard-Latour, Theodor Schwann（シュヴァン），Friedrich Kützing のアルコール発酵における酵母の役割についての観察を確認する論文を刊行した．(1837 年 B, 1837 年 C 参照)

D. 生物学：細胞理論

Matthias Jakob Schleiden（シュライデン）は植物の成長を研究し，すべての植物は核をもった細胞から構成されると結論した．(1665 年 B, 1837 年 E, 1839 年 D, 1846 年 G 参照)

E. 生化学：タンパク質

Gerardus Johannes Mulder は，アルブミン様物質の基礎単位を形成すると彼が考えた物質に，"protein"（タンパク質）という名前をつけた．彼の分析は，その物質が炭素，水素，窒素，酸素，少量のリンと硫黄を含むことを明らかにした．"protein" の単語は Jöns Berzelius（ベルセーリウス）によって彼に提案されたものである．

F. 生化学：ヘマチン/ヘマトシン

Louis René Lecanu は，ヘマチン（hematin）を分離し，ヘマトシン（hematosin）と名づけた．

G. 社会と政治

Tennessee（テネシー），Georgia（ジョージア），Alabama（アラバマ）の Cherokee Nation（チェロキー族）の人々は，Arkansas（アーカンソー）のインディアン居住区まで 800 マイルの行進を強制された．その "涙の行列"（Trail of Tears）は，疾病と激しい消耗により約 4000 人の死亡者を出した．

H. 芸術：文学

Charles Dickens（ディケンズ）が *Oliver Twist*（オリヴァー・トゥイスト）を完成した．

1839 年

A. 発酵：論争

発酵における酵母の役割についての Pierre Turpin, Charles Cagniard-Latour, Theodor Schwann（シュヴァン），Friedrich Kützing の結論を風刺する論説が，Friedrich Wöhler（ヴェーラー），Justus von Liebig（リービヒ），Jean-Baptiste Dumas（デュマ），Thomas Graham（グレアム）が編集する雑誌に掲載された．この論説は発酵に

関する Cagniard-Latour の結論の受容を遅らせることになった.

B.　発酵：過程

Justus von Liebig（リービヒ）は，2年前にはいったん肯定した，発酵は触媒反応の一過程であるという Jöns Berzelius（ベルセーリウス）の見解を否定した．Liebig は新しい実験は行わなかったが，彼は，腐敗と発酵が "ゆっくりと起こる燃焼"（slow combustion），すなわち，糖分子の振動作用がアルコールと二酸化炭素を生じるという化学反応であると主張した．彼はさらに，酵母が発酵による変化により産生されることを主張した．

C.　真菌病：ヒトの皮膚疾患

Johann Lucas Schönlein（シェーンライン）は Robert Remak（レーマック）の1837年の仕事に続いて，黄癬の研究の中で，ヒトの皮膚の真菌感染の最初の明確な報告を作成した．Remak はすべての動物の細胞は先在する細胞に由来すると最初に考えた1人である．（1841年A参照）

D.　生物学：細胞理論

Theodor Schwann（シュヴァン）は *Microscopical Researches into the Similarity in the Structure and Growth of Animals and Plants*（植物と動物の構造と成長における類似点への顕微鏡的研究）を刊行し，すべての動物は細胞で構成されると主張した．Matthias Jakob Schleiden（シュライデン）と Schwann はともに，すべての動植物生命は独立した細胞によって構成されるという命題の細胞理論を定式化した功績を認められている．細胞理論のより早い提言は Jan Evangelista Purkinje（プルキンエ）により1837年になされている．（1665年B, 1837年E, 1838年D, 1846年D参照）

E.　技術：缶詰製造

Charles Mitchell（ミッチェル）は，1819年に導入された鋼鉄製の缶に，薄い錫の層を裏打ちする技術を最初に使った．（1819年A参照）

F.　技術：銀板写真術

Louis Daguerre（ダゲール）は初めて，銀で被われた板の上に保存できる写真画像をつくる方法を発明した．この方法は daguerreotype（ダゲレオタイプ銀板写真術）と呼ばれ，陽画をつくることのみに限られており，複製をつくることはできない．（1834年B, 1841年B参照）

G.　技術：ゴム

ゴムと硫黄の混合物を過熱して Charles Goodyear（グッドイヤー）は，寒くても硬くならず，暑くてもべとべとしない柔軟性を保つ加硫ゴムと呼ばれる物質を作り出した．

H. 芸術：文学

Edgar Allan Poe（ポー）による *The Fall of the House of Usher*（アッシャー家の没落）が雑誌 *Burton's Gentleman's* に発表される．

1840 年

A. 感染症：胚種説

Robert Koch（コッホ）の Göttingen（ゲッティンゲン）大学の先生の 1 人である Friedrich Gustav Jacob Henle（ヘンレ）は，著書 *Pathologische Untersuchungen*（病理学的研究）に，疾病の胚種説を明確に系統立てて述べた章を含めた．彼は，自己増殖し，おそらく体外で成長できるであろう生物としての病原体について記述した．彼は，後に Koch によって用いられ，"コッホの 4 原則"（Koch's postulates）の定式化となるような，実験手順は提示しなかった．（1876 年 C，1883 年 B，1884 年 D 参照）

B. 感染症：灰白髄炎

Jacob von Heine（ハイネ）は急性の灰白髄炎は脊髄の疾患であると結論した．彼の観察は，麻痺を起こした小児の症例における脳症状に注意を促した John Badham（バダム）に続くものであった．

C. 顕微鏡検査：浸水レンズ

Giovanni Battista Amici（アミーチ）は，複合顕微鏡のための最初の実用的な浸水レンズを作り上げた．

D. 生理学：組織呼吸

呼吸における燃焼は組織の毛細管の中で起こり，血液の中の"赤い血球"(red globules) が酸素を運ぶことが広く認められるようになった．

E. 化学：オゾン

Christian Friedrich Schönbein（シェーンバイン）はオゾンを発見し，その酸化特性を研究した．彼は，それが癒瘡木を青に変えることを記述し，オゾンがすべての生物学的酸化の鍵となるであろうと理論づけた．

1841 年

A. 真菌病：医真菌学

David Gruby は，医真菌学の始まりとなる真菌感染についての仕事を始めた．彼の多年の研究は，1839 年の真菌の皮膚感染に関する Johann Schönlein（シェーンライン）の観察よりさらに多方面にわたるものとなった．（1839 年 C 参照）

B.　技術：**写真**

William Henry Fox Talbot（フォックス・トールボット）は，それをもとにして多くの陽画の複製をつくることができる陰画をつくることを可能にする，新しいカロタイプ写真という種類の写真の特許を受けた．やがて彼の方法は，ダゲレオタイプ銀板写真術に取って代わった．（1839年F参照）

C.　芸術：**文学**

・*The Old Curiosity Shop*（古い骨董店）の最終回の中で，Charles Dickens（ディケンズ）は Little Nell の死を記述した．

・James Fenimore Cooper（クーパー）が *The Deerslayer* を刊行した．

1842年

A.　細菌種：**硫黄細菌**

V. Trevisan は，彼が藻類の *Oscillatoria* に非常に近縁であると考えた微生物に *Beggiatoa punctata* の名前をつけ，初めて硫黄細菌を記載した．

B.　細菌種：**ザルチーナ**

解剖学者で外科医の John Goodsir（グッドサー）は，患者の吐物の中に球状の細胞の規則的な固まりを形成する微生物をみつけた．彼は，束あるいは包みと胃のラテン語の単語にならって，それに *Sarcina ventriculi* と名づけた．

C.　感染症：**消毒**

Oliver Wendell Holmes（ホームズ）は，助産婦と医師が，ある母親から他の母親への産褥熱の伝染の媒介者になることを示した．妊婦の死後の検査をしたり，産褥熱の患者の看護をしたりした後には，医師は塩化カルシウムで手を洗い，衣服を着替えるべきであるという彼の提案は，強硬な反対に遭った．（1846年A参照）

D.　物理学：**エネルギー保存の法則**

熱帯で船医として勤務する内科医の Robert Mayer（マイヤー）は患者の静脈血が異常に赤いことに気づいた．彼はこの事実を，暑い気候の中では体熱はより容易に保たれるという考えと結び付け，特定の暑さにおける各種気体の違いについての論説を著した．数学的な訓練を受けたことがなく，実験をしたこともなかったが，Mayer は，力は不滅で，変換可能で，計量できないものであると主張した．この「力」とは，エネルギーを意味するものであろう．1845年に彼は，熱は機械的な効果に変換できる力であると述べた．物理学者は一般に広く，Mayer がエネルギー保存の法則を述べた初めての人物であることを認めている．（1847年B，1849年E参照）

E. 物理学：Doppler 効果

Christian Johann Doppler（ドップラー）は，動いている源から出される音あるいは光の周波数は，静止している観察者に関連して変化するということに気づいた．いわゆる Doppler 効果において，周波数は源が近づくときに高くなり，遠ざかるときに低くなる．

F. 芸術：文学

Edgar Allan Poe（ポー）が，彼の詩 The Raven（大鴉）を刊行した．

1843 年

A. 物理学：電気抵抗測定器

Charles Wheatstone（ホイートストン）が，電気抵抗を測定するための方法である Wheatstone bridge を発明した．

B. 芸術：文学

Charles Dickens（ディケンズ）が，Ebenezer Scrooge，Bob Cratchit，Tiny Tim の登場する A Christmas Carol（クリスマス・キャロル）を書いた．

C. 芸術：音楽

Felix Mendelssohn-Bartholdy（メンデルスゾーン）が，ヨーロッパとアメリカ合衆国で広く使われている結婚行進曲を含む A Midsummer Night's Dream（真夏の夜の夢）の序曲を完成した．

1844 年

A. 生物学：進化

Robert Chambers（チェンバーズ）が Vestiges of the Natural History of Creation（創造の自然史の痕跡）を刊行し，進化についての考えを述べた．彼は，宇宙と地球とその創造物（生き物）の発達を基本的な進歩の法則に結び付けた．この主題は議論の余地のあるもので，彼は自分の出版業が損害を被ることを望まなかったので，匿名で発表した．その本は聖職者と科学者の両方から強く批判されたが，広く読まれ，10 年間にわたって 10 版を重ねた．Alfred Russel Wallace（ウォレス）と Charles Darwin（ダーウィン）は 2 人とも Chambers の本を読み，Wallace は，進化が異なる種の出現の原因であると確信した．（1858 年 D 参照）

B. 技術：電信

Samuel Morse（モールス）の電信が Baltimore（ボルティモア）から Washington, D. C.（ワシントン特別区）まで通信文を送った．

C. 社会と政治

The Young Men's Christian Association（キリスト教青年会，YMCA）が，青年の社会的・宗教的福祉のためにロンドンにおいて創設された．（1855年C参照）

D. 芸術：文学

Alexandre Dumas（デュマ・ペール）が *The Three Musketeers*（三銃士）を刊行した．

1845年

A. 生物学：原虫類

Carol Theodor Ernst von Siebold（シーボルト）が，その組織が1つの細胞でできている動物に Protozoa（原虫類）という名前をつけた．

B. 生化学：ペルオキシダーゼ

Christian Friedrich Schönbein（シェーンバイン）が，1898年に Georges Linossier によって名づけられるペルオキシダーゼの作用について記述した．

C. 技術：綿火薬

ニトロセルロースが爆発することを発見した後に，Christian Friedrich Schönbein（シェーンバイン）は綿火薬を発明した．

D. 文化：大学

U. S. Naval Academy（合衆国海軍兵学校）が Maryland（メリーランド）州の Annapolis（アナポリス）に創設された．

E. 芸術：文学

Alexandre Dumas（デュマ・ペール）が *The Count of Monte Cristo*（モンテクリスト伯）を完成させた．

1846年

A. 感染症：防腐消毒剤

Ignaz Philipp Semmelweis（ゼンメルヴァイス）が，産褥熱の拡散の予防についての研究において，防腐消毒剤（次亜塩素酸溶液）の使用を紹介した．（1842年C，1861年C参照）

B. 感染症：疫学

Peter Ludwig Panum は，麻疹の流行を研究するためにデンマークの Faeroe Islands（フェーロー諸島）に派遣された．1847年に刊行された彼の報告は，病原体については触れていなかったが，疫学的研究の重要な記録となった．

C. 真菌病：ジャガイモの枯凋病

真菌の枯凋病菌 Phytophthora infestans によるアイルランドでのジャガイモ飢饉が最盛期に達した．1851 年までに 100 万人が死亡した．飢饉は，人口の大部分が食料をジャガイモに依存するアイルランドでもっともひどかったが，ヨーロッパとロシアにまで広まった．

D. 微生物学：好熱性生物

M. Descloizeaux がアイスランドの温泉で藻類の発見を報告した．何人かの権威者が，1823 年に温泉中に存在すると報告された別の微生物は chlamydobacteria であろうと推論した．（1862 年 A, 1879 年 A 参照）

E. 発酵：生化学

Augustin Pierre Dubrunfaut は，発酵の前にショ糖が分解されることを発見した．後に分解産物がブドウ糖と果糖であることが示された．

F. 生理学：動物の呼吸

英語で Animal Chemistry（動物の化学）として出版された，Die Organische Chemie in ihrer Anwendung auf Physiologie und Pathologie の第 3 版で，Justus von Liebig（リービヒ）は，動物の熱の源が，食物の成分と血液循環によって身体に運搬される酸素との相互作用であると記述した．

G. 生物学：細胞構造/原形質

Hugo von Mohl（モール）は，"protoplasm"（原形質）という単語を，植物細胞中に含まれる顆粒状の物質を記載するために用いた．彼はまた，細胞膜と核と細胞液を区別した．protoplasm という単語は 1837 年に Jan Evangelista Purkinje（プルキンエ）によって卵の中の胚芽物質を記述するために用いられていた．Max Johann Sigismund Schultze が 1861 年に細胞の定義に含めて以後，その単語の現代的な使い方は広く受け入れられるようになった．（1837 年 E, 1861 年 F 参照）

H. 医学：麻酔

アメリカの歯科医 William Thomas Morton（モートン）が，抜歯のための麻酔としてのエーテルの使用を報告した．この使用は化学者の Charles Jackson（ジャクソン）によって示唆されたものであった．イギリスの外科医 Robert Liston（リストン）は，Morton からエーテルについて学び，下肢の切断のときに用いた．外科において，1842 年に実際にエーテルを用いていた Crawford Williamson Long（ロング）は，Morton の報告が発表されるまで自分の実績を公表せず，Morton が最初の使用者としての認知を受けた．しかし，Morton と Jackson は，1868 年の Morton の死亡まで，優先権について争っていた．

I. 文化：**博物館**
イギリス人 James Smithson（スミッソン）の遺産 10 万ポンドが寄贈され，Washington D. C.（ワシントン特別区）に Smithsonian Institution（スミソニアン協会）が設立された．

1847 年

A. 感染症：**インフルエンザ**
イギリスにおいて約 25 万人がインフルエンザに感染し，1831 年のコレラの流行よりも高い死亡率を記録した．その流行はヨーロッパを横断して広がり，北アメリカ，ブラジルにまで拡大した．（1781 年 A，1830 年 A，1889 年 E，1892 年 B 参照）

B. 物理学：**熱力学の第 1 法則**
Hermann Ludwig Helmholz（ヘルムホルツ）は *Über die Erhaltung der Kraft*（エネルギー保存について）を刊行し，熱力学の第 1 法則の原理を明確に述べた．（1842 年 D，1849 年 E 参照）

C. 数学：**Boolean Logic（ブール論理）**
George Boole（ブール）は，*The Mathematical Analysis of Logic*（論理の数学的解析）を刊行し，彼の記号論理学，すなわち代数学を記述した．

D. 社会と政治
Manifest des Kommunismus（共産党宣言）が，ロンドンの共産党同盟によって委任された Karl Marx（マルクス）と Friedrich Engels（エンゲルス）によって書かれた小冊子（パンフレット）の形で発表された．

E. 芸術：**文学**
・Emily Brontë（ブロンテ）が，小説 *Wuthering Heights*（嵐が丘）を刊行した．
・Charlotte Brontë（ブロンテ）が，小説 *Jane Eyre*（ジェーン・エア）を刊行した．

1848 年

A. 化学：**光学活性**
Louis Pasteur（パストゥール）は，ナトリウム－アンモニウム酒石酸塩とナトリウム－アンモニウムパラ酒石酸塩の光学活性の違いが，その結晶構造に起因することを発表した．彼の業績は，1815 年の Jean-Baptiste Biot（ビオー）の溶液中の化学物質による偏光の旋光性の発見と，1844 年の Eilhard Mitscherlich（ミッチャーリヒ）の，2 つの酒石酸塩による旋光の違いの発見とに基づいていた．また，Auguste Laurent（ローラン）の化学的同形の概念は異なる結晶構造の観察に不可欠であった．（1815

年 B 参照）

B. 物理学：絶対零度

William Thomson（トムソン，1892 年に Kelvin（ケルヴィン）卿，Largs の男爵になる）は，絶対零度は−273℃（後に−273.15℃ に修正される）であることを示した．（1851 年 A 参照）

C. 化学：原子量と分子量

Stanislao Cannizzaro（カニッツァーロ）は，原子量と分子量を，1811 年に Amedeo Avogadro（アボガドロ），1814 年に André Marie Ampère（アンペール）によって公式化された分子の仮説に基づいて再度公式化した．

D. 科学協会

The American Association for the Advancement of Science（科学の進歩のためのアメリカ協会）が創設された．

E. 社会と政治

・パリで反君主政治の暴動が発生し，国王 Louis Philippe（ルイ・フィリップ）が退位した．皇帝 Napoleon Bonaparte（ナポレオン・ボナパルト）の末弟の息子の Louis Napoleon Bonaparte（ルイ・ナポレオン）が，第 2 共和制の大統領に選ばれた．（1851 年 D，1852 年 C 参照）

・革命が，Berlin（ベルリン），Vienna（ウィーン），Prague（プラハ），Budapest（ブダペスト），イタリア各州を含むヨーロッパ中に起こった．

・California（カリフォルニア）でゴールドラッシュが起きた．

F. 芸術：文学

William Makepeace Thackeray（サッカレー）が *Vanity Fair：a Novel Without a Hero*（虚栄の市）を刊行した．

1849 年

A. 感染症：コレラ

John Snow（スノー）は，コレラが飲料水を通して伝播するという観察を公表した．インドでの 1846 年のコレラの流行はヨーロッパを横断して広がり，イギリスに到達した．Snow は，疾患の伝播についての小論によって，フランス協会から 30000 フランの賞金を授与された．（1854 年 C，1856 年 A 参照）

B. 細菌病：炭疽

Aloys Pollender は，炭疽で死亡したウシの血液中に細長い棒状の細胞を観察した．Pollender は，これらは疾病の原因となる細菌であろうと推測したが，病的な組織中

の細菌は自然に発生した腐敗の産物であるという当時の一般的な考えを否定しきれなかった．(1863 年 A，1868 年 A，1876 年 C，1877 年 D，1881 年 F 参照)

C． 生化学：**転化酵素**

Marcelin Berthelot（ベルトロー）が，酵母から転化酵素を抽出した．

D． 生物学：**組織学**

Ferdinand Cohn（コーン）が，顕微鏡検査に使う組織切片を染めるために，初めてカルミンやヘマトキシリンのような染料を用いた．(1856 年 C，1869 年 A，1876 年 B 参照)

E． 物理学：**熱の機械的当量物**

James Prescott Joule（ジュール）は，*On the Mechanical Equivalent of Heat*（熱の機械的当量物について）という論文を発表した．その内容は，1939 年に開始された一連の実験にもとづくものであった．1845 年には，汽船の外輪のような道具で掻き回されたときに摩擦によって水が温められることを証明する実験を成し遂げていた．(1842 年 D，1847 年 B 参照)

F． 文化：**文学**

Edgar Allan Poe（ポー）が，死の直前に，詩 *Annabel Lee*（アナベル・リー）を完成した．

1850 年

A． 生理学：**筋肉の呼吸**

Georg Liebig（リービッヒ）は筋肉の呼吸を研究したが，1807 年に発表された Lazzaro Spallanzani（スパランツァーニ）の業績を見落としていた．

B． 物理学：**熱力学の第 2 法則**

Rudolf Emmanuel Clausius（クラウジウス）は，エネルギー保存則（熱力学の第 1 法則）と，温かい物体から冷たい物体への熱の流れに基づいて，熱力学の第 2 法則の初期段階のものを公式化した．(1847 年 B，1854 年 D 参照)

C． 技術：**Bunsen バーナー**

Robert Wilhelm Bunsen（ブンゼン）が，ガスバーナーを発明した．彼はまた，電池（1840 年），潤滑油－点光度計（1844 年），吸光光度計（1855 年），濾過ポンプ（1868 年），氷熱量計（1870 年）も発明した．

D． 芸術：**音楽**

Richard Wagner（ヴァグナー）のオペラ *Lohengrin*（ローエングリン）が上演された．

E. 芸術：文学

・Alfred Lord Tennyson（テニスン）が，1833年に死亡した彼の友人 Arthur Henry Hallam への悲歌 *In Memoriam, A. A. H.*（イン・メモリアム）を完成した．

・Nathaniel Hawthorne（ホーソーン）が *The Scarlet Letter*（緋文字）を刊行した．

・Charles Dickens（ディケンズ）による *David Copperfield*（デヴィッド・コパフィールド）が1849～1850年に連続的に発表された後に1冊の本として発行された．

1851 年

A. 物理学：Kelvin 温度計

William Thomson（トムソン；Kelvin（ケルヴィン）卿）は，気体の運動が止まる理論的な温度である -273.7℃（後に -273.15℃ に変更される）を 0 に設定して，摂氏温度計の間隔に基づいた，絶対温度計あるいは Kelvin 温度計を提案した．

B. 物理学：Foucault の振り子

Jean Bernard Léon Foucault（フーコー）が，パリの Panthéon（パンテオン）の丸天井から長さ 200 フィートを超える振り子を吊り下げて，地球の回転を証明するための公開実演を行った．

C. 技術：熱ポンプ

William Thomson（トムソン；Kelvin（ケルヴィン）卿）が，気体の膨張は，コンデンサーの中で放出される熱を吸収することを証明した．

D. 社会と政治

・クーデターにより Louis Napoleon Bonaparte（ルイ・ナポレオン）がフランスの実権を握った．（1852 年 C 参照）

・最初の世界博覧会 London Great Exhibition（ロンドン大博覧会）が，Joseph Paxton（パクストン）によって建てられた広大な温室様の建築物 Crystal Palace（水晶宮）で開かれた．

E. 芸術：音楽

Giuseppe Verdi（ヴェルディ）によるオペラ *Rigoletto*（リゴレット）が上演された．

F. 芸術：文学

・Herman Melville（メルヴィル）が，*Moby Dick*（モービー・ディック）を刊行した．

・Nathaniel Hawthorne（ホーソーン）が，*The House of the Seven Gables*（七破風の家）を書いた．

1852 年

A. 細菌構造：内芽胞

Maximilian Perty が，細菌の芽胞を示すように画かれた図を発表した．彼は *Sporonema* と呼ばれる属をつくり，螺旋形かまっすぐか，屈曲しているかそうでないか，という基準で細菌を分類した．

B. 化学：原子価

Edward Frankland（フランクランド）は，有機金属化学についての研究にもとづき，

原子のそれぞれの型は決まった数の他の原子と結び付けられるという理論を公式化した．この概念は，原子の"原子価"（valence）として知られている．

C. 社会と政治

Louis Napoleon Bonaparte（ルイ・ナポレオン）は，フランス第2帝政を始め，Napoleon Ⅲ（ナポレオン3世）と名乗った．彼は1870年まで権力の座についていた．

D. 芸術：文学

Harriet Beecher Stowe（ストウ）が，*National Era* での連載，*Uncle Tom's Cabin*（アンクル・トムの小屋）を本として刊行した．

1853年

A. 生物学：受精

George Newport（ニューポート）は，カエルを用いて実験し，卵子の中への精子の侵入を顕微鏡で観察した．Antony van Leeuwenhoek（レーウェンフーク）をはじめ他の人々もいくつかの生物を用いて同様の観察をしたが，Newport の報告が信頼すべきものとして記録された．

B. 生化学：ヘミン

沸騰した氷酢酸で血液を処理することにより，Ludwig Teichmann（タイヒマン）は，ヘミンの純粋な結晶を得た．

C. 物理学：オングストローム；光の波長の単位

Anders Jonas Ångström（オングストローム）は原子のスペクトルの測定を発表し，分光学の原理を確立した．1868年には太陽スペクトルについて研究し，太陽に水素が存在すると推論した．1905年以来，1Å（オングストローム）$= 10^{-8}$ cm として，彼の名前は長さの単位として使用されている．

D. 技術：**注射器**

イギリスで Alexander Wood（ウッド）が，モルヒネ投与用の注射器を使用した．

E. 芸術：音楽

Giuseppe Verdi（ヴェルディ）のオペラ *Il Trovatore*（トロヴァトーレ）がローマで，また *La Traviata*（椿姫）がヴェニスで，それぞれ上演された．

1854年

A. 細菌学的技術：**培養管に対する綿栓**

Heinrich Georg Friedrich Schröder（シュレーダー）と Theodor von Dusch が，微生物が増殖しているフラスコと試験管に栓をするための綿花の使用を始めた．

B.　細菌性疾患：コレラ菌

Filippo Facini がコレラ菌を記載し，*Vibrio cholerae* と名づけた．（1884 年 D 参照）

C.　細菌性疾患：コレラ

John Snow（スノー）が *On the Communication of Cholera by Impure Thames Water*（汚れたテムズ川の水によるコレラの伝染について）を刊行した．1855 年には著書 *On the Mode of Communication of Cholera*（コレラの伝染様式について）により，下水汚物によって汚染された水を介しての疾病の拡散について定量的データを示した．彼は，ロンドンにおける 1 つの発生源が Broad Street（現在の Broadwick Street in Soho）にある井戸であると追跡し，それが未処理下水によって汚染されていたことを証明した．（1849 年 A，1856 年 A 参照）

D.　物理学：熱力学の第 2 法則／エントロピー

Rudolf Emmanuel Clausius（クラウジウス）は，熱力学の第 2 法則を，"エントロピー"（entropy）と名づけた概念を含むように定義し直した．エントロピーとは，有用な仕事をするのに利用できないエネルギー量の増加である．したがって，熱力学第 2 法則は，無秩序であるエントロピーは宇宙において常に増加する，というものとなる．

E.　社会と政治

イギリス，フランス，トルコは，Crimea（クリミア）戦争（1856 年に終わる）でロシアと交戦した．Balaklava（バラクラヴァ）の戦いでは，Cardigan（カーディガン）卿 James Thomas Brudenell がイギリス騎兵隊を指揮した．衣服のカーディガンという呼称は Cardigan 卿にちなんでつけられたものである．（1854 年 F 参照）

F.　芸術：文学

・Crimea（クリミア）戦争における Balaklava（バラクラヴァ）の戦いに触発されて Alfred Lord Tennyson（テニソン）が *The Charge of the Light Brigade*（騎兵隊突撃の詩）を書いた．

・Henry David Thoreau（ソロー）が，*Walden, or Life in the Woods*（森の生活）を刊行した．

1855 年

A.　化学：農芸化学

Justus von Liebig（リービヒ）は，肥料の化学的成分を研究し，農芸化学の分野を確立した．

B.　物理学：電磁気学

James Clerk Maxwell（マクスウェル）は，1821 年に Michael Faraday（ファラデー）

によって予測された磁力線を表すための数学理論を発展させた.

C. 社会と政治

The Young Women's Christian Association（キリスト教女子青年会，YWCA）が，住宅，食物，その他の，家庭を離れて生活する若い女性のための援助を提供するために，ロンドンで創設された.（1844年C参照）

D. 芸術：文学

・Walt Whitman（ホイットマン）が，詩集 *Leaves of Grass*（草の葉）を刊行した.
・Henry Wadsworth Longfellow（ロングフェロー）が，詩 *The Song of Hiawatha*（ハイアワーサの歌）を刊行した.
・John Bartlett（バートレット）が，後に *Bartlett's Quotations* として知られるようになる *Familiar Quotations* を刊行した.
・Thomas Bulfinch（ブルフィンチ）が，一般には *Bulfinch's Mythology* として知られる *The Age of Fable* を刊行した.

1856年

A. 腸チフス

William Budd（バッド）が，腸チフスの感染媒介物は，感染者の糞便から排出され，汚染された飲料水を通して他の人に伝染することを示唆した．彼は感染を制御するために，塩素水，さらし粉，石炭酸のような消毒剤の使用を推奨した．Budd は彼の考えを裏づける実験データは示さなかったが，腸チフスの流行についての1873年に刊行された彼の著書により，彼の業績は広く受け入れられるようになった．（1873年A, 1849年A, 1854年C参照）

B. 疾病：**腐敗中毒/エンドトキシン**

Peter Ludwig Panum は，"腐敗中毒"（putrid intoxication）を研究するために，血液，脳，腐敗した糞便の水様浸出液を用いた．その浸出液を濾過した後でイヌに注射し，残渣物のみが中毒の原因となることを見出した．その浸出液は11時間の煮沸の後にも依然として毒性があったので，彼は，疾病と敗血性疾患は微生物や酵素が原因となるのではなく，化学物質が原因となるのだと結論した．Panum が実験を始めたときに用いた材料には細菌が含まれており，彼がその細菌から内毒素を抽出していたことが考えられる．（1892年D参照）

C. 化学：**染料と染色**

William Henry Perkin（パーキン）は，藤色のアニリン染料を合成し，このことが多くの合成染料の出現をもたらした．これらの染料はその後，生物学的材料を染色する

のに用いられ，さらに他の多くの用途にも利用された．(1849年D，1869年A，1876年B参照)

D. 人類学：ネアンデルタール人

ドイツの Neanderthal Valley（ネアンデルタール渓谷）で，Johann C. Fuhrott が頭蓋骨化石を発見し，Paul Broca（ブローカ）はこれを現代の人類の祖先のものであると宣言した．Rudolf Virchow（フィルヒョー）は賛同しなかったが，ネアンデルタール人が，現代の人類の正統な亜種であることは，しだいに受け入れられるようになった．

E. 技術：**Bessemer の製鋼法**

Henry Bessemer（ベッセマー）が，溶融した鉄とコークスの中に空気を吹き込むことにより安価に鋼を製造する工程の特許を取得した．炭素と硫黄を取り除くという Bessemer の製鋼法は，その数年前に正式な特許適用申請に失敗した Robert Mushet（マシェット）の着想を用いていた．

F 芸術：**文学**

・Gustave Flaubert（フローベール）の小説 *Madame Bovary*（ボヴァリー夫人）が，*La Revue de Paris* に発表され，1年後に本として刊行された．Flaubert は風俗紊乱の廉で起訴されたが，無罪になった．

・John Greenleaf Whittier（ホイッティアー）が，詩 *Barefoot Boy*（はだしの少年）を書いた．

G. 芸術：**音楽**

Franz Liszt（リスト）によるピアノ協奏曲イ長調が初演された．

1857年

A. 細菌学：**分類学**

Carl Wilhelm von Nägeli（ネーゲリ）が，植物界の中で，分裂菌類（*Schizomycetes*）の仲間に細菌を含めた．

B. 細菌生理学：**窒素固定**

John Bennet Lawes（ローズ），Joseph Henry Gilbert と Evan Pugh は，Rothamsted 実験農場で農作物輪作実験を行い，植物は空気中から窒素を取り入れているという Jean-Baptiste Boussingault（ブサンゴー）の結論を立証した．しかし，高温度に熱した土壌を用いて注意深く調整した実験ではあったが，マメ科作物と非マメ科作物との間で非成長に差異は見出せなかった．彼らの実験が，細菌がマメ科植物の根粒形成を生じさせる可能性を排除する条件下に行われていたことを，Lawes, Gilbert, Pugh

が認識したのは，Hermann Hellriegel（ヘルリーゲル）と H. Wilfarth の実験が 1887 年に報告された後の 1889 年であった．Lawes は，1843 年に Rothamsted 農業実験場の運営を始めていた．（1837 年 B，1887 年 C，1889 年 B 参照）

C. 発酵：細菌

Louis Pasteur（パストゥール）が，微生物の発酵産物を扱った彼の最初の論文である *Mémoire sur la fermentation appelée lactique* を刊行し，細菌が糖から乳酸を形成する発酵の原因となっていることを示した．1860 年に彼は，以前に Lille（リール）科学協会に発表した発酵の胚種説についての彼の考えであるアルコール発酵についての発表をした．結晶学とアミルアルコールの光学異性体に関する Pasteur の以前の研究が，生きた微生物により生じる化学的変化の発見の基礎となっていた．

D. 生化学：シアン化合物中毒

Gabriel Émile Bertrand が，シアン化合物中毒の後に血液が心臓の両側で赤色のままであることを記載した．

E. 生化学：グリコーゲン

実験医学の創始者とも言われる Claude Bernard（ベルナール）が，肝組織から物質を分離，精製し，グリコーゲンと名づけた．

F. 生理学：内部環境

Claude Bernard（ベルナール）が，複雑な生物の一定の内部環境である "milieu intérieur" の概念を述べた．後に，Bernard は脂肪の消化における膵臓の機能を発見した．（1859 年 C，1878 年 D 参照）

G. 社会と政治

アメリカ合衆国最高裁判所は，自由地域 Minnesota（ミネソタ）に居住していることに基づいて自由を訴えていた逃亡奴隷 Dred Scott（スコット）の訴えを棄却した．裁判所はまた，連邦裁判所では黒人は訴訟は起こせないと判決した．

1858 年

A. 細菌学：生命の自然発生

Paris Academy of Sciences に提出した論文で，Félix-Archimède Pouchet は，腐敗しうる材料の入った滅菌したフラスコの中に空気を入れた後に，生命の自然発生が観察されたと主張した．1859 年の彼の著書 *Hétérogénie, ou traité de la génération spontanée* とともに，この論文は，Louis Pasteur（パストゥール）を自然発生についての議論に引き入れる一因となった．（1668 年 A，1748 年 A，1765 年 A，1861 年 A，1872 年 A，1876 年 A，1877 年 B 参照）

B. 疾病：細胞病理学

Rudolf Virchow（フィルヒョー）は，著書 *Die Cellularpathologie*（細胞病理学）で，Matthias Jakob Schleiden（シュライデン）と Theodor Schwann（シュヴァン）の細胞理論を細胞病理学へ適用した．生命の自然発生の考えを否定し，Virchow は "すべての細胞は他の細胞に由来する" と一般化した．彼は後に，Louis Pasteur（パストゥール）と Robert Koch（コッホ）の疾病の胚種説に反対し，疾病は細胞の機能異常の結果であり，微生物の侵入によるものではないと主張した．（1838年D，1839年D，1846年G，1876年C参照）

C. 発酵：発酵素

Moritz Traube（トラウベ）が，発酵素（ferments）ははっきり定義された化学物質と考えられるべきであると主張した．彼は，発酵は生きている細胞の活動によるものではなく，細胞が産生する酸化・還元発酵素によるものであると考えた．彼は Justus von Liebig（リービヒ）とともに研究したが，発酵を説明するための振動する分子という Liebig の考えは支持しなかった．27年間以上にわたって彼は，酸化，呼吸，発酵についての一連の論文を発表した．

D. 生物学：進化

Alfred Russel Wallace（ウォレス）は Charles Darwin（ダーウィン）に，*On the Tendency of Varieties to Depart Indefinitely from the Original Type* と題する論文を送り，1854～1862年のマレーシアでの探検の間に発展させた "種分化" についての彼独自の考えを述べた．Darwin の2人の友人，植物学者 Joseph Dalton Hooker（フッカー）と地質学者 Charles Lyell（ライエル）は，Wallace の論文と Darwin の評論を Linnaean Society of London（ロンドン・リンネ協会）へ提出した．Wallace も Darwin もこの会議には出席しなかったが，とくに議論もなく，彼らの発想について共同優先権が確立した．Darwin は *On the Origin of Species*（種の起源）を 1859年に刊行した．この後，Wallace は心霊論，社会主義，女性の権利，種痘反対運動など，さまざまな事柄に関わった．さらに天文学者 Percival Lowell（ローウェル）による，火星にはかつて知的生命体が存在したという主張に続いて，*Is Mars Habitable?*（火星は住むに適しているか？）を書き（1907年），生命は地球のみに存在可能であると議論した．

E. 化学：炭素の原子価

Friedrich Kekulé（ケクレ）と，Archibald Scott Cooper（クーパー）はそれぞれ個別に，炭素原子が原子価4をもち，他の原子あるいは分子と同様に他の炭素原子とも化学的に結合可能であることを解明した．彼らの業績は有機化合物の構造を理解するための基礎となった．1865年に Kekulé はベンゼン分子の環状構造を思いついた．

F. 芸術：音楽
ロンドンで Royal Opera House（ロイヤルオペラハウス）が Covent Garden（コベントガーデン）に完成した．

1859 年

A. 発酵：生気論
生気論者である Louis Pasteur（パストゥール）に対抗して，Marcelin Berthelot が，発酵素はそれらを産生する生きた微生物と同一視すべきであると述べた．微生物は発酵素を産生はするが，その化学的活動にとっては必要ではないと考えた．

B. 生物学：進化
Charles Darwin（ダーウィン）が，*On the Origin of Species by Means of Natural Selection*（種の起源）を刊行した．これは，HMS Beagle（ビーグル号）での南アメリカと Galápagos Islands（ガラパゴス諸島）への旅に基づく 20 年以上にわたる研究の成果である．（1831 年 A，1858 年 D 参照）

C. 生化学：組織呼吸
Claude Bernard（ベルナール）は，肝，腎，筋肉，脳の組織呼吸について研究した．しかし，彼も含めて多くの人は，すべての呼吸は血液の中で行われると考えていた．

D. 生化学：筋肉中の乳酸
Emil Heinrich Du Bois-Reymond（デュ・ボワ＝レーモン）が，筋肉の収縮後や動物の死亡後に筋肉中に乳酸が出現することを発見した．

E. 技術：冷蔵，冷却，冷凍
Ferdinand Carré（カレ）が，アンモニアを冷却剤として用いた冷蔵庫をつくった．最初の成功した冷蔵庫は，家庭ではなく，商業用に用いられた．

F. 技術：内燃機関
Jean Etienne Lenoir（ルノワール）が，燃料として石炭ガスを使って，効率は悪かったが，最初の実用的な内燃機関を作り上げた．（1863 年 E 参照）

G. 技術：運河
Ferdinand de Lesseps（レセップス）が，スエズ運河の建設を始め，1869 年に完成した．（1880 年 F 参照）

H. 芸術：音楽
Charles Gounod（グノー）のオペラ *Faust*（ファウスト）が上演された．

I. 芸術：文学
Charles Dickens（ディケンズ）が *A Tale of Two Cities*（二都物語）を書いた．

1860 年

A. 発酵：エチルアルコール

Louis Pasteur（パストゥール）が，*Mémoire sur la fermentation alcoölique* を刊行し，消費される糖，アルコール発酵中に酵母によって産生されるエチルアルコールと二酸化炭素の量を決めるための定量分析の利用法を紹介した．彼の論文は，アルコール発酵が酵母によって起こされるという議論に貢献するだけでなく，初めて，糖，アンモニウム塩，微量元素のみを含みタンパク質は含まない培養液の中で酵母の量が増加することを示したものである．

B. 社会と政治

Florence Nightingale（ナイティンゲール）がロンドンの St. Thomas's Hospital（セント・トーマス病院）で看護婦養成学校を開き，近代看護の基礎を築いた．彼女はイタリアの Florence（フィレンツェ）で，裕福で教養のある両親のもとで生まれ，24歳のときから看護に献身的に力を注いだ．1853 年にロンドンで小さな病院の再建に成功した後に，イギリス陸軍大臣から Crimea（クリミア）戦争でのイギリス兵の看護のために Crimea に行くように要請された．Nightingale は，彼女の看護のもとで兵士の間で，明らかにコレラ，赤痢，腸チフスによる死亡を減少させた衛生法を強調した．その業績が広く認められて，彼女はイギリスに帰ってから陸軍の衛生状況を研究することを委任された．1858 年に彼女は，兵士の住居と健康についての初めての詳細な研究である *Notes on the Matters Affecting the Health, Efficiency and Hospital Administration of the British Army*（イギリス陸軍の健康，能率，病院管理に関する事柄についての記録）を刊行した．(1842 年 C，1846 年 A，1861 年 C 参照)

C. 芸術：文学

George Eliot（エリオット）が小説 *The Mill on the Floss* を刊行した．

1861 年

A. 細菌学：生命の自然発生

Louis Pasteur（パストゥール）が，1748 年の John Turberville Needham（ニーダム）の実験以来の培養液中での微生物の説明できない出現についての論争を終わらせるための取り組みとして，生命の自然発生説の実験について発表した．Pasteur は，1858 年に Paris Academy of Science に提出され，1859 年に著書 *Hétérogenie* で発表された Félix-Archiméde Pouchet（プーシェ）の報告に部分的に応える形で実験を行った．Academy は，論争を解決するために，Alhumpert 賞を創設し，自然発生について新

しい知見をもたらす実験をした者に授与することとした．Pasteur は，現在では有名な "swan-necked flask" 実験を記述し，塵のない空気が，微生物の発生なしに，培養液の入った加熱されたフラスコ中に自由に入ることが可能であることを示した．2500 フランの賞金を授与するための委員会は，Pouchet に偏見を抱き，Pouchet が反論を提出する前に Pasteur に賞金を授与した．論争の真の結着は，細菌の内芽胞の耐熱性を明らかにした，1875 年と 1876 年の Ferdinand Cohn の実験まで，得られなかった．(1668 年 A, 1748 年 A, 1765 年 A, 1858 年 A, 1872 年 A, 1876 年 A, 1877 年 B 参照)

B. 細菌生理学：嫌気性菌

Louis Pasteur（パストゥール）が，酪酸発酵を記述し，発酵する細菌が酸素なしで生存することを指摘した．彼は後にそのような細菌を *anaërobies* と呼び，Adam Prazmowski が 1880 年に "*Clostridium*" と名づけた．Pasteur はまた，酸素の存在が発酵を抑制することも指摘した．Otto Warburg（ヴァールブルク）は，1926 年にこれを "Pasteur reaction"（Pasteur 反応）と呼んだ．(1880 年 A, 1926 年 I 参照)

C. 感染症：防腐消毒法

Ignaz Semmelweis（ゼンメルヴァイス）が，産褥熱の発生と死亡率についての統計資料を含む，*Der Aetiologie, der Begriff und die Prophylasis des Kindbettfiebers*（産褥熱の疫学，概念，予防法）を刊行した．彼は，医学生は解剖室を離れるときと産科病棟で患者を診察する前には消毒剤で手を洗うことを要求した．彼の業績は，疾病が不潔な手と器具を通して広がることを証明したことであるが，病院長や他の医師と対立し，業績が認められなかったために彼は混乱し，発狂し，1865 年に死亡した．現在では，彼の業績は，医学的防腐消毒法への重要な貢献として認められている．(1842 年 C, 1846 年 A 参照)

D. 生物学：分類学

John Hogg(ホッグ)は，論文 *On the Distinctions of a Plant and an Animal, and on a Fourth Kingdom of Nature*（植物界と動物界，自然界の第 4 界の区別について）を刊行し，単細胞動物を "protoctist" と呼んだ．"first being" を意味する protoctist は，後に，Herbert F. Copeland の 1961 年の四界体系において "*Protoctista*" あるいは "*Protista*"（原生生物界）として含められた．Hogg の四界は，植物，動物，鉱物，原生生物界（regnum primogenium）であった．(1866 年 A, 1956 年 A, 1969 年 A, 1977 年 A 参照)

E. 生化学：筋肉

Moritz Traube（トラウベ）が，筋肉の活動の生化学の基礎を築いた．

F.　生物学：**細胞の定義**

Max Johann Sigismund Schultze（シェルツェ）が，細胞を，原形質に囲まれた核を含むものと定義し，"protoplasm"（原形質）という用語に現代的な意味を与えた．

G.　化学：**有機化学**

Friedrich Kekulé（ケクレ）が，有機化学を，自然にあるいは人工的につくられた炭素化合物の研究と定義した．

H.　技術：**冷蔵（冷凍）**

最初の冷蔵庫が製造された．

I.　社会と政治

・アメリカ南部連邦が形成され，南北戦争が合衆国内で始まった．南部連邦軍は South Carolina（サウスカロライナ）州の Fort Sumter（サムター要塞），Virginia（ヴァージニア）州の Bull Run（ブルラン）で北軍を打ち破った．

・Victor Emmanuel II（ヴィットーレ・エマヌエーレ 2 世）が初代のイタリア国王になり，Venetia（ヴェネチア）と Rome（ローマ）を除いた全国を統一した．Venetia は 1866 年，Rome は 1870 年に統一された．

J.　文化：**大学**

Massachusetts Institute of Technology（マサチューセッツ工科大学，MIT）が創設された．

K.　芸術：**文学**

Charles Dickens（ディケンズ）が *Great Expectations*（大予想）を書いた．

1862 年

A.　微生物学：**好熱性生物**

Ferdinand Cohn（コーン）が，藍藻類と他の藻は温泉の中で，それぞれ異なった温度で発育することを報告した．（1846 年 D，1879 年 A 参照）

B.　生化学：**ヘモグロビン**

Felix Hoppe（1864 年以後は Hoppe-Seyler（ホッペ＝ザイラー））が，ヘモグロビンの吸収スペクトルを発見した．1864 年には，ヘモグロビンと酸素の結合したものとして，酸化ヘモグロビン（oxyhemoglobin）を定義した．これ以前には，1832 年に提唱された Louis René Lecanu による hematosin（ヘマトシン）と，Jöns Berzelius（ベルセーリウス）による hematoglobulin（ヘマトグロブリン）という用語が用いられていた．

C.　植物生理学：光合成

Julius von Sachs（ザックス）が，植物は光合成の過程で吸収した二酸化炭素からデンプンを合成することを証明した．Sachs はまた，植物細胞中の小さな構造の中に葉緑素が含まれることを指摘し，後に葉緑体と名づけた．

D.　社会と政治

・Otto von Bismarck（ビスマルク）が Prussia（プロイセン）の首相となった．（1871年 D 参照）

・Jean-Henri Dunant（デュナン）は，Crimea（クリミア）戦争の Solferino（ソルフェリーノ）での数千人の兵士たちの受難を観察した後で *Un souvenir de Solférino* を著し，負傷兵が放置された実態を描写した．彼は，戦争で傷ついた兵士たちを救護する人員の必要性を唱えた．1863 年に，Dunant の訴えに応じて，14 カ国の代表者がスイスの Geneva（ジュネーブ）に集まり，世界赤十字運動が創始された．Dunant は 1867 年に財政的に破綻し，1895 年に新聞記者が取り上げるまでほとんど無視されていた．その後，Dunant は多くの年金と栄誉を受け，1901 年には，世界平和を振興した経済学者の Fréderic Passy（パッシー）とともに第 1 回ノーベル平和賞を受けた．

E.　芸術：文学

Victor Hugo（ユゴー）が *Les misérables*（レ・ミゼラブル）を書いた．

1863 年

A.　細菌病：炭疽

Casimir Joseph Davaine（ダヴェーヌ）が，炭疽の原因についての実験を報告した．Aloys Pollender, Davaine, その他の人たちは，炭疽で死亡したウシの血液中で桿状の細菌を観察した．Davaine は，罹患動物からの少量を血液を接種することにより健康な動物に疾病を生じさせることに成功した．彼はその細菌を *Bacteridia* に属するものとした．Davaine の結論は，他の実験者が同様の実験に失敗したことと，*Bacteridia* が炭疽で死亡した動物の血液中に常にみられるわけではないという批判から，広くは受け入れられなかった．1876 年の Robert Koch（コッホ）の実験により炭疽の原因の証拠が示された．（1849 年 B，1876 年 C，1877 年 D，1878 年 A，1881 年 F，1954 年 G 参照）

B.　細菌病：コレラ

インドの Ganges（ガンジス）川で発生したコレラが世界中の港に広がった．初めて，南アメリカの西海岸も侵された．このときに，公衆衛生行政の関係者が，コレラが水中の糞便物質を介して広がることを認識し，衛生施設（下水設備）の改良の結果，ア

メリカ合衆国でのコレラの勃発は，1873年の New York（ニューヨーク），New Orleans（ニューオーリンズ），その他の港町での出現が最後となった．

C. 生物学：進化

Thomas Henry Huxley（ハックスレー）が，*Zoological Evidence as to Man's Place in Nature*（自然界における人類の位置）を刊行し，Charles Darwin（ダーウィン）の進化論を強く支持し，ヒトと類人猿との類似性を強調した．

D. 科学組織（機構）

アメリカ合衆国議会が，政府に科学技術に関する助言をする使命をもった，National Academy of Sciences を設立した．

E. 技術：自動車

馬車に内燃機関を取り付けることにより，Jean Etienne Lenoir（ルノワール）は初めて，"horseless carriage"（馬のない馬車）あるいは，蒸気機関以外で動かされる自動車を作り出した．Lenoir の乗り物は，時速約3マイル（4.8km 時）に達した．(1769年B，1885年O，1893年F参照)

F. 社会と政治

Abraham Lincoln（リンカーン）が，国内のすべての奴隷に自由を与える，Emancipation Proclamation（奴隷解放宣言）を発した．彼はまた，国立墓地の開所式で有名な Gettysburg Address（ゲティスバーグの演説）を行った．

1864年

A. 生化学：ヘモグロビン

George Gabriel Stokes（ストークス）が，酸化ヘモグロビンは第一鉄塩と他の還元剤を用いて還元できることを発見した．

B. 物理学：吸熱と発熱の過程

Marcelin Berthelot は，熱の消費と放出をする反応について，それぞれ "endothermic"（吸熱）と "exothermic"（発熱）の用語を導入した．Berthelot はまた，反応の熱を決定するためにボンベ熱量計として知られる装置を導入し，熱力学の発展に貢献した．

C. 社会と政治

Geneva（ジュネーブ）で，26カ国の代表者が，捕虜，傷病兵，戦争地域での一般市民に関しては戦時の人道的則に従うという誓約に署名した．いわゆる Geneva Conventions（ジュネーブ条約）は，1906年と1949年に改訂された．

1865 年

A. 感染症：結核

Jean Antoine Villemin（ヴィルマン）が，ヒトとウシの両方からの結核性材料による接種実験を始めた．2つの疾病は類似した原因で起こるが，彼は，ウサギにおける疾病の経過では，ヒトの結核よりもウシの結核の方がより速く，より広範に広がることを発見した．彼の実験は，結核が特定の感染性媒介物に起因することを確定したが，彼の報告はほとんど無視された．1868年に，Julius Friedrich Cohnheim（コーンハイム）が，異なった実験方法を用いて，Villemin の業績を再確認した．Villemin はまた，Academy of Medicine in Paris に，結核はその患者からの乾燥した材料を吸入することにより伝播されると報告した．（1868年 D, 1959年 F 参照）

B. 生物学：遺伝学

1856年に始められた Gregor Mendel（メンデル）の植物の交雑実験の成績が報告され，遺伝される特徴の分離と独立の法則が定式化された．Mendel は，因子単位要素としてそれぞれの特徴が存在することを提唱した．この業績は，Hugo de Vries（ド・フリース），Erich Tschermak（チェルマク），Carl Correns（コレンス）の3人がそれぞれ別々に再発見した1900年まで，ほとんど無視されていた．

C. 化学：ベンゼン

Friedrich Kekulé（ケクレ）が，ベンゼン分子の環状構造を思いついた．彼はこの考えを，研究中または乗り合い馬車の中で居眠りをしていて思いついたといわれている．Josef Loschmidt（ロシュミット）は1861年に，通常 Kekulé の業績に帰せられている有機構造理論の多くを含む小冊子を刊行していた．

D. 物理学：電磁場

James Clerk Maxwell（マクスウェル）が，*On the Dynamical Theory of the Electromagnetic Field*（電磁場の力学理論について）を刊行し，電場と磁場に関する方程式を発表した．彼は，電磁放射の速度は光の速度に近いということを計算することにより光が電磁波であることを証明した．彼の業績は，電気，磁気，光を物理現象として初めて統一的に説明したことである．

E. 社会と政治

Virginia（ヴァージニア）州 Five Forks（ファイヴフォークス）でのアメリカ南部連邦軍の敗北後，Robert E. Lee（リー）将軍が Ulysses S. Grant（グラント）将軍に Appomattox（アポマトックス）の郡庁舎で降服し，アメリカ南北戦争が終結した．5日後の4月14日に大統領 Abraham Lincoln（リンカーン）が暗殺された．

F. 芸術：音楽
Richard Wagner（ヴァグナー）のオペラ Tristan und Isolde（トリスタンとイゾルデ）が上演された．

G. 芸術：文学
・Lewis Carroll（キャロル）が Alice in Wonderland（不思議の国のアリス）を刊行した．
・Leo Tolstoy（トルストイ）が War and Peace（戦争と平和）を刊行した．

1866 年

A. 生物学：分類学
Ernst Heinrich Haeckel（ヘッケル）は生物を3つの界，すなわち植物界，動物界，原生生物界に分類することを提案した．彼は新しい界として，単細胞微生物や細胞の集落は形成するが組織をもたない微生物を原生生物界と提案した．彼は単細胞生物，細菌，一部の原虫類を，それらが核をもっていないと考えたので，彼がいう単虫類に分類した．Haeckel の考え方は細菌や他の単細胞生物の分類に 1950 年代まで影響を与えた．彼はまた"生物発生の法則"の提案者として知られており，"個体発生は系統発生を繰り返す"という言葉（今では疑問に思われているが）は広く長年にわたり受け入れられていた．彼は進化と自然発生を信じており，均質な構造のない物質，栄養摂取や増殖能力のあるアルブミンの生きた粒子を探していた．（1861 年 D，1956 年 A，1969 年 A，1977 年 A 参照）

B. 技術：体温計
Thomas Clifford Allbut（オールバット）はもっとも高い温度に水銀がとどまる体温計を発明した．

C. 社会と政治
アメリカ合衆国議会は農場の奴隷に合衆国憲法修正第 13 条にもとづくすべての権利を保障することで奴隷制度廃止を効果的に行う市民権法を通過させた．

D. 芸術：文学
Fyodor Dostoyevsky（ドストエフスキー）が Crime and Punishment（罪と罰）を出版した．

1867 年

A. 免疫学：炎症
Julius Friedrich Cohnheim（コーンハイム）は，損傷や刺激に対する血管の反応をカ

エルで観察し，初めて論文で報告した．毛細血管の壁を白血球が通過することを立証することで，彼は膿が変質した血液細胞であることを証明した．これより先，彼は顕微鏡検査のための切片をつくるための組織冷凍法を開発し，組織切片の金染色技法を考案した．

B. 防腐消毒剤

Joseph Lister（リスター）は防腐消毒剤を用いた外科手術の実践について発表した．1865年に石炭酸を用い始め，外科手術開放創の細菌汚染を減らしたことを述べた．彼は空気中に細菌が存在するというLouis Pasteur（パストゥール）の研究と，いかに石炭酸がCarlisle（カーライル）の町の汚水の臭いと"entozoa"を減ずるかという研究報告に影響を受けた．この報告とこれに続く報告は，外科診療に有益な影響を与えた．腐食性で毒性もある石炭酸は，後に外科診療において他の防腐消毒剤に取って代わられた．（1842年C，1861年C参照）

C. 物理学：Maxwellの魔物

James Clerk Maxwell（マクスウェル）は熱力学の第2法則の限界を説明する仮想生物を考え出した．この生物は，2個の血管の間の弁を開けたり閉めたりすることで，速く動く分子を一方に流し，遅く動く分子はもう一方に移動させる．こうして一方の温度が上がり，もう一方の温度は下がる．1874年William Thomson（トムソン；Lord Kelvin，ケルヴィン卿）がMaxwellの仮想生物を"Maxwellの利口な魔物"と呼び，今では短く"Maxwellの魔物"と名づけられている．

D. 技術：タイプライター

Christopher Latham Sholes（ショールズ）がタイプライターを発明した．1873年にRemington & Sons Fire Arms Company（レミントン社）はSholesの文字配列"qwerty（クワーティ）"キーボードのタイプライターを製作し，以後これが標準となっている．

E. 技術：ダイナマイト

Alfred Nobel（ノーベル）がダイナマイトの特許をとった．

F. 社会と政治

・イギリス議会は，Quebec（ケベック），Ontario（オンタリオ），Nova Scotia（ノヴァスコシア），New Brunswick（ニューブルンズウィック）地方を含めカナダの自治を認めた．

・Karl Marx（マルクス）が Das Kapital（資本論）第1巻を出版した．

G. 芸術：音楽

Johann Strauss II（ヨハン・シュトラウス2世）が作曲した The Blue Danube Waltz（美

しき青きドナウ）が初演された．

1868 年

A. 細菌学：分類学
Casimir Joseph Davaine（ダヴェーヌ）は細菌を4つのグループ，すなわち *Bacterium*, *Vibrio*, *Bacteridium*, *Spirillum* に分類した．彼は炭疽菌を *Bacteridium* 属とした．（1849年 B, 1863年 A, 1876年 C 参照）

B. 細菌生理学：酢酸
Louis Pasteur（パストゥール）は，細菌によりエチルアルコールが酢に変化するという 1837 年の Friedrich Kützing の観察を確認した．Pasteur は細菌の1種, *Mycoderma aceti* が反応を引き起こすと考えていた．Martinus Beijerinck（ベイエリンク）は 1898 年に *Acetobacter aceti* と名づけた．（1822年 A, 1837年 C, 1931年 B 参照）

C. 細菌生理学：脱窒素
Jean Jacques Theophile Schloesing は，硝酸の還元により，尿やタバコから窒素含有ガスが放出されることを主張した．彼は，土壌からの窒素の喪失は，嫌気状態と，硝酸と有機物の両方の消費が必要であることを報告した．

D. 感染症：結核
Julius Friedrich Cohnheim（コーンハイム）は，結核病変からの材料を，ウサギの前眼房に接種することにより，結核の感染性に関する Jean Antoine Villemin（ヴィルマン）の研究を確認した．彼は角膜の病変を観察することで病気の経過を追った．（1865年 A, 1959年 F 参照）

E. 生物学：パンゲネシス
Charles Darwin（ダーウィン）は *The Variation of Animals and Plants under Domestication* の第2巻で，次の世代へ受け継がれる遺伝要素を含む"gemmules"という組織顆粒の概念を含む仮説"パンゲネシス"（pangenesis）を提唱し，遺伝と変異を論じた．

F. 芸術：音楽
Johannes Brahmus（ブラームス）作曲の *A German Requiem*（ドイツ・レクイエム）が初演された．彼はまた有名な *Lullaby*（子守歌）を発表した．

G. 芸術：絵画
Claude Monet（モネ）が *The River*（川）を描いた．

1869 年

A. 細菌学的手技：染色法
Hermann Hoffman（ホフマン）は顕微鏡観察のための細菌の染色に，植物染料であるカルミンを初めて用いた．

B. 細菌生理学：耐熱性
Louis Pasteur（パストゥール）は，カイコの病気の研究中に，ある種の細菌が休眠状態，すなわち活性細胞より耐熱性のある refractile bodies になることに気づいた．彼はこれを細菌内芽胞とは認識していなかった．（1876 年 C，1877 年 B 参照）

C. 感染症：カイコの病気
Louis Pasteur（パストゥール）は 1865 年に開始した南フランスのカイコの病気の研究成果を発表した．彼は病原微生物の同定と培養には失敗したが，少なくとも 2 つの異なった病気を発見し，病気をもたないカイコガの卵を見分け，繁殖に用いる方法を推奨することで，絹産業を救った．

D. 生化学：血液ガス分析
Carl Friedrich Ludwig（ルートヴィヒ）は血液ガス分析の方法を改良した．しかし，呼吸は血液中で行われ，組織によってではなく，酸素供給によって調節されていると結論づけていた．

E. 生化学：核酸
Johann Friedrich Miescher は病院の包帯についた膿球から窒素とリンを含んだ物質を回収した．後に彼はカエルの精細胞の中に同様の物質を発見した．その物質は細胞の核に集合しているため nuclein と名づけられた．Miescher は，nuclein は他の細胞内の合成物にリンの供給源として作用していると考えていたが，核活動に欠くことのできない部分であるとは認識していなかった．彼がいた研究室の主宰者 Felix Hoppe-Seyler（ホッペ＝ザイラー）によって確かめられた 1871 年まで，彼の研究は出版されなかった．Miescher がこれを発見した年に Oscar Loew（レーヴ）と Carl Wilhelm von Nägeli（ネーゲリ）は nuclein は単にタンパク質とリン酸塩の混合物であることを示唆した．Nicholas Lubavin はミルクを沸騰した湯で処理していたときに遊離リン酸とタンパク質を発見し，同様な結論に到達した．1889 年 Richard Altmann（アルトマン）はまったくタンパク質を含まない nuclein を精製した．nuclein の成分についての重要な発見は，後に Hoppe-Seyler の弟子である Albrecht Kossel（コッセル）によってなされた．（1885 年 N 参照）

F. 生物学：**優生学**

Erasmus Darwin（ダーウィン）の孫で Charles Darwin のいとこである Francis Galton（ゴールトン）が，*Hereditary Genius*（遺伝体質）を出版し，人間集団に応用される生殖学（優生学）に関する彼の考えを解説した．後に，彼は"遺伝の先祖法則"（ancestral law of inheritance）を考え出し，世代が経てば先祖の影響が比例して減少することを説明した．1875 年の Charles Darwin に宛てた手紙の中で，彼はメンデル遺伝のパターンの考えを示したが，実験による確認はしなかった．

G. 化学：**元素の周期表**

Dmitri Ivanovich Mendeleyev（メンデレーエフ）は初めての化学元素の周期表を出版した．1870 年には Julius Lothar Meyer（マイヤー）が 53 元素を 9 グループに分けた周期表を作成した．1871 年に Mendeleyev の周期表は，水素の原子量の倍数の原子量をもつ元素の族にもとづいた周期パターンを示すように改訂された．周期表は 1914 年には Henry Gwyn Jeffreys Moseley（モーズリー）によって，原子番号を用いてさらに整備された．

H. 科学出版：*Nature*

科学雑誌の *Nature*（ネイチャー）が初めて出版された．第 1 号には Thomas Henry Huxley（ハックスレー）の書いたエッセイが掲載された．その中で Johann Wolfgang von Goethe（ゲーテ）によって 1780 年ごろに書かれた自然に関する多くの言葉が引用された．Goethe は"自然の光景は常に新しく，いつもみるものを新しく変えてくれる．生命はもっとも美しい創作物であり，そして死は命を十分に得るためのすぐれた工夫である"と書いていた．

I. 技術：**鉄道**

Union Pacific Railroad（ユニオンパシフィック鉄道）と Central Pacific Railroad（セントラルパシフィック鉄道）が Uta（ユタ）州で接続され，アメリカ合衆国の大陸横断鉄道が完成した．

J. 技術：**運河**

Suez Canal（スエズ運河）が開通した．

K. 文化：**大学**

女性のための Gifton College がイギリスで設立された．

1870 年

A. 発酵：**論争**

Justus von Liebig（リービヒ）は，生きた微生物によって発酵が起きるという Louis

Pasteur（パストゥール）の主張に対する長い論評を出版した．（1871 年 B 参照）
B.　生化学：**発酵**
Adolf von Baeyer（バイアー）は 6 炭糖が分解して 2 分子の乳酸になることを示した．彼はまたアルコール発酵では，乳酸がさらに分解してエチルアルコールと二酸化炭素になることを示唆した．筋肉内の乳酸発酵は後に解糖作用といわれるようになった．
C.　社会と政治
Franco-Prussian War（普仏戦争）が始まった．1871 年にフランスの敗北で終結した．
D.　芸術：**文学**
・*Hitch Your Wagon to a Star*（大きな野心）を Ralph Waldo Emerson（エマソン）が *Civilization* に掲載した．
・Jules Verne（ヴェルヌ）は，Captain Nemo（ネモ船長）が指揮をとった潜水艦を描いた小説，*Twenty Thousand Leagues Under the Sea*（海底二万里）を出版した．

1871 年

A.　細菌学的技術：**濾過滅菌**
Edwin Klebs（クレブス）は素焼きの陶器フィルターを使用して液体から細菌を分離した．彼の助手 E. T. Tiegel は同じ年に発表した炭疽についての論文で，このフィルターの使用について言及した．（1884 年 C，1891 年 A，1931 年 A 参照）
B.　発酵：**論争**
Louis Pasteur（パストゥール）は，1870 年に発表された Justus von Liebig（リービヒ）の論評に返答し，公開の場での結着を提案した．Liebig はこれに返答しないまま，1873 年に死亡した．（1870 年 A 参照）
C.　生物学：**進化**
Charles Darwin（ダーウィン）は *The Descent of Man and Selection in Relation to Sex* を出版し，人類の進化について論じた．
D.　社会と政治
・1870 年に始まった Franco-Prussian War（普仏戦争）はフランスの敗北で終了した．フランスは Alsace（アルザス）と Lorraine（ロレーヌ地方）の一部を割譲した．
・オーストリアを除くドイツ全土は，プロシアの Wilhelm I（ヴィルヘルム 1 世）を皇帝，von Bismark（ビスマルク）を宰相として，ドイツ帝国として統一された．
E.　社会：**探検**
ジャーナリストの Henry M. Stanley（スタンリー）はアフリカの Tanganyika（タンガニーカ）湖で探検家 David Livingstone（リヴィングストン）をみつけた．彼は "も

しや Livingstone 先生では"と敬意を表した．Livingstone は 1849 年に中央アフリカ，南アフリカの探検に出かけていた．

F.　芸術：文学

Lewis Carroll（キャロル）は Through the Looking-Glass and What Alice Found There（鏡の国のアリス）を出版した．

G.　芸術：音楽

Giuseppe Verdi（ヴェルディ）のオペラ Aida（アイーダ）がカイロで上演された．もともとは 1869 年の Suez Canal（スエズ運河）の開通に合わせて行われる予定のものであった．

1872 年

A.　細菌学：生命の自然発生

イギリスの神経学者 Henry Charlton Bastian（バスティアン）は，The Beginnings of Life と題した本を出版し，生命の自然発生の主題を再び取り上げ，沸騰後に冷却された液体の中で細菌の成長がみられるという多くの実験を報告した．その中の 1 つの実験では，酒石酸を数分間沸騰し，彼が滅菌されたと信じた蒸留水で調整したカリウム溶液で中和したのであるが，その蒸留水はおそらく細菌により汚染されていたものと考えられる．William Roberts（ロバーツ）は 1874 年に細菌の熱殺菌における酸度やアルカリ度の効果について報告し，その後，1877 年には Ferdinand Cohn（コーン）は耐熱性の細菌内芽胞を発見した．(1668 年 A，1765 年 A，1858 年 A，1861 年 A，1876 年 A，1877 年 B 参照)

B.　細菌分類学：分類

Ferdinand Cohn（コーン）は，全 3 巻の細菌研究書 Untersuchungen über Bakterien の第 1 巻で，独立した科学としての細菌学を確立した．彼は，"Oscillarias"（当時は藍藻類として知られ，今ではシアノバクテリアとされている）との類似性，および壁形成による細胞分裂様式により，細菌を植物界に含めて分類した．彼の分類は新しく 2 属の細菌（Micrococcus と Bacillus）を設けた．彼は 3 種の Bacillus に名をつけた．Bacillus subtilis（枯草菌），Bacillus anthracis（炭疽菌），Bacillus ulna である．(1866 年 A，1969 年 A 参照)

C.　細菌学的技術：培地

Ferdinand Cohn（コーン）はアンモニウム塩と酵母殻から成り，さまざまな糖類を加えることのできる細菌培地を考案した．この培地は炭素含有栄養体の選択で融通のきく最初のものであった．

D.　細菌生態学：Geochemical Cycles

Ferdinand Cohn（コーン）は *Untersuchungen über Bakterien* の中で，自然の中での構成要素のサイクル（今は biogeochemical cycle といわれている）における微生物の役割を初めて論じた．

E.　医学：カポジ肉腫

Moritz K. Kaposi（カポジ）は，Kaposi 肉腫として知られるようになった皮膚病を記述し，この病気は後に後天性免疫不全症候群（AIDS）に合併することが認められた．

F.　生化学：ヘモグロビン

Eduard Pflüger（プフリューガー）はヘモグロビンを含有している血液が組織に酸素を運搬することを示した．同僚の Ernst Oertmann（エルトマン）は有名な "salt frog" の実験をした．彼はカエルの血液を塩溶液に置換することによって，呼吸は血液内でなく組織で行われることを示したのである．

G.　社会

10 人の乗組員を乗せ 11 月に Genoa（ジェノヴァ）に向けニューヨークを出発した帆船 Mary Celeste 号は，12 月に無傷のまま発見されたが，乗員はだれも乗っていなかった．この "幽霊船" の謎は現在でも解けていない．

H.　芸術：絵画

James Whistler（ホイッスラー）が *The Artist's Mother* を描いた．

1873 年

A.　感染症：腸チフス

William Budd（バッド）は *Typhoid Fever : lts Nature, Mode of Spreading and Prevention*（腸チフス：その性質，蔓延と予防）という本を出版し，汚染された水を介して腸チフスが伝染するという 1856 年に報告した彼の考えが，ようやく受け入れられるようになった．この本とコレラについての John Snow（スノー）の本は，今日に至るまで，消化器疾患が水を通じて伝染することの強力な証拠となっている．しかし，多くの臨床医や衛生学者はこの考えに反対し続けた．（1849 年 A，1855 年 C，1856 年 A 参照）

B.　顕微鏡：副載物台の集光器

Ernst Abbe（アッベ）は複合顕微鏡のために副載物台の染色性集光器を考案した．

C.　技術：タイプライター

Remington & Sons Fire Arms Company（レミントン社）は Latham Sholes（ショールズ）が 1867 年に製作したタイプライターを市場に売り出した．

D.　芸術：文学

Jules Verne（ヴェルヌ）が小説 Le tour de monde en quatre-vingt jours （80日間世界一周）を発表した．

1874 年

A.　細菌感染症：癩

Armauer Gerhard Henrik Hansen（ハンセン）が Mycobacterium leprae について記述した．これは癩病の原因菌であり，今はこの病気を Hansen 病という．Hansen はこの慢性疾患が微生物に起因することを初めて指摘した．

B.　感染症：灰白髄炎

Adolph Kussmaul（クスマウル）は彼が発見した脊髄の病変を"急性前角灰白髄炎"（poliomyelitis anterior acuta）と命名した．この名前は灰色と髄（灰白質）のギリシア語から名づけられた．anterior は脊髄の前角を示す．

C.　顕微鏡：油浸

Robert B. Tolles は複合顕微鏡のために，均質な液に浸した対物レンズをつくった．彼はバルサム油を対物レンズとカバーグラスの間に使用した．

D.　化学：炭素結合

Jacobus Henricus van't Hoff（ヴァント・ホフ）と Joseph-Achille Le Bel（ル・ベル）は，同時期に，4つの炭素の結合が四面体を形づくることを示唆した．この考えは，1858年の Friedrich Kekulé（ケクレ）の2次元構図によっても解釈できなかった光学活性を含め，有機化合物の多くの属性を説明できるものであった．(1858年 E 参照)

E.　社会と政治

1868年には短期間イギリス首相を務めた Benjamin Disraeli（ディズレーリ）が，この年から再び保守党政権の首相となり，1880年まで務めた．

F.　芸術：文学

Thomas Hardy（ハーディ）が，小説 Far from Madding Crowd を発表した．

G.　芸術：音楽

・Giuseppe Verdi（ヴェルディ）の Requiem （レクイエム）がミラノで演奏された．

・Johann Strauss II（ヨハン・シュトラウス2世）作曲のオペラ Die Fledermaus （こうもり）がウィーンで演奏された．

1875 年

A. 細菌分類学：分類
Ferdinand Cohn（コーン）は，1872年の細菌分類を改訂し，たとえクロロフィル（葉緑素）が欠如していても，細菌は藍藻類に含まれるべきであるとした．彼は *Micrococcus* のうち，糸状あるいは鎖状をした球形の細菌を *Streptococcus* として，2つのグループに分類したが，種を属とすることはなかった．この属という用語を正しく用いたという点で Anton Julius Friedrich Rosenbach（ローゼンバハ）に優先権がある．（1884年 A 参照）

B. 細菌学的技術：純粋培養
菌学者の Joseph Schroeter（シュレーター）は，調理ずみのポテトの切り口で色のついた細菌のコロニーを培養した．彼はまた，デンプン，卵タンパク，パン，肉から固形培地をつくった．

C. 微生物学的技術：純粋培養
菌学者の Oscar Brefeld は，かびの純粋培養を行う方法を列挙した．1個の胞子を接種し，きれいで透明で発育に最適な培地を用い，培養中に外からの汚染を防ぐ，というものであった．

D. 生化学：呼吸
生物学的酸化のオゾン理論に反対して，Eduard Pflüger（プフリューガー）は細胞内のタンパク質が変化し呼吸して活動すると論じ，生きたタンパク（protoplasm；原形質）の概念を形成した．

E. 技術：メートル条約
The International Bureau of Weights and Measures はフランスの Sèvres（セーヴル）で国際条約(メートル条約)を制定した．メートルとキログラムの原器がつくられた．

F. 社会と政治
アメリカ合衆国連邦議会は公共の場におけるアフリカ系アメリカ人の平等の権利を保障する市民権法を通過させた．Tennessee（テネシー）州は引き続き州法として人種差別を認める"Jim Crow"法を定めたが，1880年連邦巡回裁判所で違憲であるとされた．Tennessee 州では1881年に別の法律をつくり，他の南部の州もこれに続いた．

G. 芸術：音楽
Georges Bizet（ビゼー）のオペラ *Carmen*（カルメン）がパリで演奏された．

1876年

A. **細菌学：生命の自然発生**

1876～1877年に，イギリスの物理学者 John Tyndall（ティンダル）は，生命の自然発生についての Henry Charlton Bastian（バスティアン）の本に応えて一連の実験を発表した．Tyndall は沸騰した枯草の煎じ汁を塵のない空気の入った箱の中の蓋のない試験管に入れ，それを滅菌状態に保った．100℃で3分沸騰した煮汁では滅菌することに成功した．後に1877年，Tyndall は，煮沸後数時間で細菌が繁殖するなど，多くの失敗を経験した．彼は実験室中の古い枯草の束の中の耐熱性の細菌で煮汁が汚染されて起こったと説明した．注意深く熱を加えるようになってから，Tyndall は細菌の成長初期は細菌が熱に不安定であり，後期は熱に安定であると説明した．彼は熱に安定な時期にも培養試験管を何度も加熱，培養，再加熱する，という方法を考案した．tyndallization として知られるこの方法は，加圧水蒸気なしに殺菌する方法として用いられるようになった．耐熱性の時期は，Ferdinand Cohn（コーン）が1877年に枯草中の Bacillus に耐熱性の内芽胞をみつけたことで説明された．Tyndall の研究は講義，パンフレット，新聞・雑誌の記事で，また1881年の *Essays on the Floating Matter of the Air in Relation to Putrefaction and Infection* の出版で広く知れ渡った．彼の細菌の耐熱性についての描写と Cohn の内芽胞の耐熱性の研究は，Louis Pasteur（パストゥール）の以前の実験と相まって，栄養液中の微生物の自然発生学説に対し，決定的な打撃を与えた．Tyndall の研究は内科，外科の無菌法に多大な影響を与えた．（1668年A，1748年A，1765年A，1858年A，1861年A，1872年A，1877年B 参照）

B. **細菌学的技術：染色**

Carl Weigert（ヴァイゲルト）は水性懸濁物の顕微鏡検査のために，合成染料のメチレンブルーを使い細菌を染色した．（1849年D，1856年C，1869年A 参照）

C. **細菌性疾患：胚種説**

Robert Koch（コッホ）の炭疽病の原因についての論文は，動物の特定の病気が特定の微生物によって引き起こされることの最初の根拠のある証明であった．こうして疾病の胚種説が証明された．彼の論文では，炭疽菌（*Bacillus anthracis*）の芽胞のスケッチを用いて細菌の内芽胞について明確な説明を行った．Koch はまだ芽胞が熱に耐性であることを知らなかった．（1849年B，1868年A，1877年B，1954年G 参照）

D. **生物学：受精**

Oscar Hertwig はウニの卵と精子を用いて受精の研究を行い，受精についての初めての顕微鏡的観察を出版した．彼は，1つの精子の核が受精に必要であると結論づけた．

彼はまた受精は単に2つの細胞が融合するのではなく，2つの核も融合するものであると述べた．Hertwig は精子が卵子の中に入るのを実際には見ていなかったが，Hermann Fol はこの年にこの現象を観察し報告した．Fol はまた卵子の異常な分割を引き起こす多精子受精を観察した．

E. 生化学：シアン化合物中毒

Felix Hoppe-Seyler（ホッペ＝ザイラー）はシアン化合物中毒の機序を，組織の酸素利用を妨げることであると，初めて正確に説明した．

F. 技術：冷蔵，冷却，冷凍

Karl von Linde（リンデ）は，冷媒としてアンモニアを使用した，初めての実用的な冷蔵庫をつくった．

G. 技術：電話

Alexander Graham Bell(ベル)は電話の特許をとった．Bell の申請と同じころ，Elisha Gray（グレイ）はほぼ同様の器械の特許を申請した．数年にわたる訴訟の結果，Bell が考案者として認められた．

H. 技術：内燃機関

Nikolaus August Otto(オットー)は初めて実用的な四気筒内燃機関をつくった．（1959年 F 参照）

I. 社会と政治

Montana（モンタナ）州の Little Big Horn（リトルビッグホーン）川で，Sitting Bull（シティングブル）と Crazy Horse（クレージーホース）に率いられたインディアンのスー族（Sioux）が George Armstrong Custer（カスター）将軍率いる合衆国の騎兵隊を壊滅させた．

J. 芸術：音楽

Richard Wagner（ヴァグナー）の四部作 *Der Ring des Nibelungen*（ニーベルングの指輪）はドイツ，Bayreuth（バイロイト）でこのためにつくられた劇場で初めて完全な形で演じられた．*Der Ring des Nibelungen* を構成している4つのオペラのうち，*Das Rheinghold*(ラインの黄金)と *Die Walküre*(ヴァルキューレ)はそれより先，1869, 1870年におのおの演奏されていた．しかし *Siegfried*（ジークフリート）と *Die Götterdämmerung*（神々の黄昏）はこれが初演であった．

K. 芸術：文学

Mark Twain（マーク・トゥエイン；本名 Samuel Clemens）が *The Adventures of Tom Sawyer*（トム・ソーヤーの冒険）を出版した．

L.　芸術：**絵画**
Pierre Auguste Renoir（ルノワール）が *Moulin de la Galette* を描いた.

1877 年

A.　**細菌学的技術：染色**
Robert Koch（コッホ）が染色された細菌の薄層標本をつくる技法を始めた．彼は細菌の顕微鏡写真を初めて出版した．Koch は細菌の鞭毛を logwood の抽出物を用いて初めて染色した．1890 年，Friedrich Löffler（レフレル）はタンニン酸，硫酸第一鉄，塩基性フクシンを用いてさらによい方法を見出した．

B.　**細菌学：生命の自然発生/内芽胞**
Ferdinand Cohn（コーン）は 1872 年に *Bacillus subtilis* と命名した枯草菌の内芽胞の耐熱性を説明した．彼は加熱しない枯草の煎じ汁の中にいる細菌に，加熱後にみられるものと異なる構造がみられることを顕微鏡で観察した．彼は細菌細胞の中で光を屈折する小さな小体を芽胞と呼んだ．また，成長期の芽胞の様子と，芽胞から細菌への変化を観察した．彼は芽胞期には耐熱性があることを確認した．この観察は，約 200 年にわたる生命の自然発生についての議論においてさまざまな加熱実験でも細菌が生存していたことの説明になった．Louis Pasteur（パストゥール；1861），John Tyndall（ティンダル；1876），Cohn の実験を合わせると，自然発生説に対する最終的反論が整ったことになる．(1668 年 A，1748 年 A，1765 年 A，1858 年 A，1861 年 A，1872 年 A，1876 年 A 参照)

C.　**細菌生理学：硝化細菌**
Jean Jacques Theophile Schloesing と Achille Müntz（ミュンツ）は汚水中での硝酸の産生がクロロホルムの噴霧で抑制されることを示し，硝酸が生きている微生物によって産生されることを示した．Robert Warington は次の 2 年間にこの実験を繰り返し，アンモニアのみが硝酸化において最初に機能することを明らかにした．1891 年までに Warington は硝酸化は異なる細菌によって 2 段階にわたって行われることを示した．彼は細菌の純粋培養はしなかったが，彼の記述は *Nitrosomonas* と *Nitrobacter* の描写ということができ，これらを彼は無機栄養生物と考えていた．Warington の最後の研究は発表が遅れてしまい，その発表前の 1891 年に Sergei Winogradsky が最初に硝酸化の論文を発表した．(1887 年 B，1891 年 B 参照)

D.　**細菌性疾患：胚種説と Koch の 4 原則**
Edwin Klebs（クレブス）は微生物が病原となることを証明するために必要な実験方法のアウトラインを示した．Robert Koch（コッホ）が 1876 年に炭疽症，1884 年に

結核についての実験を行った後に，この方法は Koch の 4 原則として知られるようになった．(1876 年 C, 1883 年 B, 1884 年 D 参照)

E. 生化学：トリプシン

Friedrich Wilhelm Kühne（キューネ）は膵臓組織からトリプシンを得た．

F. 技術：液体酸素

Louis-Paul Cailletet（カイエテ）と Raoul Pierre Pictet（ピクテ）はそれぞれ独自に液体酸素を作り出した．Cailletet はまた窒素，一酸化炭素，水素の液体化に成功した．(1898 年 O 参照)

G. 技術：蓄音機

Thomas Alva Edison（エディソン）が蓄音機を発明した．

H. 芸術：音楽

Johannes Brahms（ブラームス）の交響曲第 1, 2 番が演奏された．

1878 年

A. 微生物学：用語

C. Sédillot（セディヨー）が微生物の議論において初めて "microbe" という言葉を用いた．

B. 細菌学的技術：純粋培養

Joseph Lister（リスター）はミルクの連続希釈によって乳酸菌 *Streptococcus lactis* を精製し，1つの液体培地で1種類の細菌を純粋に培養することを初めて行った．

C. 細菌種：ブドウ球菌

Robert Koch（コッホ）はヒトの膿から分離した球菌のコロニーについて記述した．Alexander Ogston は 1881 年に "*Staphylococcus*"（ブドウ球菌）と命名した．

D. 発酵：論争

Claude Bernard（ベルナール）が 1878 年に死んだ後に，友人 Marcelin Berthelot らが，Bernard の実験と考えに基づいて死後に出版された論文を通して発酵の本質についての論争を再び始めた．Bernard はけっして公には Pasteur（パストゥール）に挑戦しなかったが，この死後の論文から彼が Pasteur のいくつかの考えに反対する意見を持っていたことがわかった．彼は発酵が触媒作用をもたらすとは考えず，酵母の組成を研究すれば糖の発酵をもたらす物質が明らかになることを提唱した．彼は生きている細胞と発酵過程との結びつきを否定した．Pasteur は 1879 年に長い批判的な反証を出版した．彼は Bernard の実験を自分の実験と比較し，Bernard の実験には誤りがあり，誤った解釈をしていると主張した．Pasteur はまた，広く尊敬されている

科学者で，発酵の化学説をとなえている Berthelot を，Bernard の記録を誤用し，Bernard が秘していた記録を公表して彼の評判を傷づけた，として批判した．

E. 発酵：**論争**

Moritz Traube（トラウベ）は 20 年前に発表した考えを繰り返し述べていた．それは，Justus von Liebig（リービヒ）の発酵素は分解のある様相にみられる物質である，という考えは誤りであり，Theodor Schwann（シェヴァン）と Louis Pasteur（パストゥール）は発酵素が下級生物の生命力の表現物である，と考える点で誤っている，というものである．彼は Felix Hoppe-Seyler（ホッペ=ザイラー）の見解に反対して酸素の活性化の重要性を強調した．（1862 年 B，1878 年 G 参照）

F. 感染症：**黄熱病**

Tennessee（テネシー）州の Memphis（メンフィス）が New Orleans（ニューオリンズ）から流れてくる Mississippi（ミシシッピ）川を介して広がった黄熱病に襲われた．少なくとも 5000 人，人口の 1/10 が死亡した．

G. 生化学：**酸化/還元**

Felix Hoppe-Seyler（ホッペ=ザイラー）は，生きている微生物にみられる酸化反応の説を提案し，微生物でつくられる "nascent hydrogen" が H_2 あるいは H_2O および活性酸素原子の形成をもたらす，とした．

H. 顕微鏡：**油浸**

Ernst Abbe（アッベ）は均等液浸顕微鏡の対物レンズの光の屈折を，セダー油を液浸の液体に用いて測定した．Abbe が油浸用の対物レンズを初めてつくったとされることもあるが，この発明の優先権は Robert B. Tollers が得た．（1874 年 C 参照）

I. 化学：**自由エネルギー**

Josiah Willard Gibbs（ギブス）は論文 "*On the Equilibrium of Heterogeneous Substances*" で，自由エネルギーの考えを組み立てた．彼は $F = H - TS$（F は自由エネルギー，H は熱含量，S は化学反応のエントロピー（利用できない熱量），T は絶対温度）の公式を組み立てた．この公式は，初めは顧みられなかったが，後に Gibbs の業績を讃えて F が G に替えられ，広く用いられるようになった．

J. 技術：**マイクロフォン**

David Edward Hughes（ヒューズ）がマイクロフォンを発明した．

K. 技術：**石鹸**

The Procter and Gamble Company（プロクター＆ギャンブル社）は Ivory soap を発明した．それは "99 and 44/100% pure" と宣伝された．

L.　芸術：音楽

William Gilbert（ギルバート）と Arthur Sullivan（サリヴァン）のオペレッタ *H.M.S. Pinafore* が初演された．

M.　芸術：文学

・Leo Tolstoy（トルストイ）が *Anna Karenina*（アンナ・カレーニナ）を出版した．
・Henry James（ジェイムズ）が *Daisy Miller*（デイジー・ミラー）を書いた．

1879 年

A.　細菌生理学：好熱性生物

P. Miquel は 70℃ 以上で生育する好熱性細菌を発見した．Miquel は好熱性細菌の最初の発見者としてしばしば言及されるが，多くの他の資料によると，おそらく 1823 年にはクラミドバクテリアと思われる好熱性微生物が発見されていたと推察される．ノーベル賞受賞者の Svante Arrhenius（アレニウス）は，1927 年，好熱性細菌の本来の生息地は金星であり，これが太陽の放射性圧力で地球に飛んできた，というおもしろい推論を述べた．（1846 年 D 参照）

B.　細菌性疾患：淋菌

Arbert Neisser（ナイサー）は淋病を引き起こす細菌を発見し，"gonococcus"（淋菌）と名づけた．1885 年に，Ernst von Bumm は純粋培養した淋菌で感染を起こした．2 世紀には，ギリシアの医師 Galen（ガレノス）はこの病気（淋病）を，ギリシア語の gono（精液），rhein（流れる）からとって "gonorrhea" と名づけていた．その細菌は現在では *Neisseria gonorrhoeae* として知られている．（1887 年 E 参照）

C.　細菌性疾患：オウム病

スイスで，J. Ritter（リッター）は，「意識混濁を伴う肺炎」という意味で pneumotyphus と呼ばれる病気のヒト感染例を報告した．この報告によって Ritter は，1895 年 A. Morange によって，「オウム」というギリシア語の言葉からオウム病（psittacosis）と名づけられた病気の最初の報告者となった．原因微生物は細胞の中に寄生しており，1930 年まで分離されず，現在では *Chlamydia psittaci* と呼ばれる細菌である．（1907 年 B，1930 年 C，1934 年 B 参照）

D.　細菌性疾患：植物の病原菌

Thomas Jonathan Burrill は，彼が *Micrococcus amylovorus*，あるいは *Bacillus amylovorus* と呼んでいた細菌（今では *Erwinia amylovora* と呼ばれている）によって引き起こされる pear blight について述べた数多くの論文を発表し始めた．彼はまた potato scab，peach yellows，ear rot of corn，などいくつかの植物の病気について研究した．

Burrill は植物の細菌性疾病を初めて調べ，植物病理学の Robert Koch（コッホ）といわれている．（1899 年 B 参照）

E. 感染症：**狂犬病の動物実験**
Pierre Victor Galtier は狂犬病はイヌからウサギに感染し，さらにウサギの間で広まることを明らかにした．Galtier の実験は狂犬病の研究にウサギを使用していたが，初めて狂犬病をイヌからウサギに感染させることに成功したのは 1804 年の Georg Gottfried Zinke であった．

F. 発酵：**論争**
Carl Wilhelm von Nägeli（ネーゲリ）は，発酵は生きている細胞中の物質とは不可分のものであると主張し，Moritz Traube（トラウベ）と Felix Hoppe-Seyler（ホッペ＝ザイラー）の発酵説を退けた．（1858 年 C，1862 年 B 参照）

G. 技術：**白熱電灯**
Thomas Alva Edison（エディソン）が白熱電灯を発明した．

H. 技術：**謄写版**
Thomas Alva Edison（エディソン）は彼の発明の 1 つの使用権を Albert Blake Dick（ディック）に与えた．彼は 1888 年に A.B. Dick 謄写版を製造した．

I. 技術：**クリーム分離器**
Carl Gustav Patrik de Laval（ラヴァル）はミルクから乳脂肪を分離する遠心分離器を発明した．

J. 文化：**大学**
Somerville College for women が Oxford University（オックスフォード大学）に設立された．Massachusetts（マサチューセッツ）州 Cambridge（ケンブリッジ）の女性クラスから Radcliffe College（ラドクリフカレッジ）が設立された．

K. 芸術：**音楽**
William S. Gilbert（ギルバート）と Arthur Sullivan（サリヴァン）のオペレッタ *Pirates of Penzance*（ペンザンスの海賊）が上演された．

L. 芸術：**文学**
・Fyodor Dostoyevsky（ドストエフスキー）が *The Brothers Karamazov*（カラマーゾフの兄弟）を出版した．
・Henrik Ibsen（イプセン）の劇，*A Doll's House*（人形の家）がコペンハーゲンで演じられた．

1880年

A. 細菌属：*Clostridium*

嫌気性菌の研究で，Adam Prazmowski は紡錘形の内芽胞を形成する細菌を "*Clostridium*"（「紡錘」という意味で，ギリシア語の kloster からとった）と名づけた．（1861年 B 参照）

B. 細菌性疾患：チフス菌

Carl Joseph Eberth（エーベルト）は今では *Salmonella typhi* として知られているチフス菌の観察をしたが，培養はしなかった．長年，微生物学者はこれを *Eberthella typhi* と呼んでいた．

C. 免疫学：家禽コレラ

Louis Pasteur（パストゥール）は，実験室で数週間室温で維持して家禽コレラの原因細菌を培養すると弱毒化するという発見を発表した．この弱毒化された培養菌を家禽に注射すると感染性の強い菌による感染を予防できた．*Pasteurella multocida* を酸性環境で培養すると，親株より感染性が減少した変異株になる，という Pasteur 研究所の実験は，Emile Roux（ルー）が行ったものであると今では考えられている．Pasteur は弱くなるという意味で "attenuated" という言葉を使ったが，今ではその言葉は，「毒性（病原性）の減弱した変種の選択あるいは集積」という意味に使われる．予防接種に弱毒微生物が使われたのは 1796 年の Edward Jenner（ジェンナー）の研究以降の初めての進歩であった．（1796 年 B, 1881 年 F 参照）

D. 原虫疾患：マラリア

Charles Louis Alphonse Laveran（ラヴラン）は，マラリア患者の血中に，鞭毛をもち独自に動く特徴的な黒っぽい顆粒を認め，マラリアが原虫によって引き起こされることを発見した．彼の観察は，細菌がマラリアを引き起こすと考えていた科学者からは疑問を持たれた．Ettore Marchiafava が原虫がマラリアを引き起こすことを確認した 1884 年になって，Laveran の研究が広く受け入れられるようになった．Patrick Manson（マンソン）と同時に，Laveran はこの病気がカ（蚊）により伝搬することを示唆した．1898 年 Ronald Ross（ロス）は鳥の間でカがマラリアを伝搬することを証明し，Giovanni Grassi（グラッジ）は人間のこの病気の伝搬サイクルを示した．1907 年に Laveran はノーベル生理学医学賞を受賞した．（1883 年 C, 1884 年 I, 1885 年 K, 1898 年 J 参照）

E. 化学：Beilstein のハンドブック

Friedrich Konrad Beilstein（バイルシュタイン）は，知られている有機化学物質をす

べて収録することを意図した，*Handbuch der organischen Chemie*（有機化学便覧）の第1巻を出版した．第3版を出版した後，出版は Deutsche Chemische Gesellschaft によって，化学者にとって大きな価値のある事業として続けられた．

F.　技術：**運河**

Ferdinand de Lesseps（レセプス）が Panama Canal（パナマ運河）をつくり始めた．これを支えた会社が破産した1889年，彼はこのプロジェクトを放棄した．Panama canal は1914年に正式に開通した．

G.　芸術：**美術**

Auguste Rodin（ロダン）は，*The Gates of Hell*（地獄の門）といわれる記念碑的仕事の過程で，彼のもっともすぐれた作品の1つ *The Thinker*（考える人）を完成した．

1881年

A. 細菌学的技術：Koch の平板培地法

Robert Koch（コッホ）は，平板培地法を含め，病原細菌の研究方法を詳述した論文を発表した．平板培地法では，ゼラチンを培地に加え，ガラスの平板上に注ぎ，ゲル化させた．彼は，固形培地の表面に発育した個別のコロニーから細菌を分離純粋培養する方法を示した．Koch はまた土壌，水，食物，空気の中にみられる細菌数を数えるのに，この平板法を用いた．コロニーの数が多くなるとしばしば正確に数えられなくなるので，1915年ごろまで細菌学の教科書には平板の希釈法が記載されていた．顕微鏡写真の技法について著した彼の1881年の論文は，細菌を含んでいる疾病組織の最初の写真が掲載されていた．Koch は 1881 年のロンドンでの医学会で Louis Pasteur（パスツール）の前で平板法を紹介した．この平板法は 1882 年 Walther Hesse と Fannie Hesse がカンテンを使うことで改良され，1887 年に Richard Julius Petri（ペトリ）が Petri 皿を発明し，さらに改良された．

B. 細菌種：*Staphylococcus* と *Streptococcus*

膿瘍や他の化膿感染を研究していて，Alexander Ogston は *Streptococcus*（連鎖球菌）から *Staphylococcus*（ブドウ球菌）（彼が名づけた）を分類した．彼は *Staphylococcus* はモルモットやネズミにも病原性をもつことを示した．

C. 細菌種：*Pneumococcus*（肺炎球菌）

Louis Pasteur（パスツール）と，まったく別個に，George Miller Sternberg（スターンバーグ）はウサギにヒトの唾液を注射し，肺炎球菌と名づけられた細菌を分離培養した．この細菌と大葉性肺炎との関係は Albert Fraenkel の 1884 年の実験までわからなかった．（1884 年 G 参照）

D. 細菌生理学：走化性

Theodor Willhelm Engelmann（エンゲルマン）は，顕微鏡検査のスライドグラスとカバーグラスの間で細菌がグラスの縁や気泡の周囲に集まる傾向のあることを観察し，酸素に向かっての走化性を報告した．彼が "Schrecksbewegung"（ショック反応）と呼んだ現象は，酸素によって増強され，水素で抑制された．Engelmann は *Bacterium photometricum* といわれる細菌で走光性も観察した．暗所では動かず，明所で運動性を示す現象である．（1885 年 C，1893 年 B，1966 年 B，1969 年 C 参照）

E. 細菌生理学：脱窒素

下水から得られた細菌の実験で Ulysse Gayon と Gabriel Dupetit はガス産生を伴う硝酸塩の嫌気性破壊に気づいた．彼らはこの現象を脱窒素として記述した．（1868 年

C, 1886 年 C 参照)

F. 免疫学：炭疽ワクチン

Louis Pasteur（パスツール），Charles Chamberland（シャンベルラン），と Émile Roux（ルー）は炭疽ワクチンの開発について出版した．彼らは 42〜43℃ まで温度を上げた薄層の培地での炭疽菌（*Bacillus anthracis*）の培養によりワクチンの安全性にとって必須の弱毒化が達成されることを記述した．Pasteur は，温度を上げることで芽胞形成が抑えられている間に，大気中の酸素へ暴露することが弱毒化のもっとも重要な要素と考えていた．今では Chamberland が，Pouilly-le-Fors（プイイ＝ル＝フォール）実験で使われたワクチンを，二クロム酸カリウムを用いた培地により調整した，と考えられている．Pouilly-le-Fort 実験では，48 頭のヒツジに感染性の強い炭疽菌を接種した．そのうち 24 頭のヒツジにはあらかじめ弱毒化培養をした炭疽菌を接種しておいた．10 頭のウシと 2 頭のヤギも実験に加えられた．弱毒菌を接種した動物は生存したが，予防接種しないグループはみな死んでしまった．酸素による弱毒化で調整されたワクチンは引き続き供給され，良好な結果をもって広く使用された．Pasteur は Edward Jenner（ジェンナー）への賞賛として "vaccine"（ワクチン）という言葉を広めた．Edward Jenner は天然痘に対して牛痘のワクチンを初めて用いた人である．（1796 年 B，1849 年 B，1876 年 C，1954 年 G 参照）

G. 感染症：灰白髄炎

Karl Oscar Medin は，スウェーデンにおける灰白髄炎の流行がこの病気の初めての真の流行とみなした．1905 年と 1907 年に，彼の弟子の Ivar Wickman は灰白髄炎の論文を書き，Heine-Medin 病として記載した，その名は数年間灰白髄炎の代わりに使用されていた．（1840 年 B 参照）

H. 微生物学：滅菌

Louis Pasteur（パスツール）らは実験で加熱滅菌を用いたが，熱気滅菌と蒸気滅菌がともに有効であることを実証したのは Robert Koch（コッホ）と彼の仲間の Gustav Wolffhügel, Georg Gaffky（ガフキー），Friedrich Löffler（レフレル）であった．彼らは湿熱が乾熱より有効であるとしたが，圧力下に蒸気を用いることがむずかしいため，大気圧で 100℃ の蒸気の使用を好んだ．後に他の科学者は内芽胞を破壊するのに必要な温度を得るためには圧力下での蒸気が必要なことを示した．1681 年に，Denys Papin（パパン）は，オートクレーブの原型となるある種の "an engine for softning bones"（蒸気釜）について記述していた．1876 年までには "autoclave"（オートクレーブ）という言葉は自動ロックのドアのある蒸気滅菌器の呼称として使われていた．

I. 植物学：**植物生理学**

Wilhelm Friedrich Pfeffer（プフェッファー）が *Handbuch der Pflanzenphisiologie* を出版した．後に，これは植物生理学の標準的参考書となった．Pfeffer の重要な貢献としては，液胞の構造について，葉緑体での光合成に対する光の強さとさまざまなその他の因子効果について，浸透圧の研究における半透膜の有用性について，の研究などがあげられる．Jacobus Henricus van't Hoff（ヴァント・ホフ）は後に彼のデータを示し，浸透透過の過程について説明した．

J. 化学：**原子**

Hermann Ludwig Helmholtz（ヘルムホルツ）は，物質は原子で構成され，電気は"電気の原子"（atoms of electricity）で構成される，とした．

K. 社会と政治

・アメリカ合衆国大統領 James A. Garfield（ガーフィールド）は暗殺者に 7 月 2 日に襲われ，9 月 19 日に死亡した．

・Clara Barton（バートン）が the American Association of the Red Cross（アメリカ赤十字）を組織した．（1862 年 D 参照）

L. 文化：**大学**

Alabama（アラバマ）州，Tuskegee（タスキーギ）において，黒人市民が Booker T. Washington（ワシントン）を説得して The Tuskegee Normal and Industrial Institute を設立させた．

M. 芸術：**絵画**

Edouard Manet（マネ）が *Bar at the Folies Bergére* を描いた．

1882 年

A. 細菌学的技術：**カンテン培地**

Fannie Hesse は細菌培養培地の固化剤としてカンテンを用いることを示した．これは，Batavia 出身のオランダ婦人の料理にカンテンが用いられていることから学んだものであった．彼女は，短期間 Robert Koch（コッホ）の研究室で働いていた Walther Hesse の妻であった．Koch の研究室や他の研究室で，カンテンは固化剤としてすぐにゼラチンに取って代わった．その理由は 100℃ でも固まっており，その透明さ，細菌の酵素に抵抗性をもつため，であった．カンテンは Bengal isinglass, Ceylon moss としても知られているが，ある種の海藻から抽出される多糖類である．

B. 細菌学的技術：**染色**

Paul Ehrlich（エールリヒ）は結核菌の研究のため Robert Koch（コッホ）の染色法

を改良し,耐酸性の細菌を発見した.それは染色後に酸性アルコールで脱色されないものである.Franz Ziehl と Friedrich Neelsen は 1883 年にこの方法をさらに改良した.

C. 細菌種:**緑膿菌**

Carle Gessard は,外科手術創のガーゼに青色,緑色の着色を引き起こす細菌を分離した.この菌は後に *Pseudomonas aeruginosa* として知られるようになった.

D. 細菌性疾患:**胚種説/Koch の 4 原則**

Robert Koch(コッホ)は結核の原因細菌 *Mycobacterium tuberculosis* を分離同定し,特定の細菌が特定の病気を引き起こすことを記述した彼のもっともすぐれた論文を発表した.この論文で,また 1884 年にも,Koch の 4 原則として知られる概念を詳述した.しかし実際には,1883 年 Friedrich Löffler(レフレル)により非常によく説明されていた.1905 年 Koch はノーベル生理学医学賞を結核についての研究で受賞した.(1877 年 D,1883 年 B 参照)

E. 細菌性疾患:***Klebsiella pneumoniae***

Carl Friedländer(フリードレンダー)は肺炎で死亡した患者の肺からある細菌を培養した.この被包性の細菌は Friedländer の肺炎桿菌(あるいは pneumoniecoccus)あるいは *Bacterium friedländeri* として知られている.大葉性肺炎の原因になるのは Friedländer 肺炎桿菌か 1884 年に Fraenkel によって分離された肺炎球菌かについて Friedländer と Albert Fraenkel は意見が一致しなかったが,新しく導入された Gram(グラム)染色法が議論の解決の助けになった.Friedländer 桿菌は Gram 陰性,一方肺炎球菌は Gram 陽性であった.Hans Christian Gram(グラム)が自分の論文を出版する数カ月前に,Friedländer は 1883 年の論文で短く Gram 染色に言及した.Friedländer 桿菌は後に肺炎患者に二次的に生じることが認められた.1885 年,V. Trevisan は細菌のいくつかの新しい属を分類した.*Klebsiella* も含まれ,結局,Friedländer 桿菌は *Klebsiella pneumoniae* と命名された.(1884 年 B,1884 年 G 参照)

F. 感染症:**タバコモザイク病**

Adolf Mayer は,水に溶ける感染性の物質がタバコモザイク病を引き起こすことを記載した.彼は病気に名前をつけたが,細菌学的手法を用いても原因物質を分離できなかった.Mayer は,この病気はまだ知られていない細菌か,あるいは発酵素によって引き起こされると総括した.彼の研究は,タバコモザイクウイルスを発見したことで知られている Dimitri Ivanovsky(イヴァノフスキー)の 1892 年の研究より 10 年早く,この病気の原因が細菌ではないことに気づいた Martinus Beijerinck(ベイエリンク)の実験より 17 年早く,行われた.(1892 年 E,1899 年 E 参照)

G. 生化学：酸化/還元

Moritz Traube（トラウベ）は，水と酸素が酸化反応で結合し，水が分解するにつれ水素原子が形成され H_2O が H_2O_2 に変化することを提唱した．（1878年 G 参照）

H. 生物学：有糸分裂

Walther Flemming（フレミング）は，ある色素で染色した組織片を用いた細胞核と細胞の分裂の観察をまとめた *Zellsubstanz, Kern und Zellteilung* を出版した．彼は1879年に核の中の強く染まる部分を "chromatin"（クロマチン）と名づけ，これは細胞分裂の際に糸を形成することを記載した．1888年，Wilhelm Waldeyer-Hartz（ヴァルダイアー＝ハルツ）はこれらの糸を "chromosomes"（染色体）と命名した．Flemming はさらに細胞分裂の間にみられる染色体の縦方向の分裂を詳述し，この過程を "mitosis"（有糸分裂）と名づけた．（1887年 F 参照）

I. 生物学：細胞分裂

Eduard Adolf Strasburger（シュトラースブルガー）は植物における細胞分裂の研究の中で，核の中の物質と外の物質を "nucleoplasm"（核質）と "cytoplasm"（細胞質）と命名した．彼は "haploid" と "diploid" という言葉で生殖作用の間にみられる染色体の数の半数化や倍数化を説明した．彼は，1894年初めて出版され，長年の間広く使われた *Lehrbuch der Botanik für Hochshulen* という教科書の主席編集者となった．

J. 数学：π の計算

Carl Louis Ferdinand は π が超越数であり，円を四角形にすることはできないことを証明した．

K. 社会と政治

ドイツ，オーストリア，イタリアが三国同盟に調印し，もし5年以内にフランスから攻撃を受けたらたがいに助け合うと誓約した．

L. 芸術：文学

Arthur Conan Doyle（ドイル）は架空の私立探偵 Sherlock Holmes（ホームズ）を *A Study in Scarlet*（緋色の研究）の中に初登場させた．1891年 Doyle の小説 *Adventures of Sherlock Holmes*（シャーロック・ホームズの冒険）が出版された．

M. 芸術：音楽

Petr Ilyich Tchaikovsky（チェイコフスキー）によって作曲された *1812 Overture*（序曲1812年）が，音響効果として大砲の爆音を使い，モスクワで演奏された．

1883年

A. 細菌学的技術：**染色**

Friedrich Neelsen は他の細菌から結核菌を区別するために，結核菌を染色する Franz Ziehl の方法の改良法を記述した．Ziehl-Neelsen 法として知られるその方法は，1882年の Robert Koch（コッホ）と Paul Ehrlich（エールリヒ）によってなされた研究に由来したものであった．

B. 細菌性疾患：**ジフテリア/Koch の 4 原則**

Edwin Klebs（クレブス）は，同定はできなかったが，ジフテリアの原因菌について記述した．Friedrich Löffler（レフレル）は同じ細菌を培養し，記述した．その細菌は，Klebs-Löffler（クレブス－レフレル）桿菌として知られるようになり，1896年に *Corynebacterium diphtheriae* と命名された桿菌である．Löffler は特定の病原体が特定の病気を引き起こすことを証明するための必要なステップを並べたリストの中で，Koch（コッホ）の 4 原則を明確に記載した．Robert Koch は結核についての 1884 年の論文の中に彼の考えを載せていたが，Löffler の記載ほど明快ではなかった．(1877年 D，1884 年 D，1888 年 E，1896 年 B 参照)

C. 感染症：**昆虫の伝搬**

中国で，Patrick Manson（マンソン）が象皮病について研究し，カ（蚊）によって伝搬すると結論づけた．象皮病は昆虫によって媒介されることが証明された最初の病気となった．1877年には，彼はマラリアがカによって伝搬されることを示唆し，Ronald Ross（ロス）がその可能性を考察する契機となった．(1880 年 D，1884 年 I，1885 年 K，1897 年 E，1898 年 J 参照)

D. 発酵：**純粋培養**

Copenhagen（コペンハーゲン）の Carlsberg Brewery（カールスバーグ社）で Emil Christian Hansen（ハンセン）がビールの醸造に酵母純粋培養品を使用した．

E. 生物学：**遺伝学**

August Weismann（ヴァイスマン）は，*Diptera* を使った彼の研究の成果として，遺伝の生殖質説を提案した．彼は，生殖細胞系列は壊れず，高等植物や動物の体細胞は生殖細胞系列から生み出されると考えていた．Weismann は遺伝因子の染色体を用いた遺伝の複雑な説を発展させた．彼の考えは広く検討されたが，すべてが受け入れられたわけではなかった．(1882 年 H，1889 年 G 参照)

F. 生物学：**有糸分裂**

Wilhelm Roux（ルー）は，生殖質が両親から子孫へ継承されていくという August

Weismann（ヴァイスマン）の考えを支持した．有糸分裂の間の染色体の均等な縦方向の分裂で，どちらの娘細胞にも均等に染色体が分配されなければならないことに彼は注目した．彼はまた，第2分裂では娘細胞に均等に遺伝単位を分配できないと考えていた．これらの考えは遺伝の単位が体細胞分裂に際し選り分けられるという仮説を導いた．（1883年E参照）

G. 生理学：Ringer液
Sydney Ringer（リンゲル）がRinger液を開発した．それはカルシウム，カリウムを含む食塩水で，カエルの摘出心の拍動を長い時間維持することができた．

H. 生化学：窒素の定量
John Gustav Christoffer Thorsager Kjeldahl（ケルダール）は有機物の窒素含量の定量法を開発した．この方法で用いられるKjeldahl flask（ケルダールフラスコ）は彼の名前からつけられた．

I. 技術：真空管
Thomas Alva Edison（エディソン）は"エディソン効果"（Edison effect）といわれる真空管の基本原理を発明したが，その利用法は追究しなかった．

J. 社会と政治
Friedrich Wilhelm Nietzsche（ニーチェ）は*Also Sprach Zarathustra*（ツァラトゥストラはかく語りき）の第一部で超人の考えを紹介した．

K. 芸術：文学
Robert Louis Stevenson（スティーヴンソン）が*Treasure Island*（宝島）を出版した．

L. 芸術：音楽
Charles Gounod（グノー）による*Faust*（ファウスト）の公演によりニューヨーク市のMetropolitan Opera House（メトロポリタン歌劇場）が開場した．

M. 芸術：絵画
Winslow Homer（ホーマー）が*Inside the Bar, Tynemouth*を描いた．

1884年

A. 細菌種：*Streptococcus*（連鎖球菌）と*Staphylococcus*（ブドウ球菌）
Anton Julius Friedrich Rosenbach（ローゼンバハ）は創の感染を引き起こす連鎖球菌の1つに*Streptococcus pyogenes*と名づけ，*Streptococcus*という属名を初めて用いた．また，*Staphylococcus pyogenes aureus*や*Staphylococcus pyogenes albus*を記述し，1881年にAlexander Ogstonによって命名された*Staphylococcus*を初めて属名として使用した．この同じ論文で名称を*Staphylococcus aureus*や*Staphylococcus albus*の

ように短くした.

B. 細菌学的技術：Gram 染色

Hans Christian Gram（グラム）が Gram 染色を開発した．これはすぐに細菌を 2 種類のグループに分けるもっとも重要な方法となった．Gram 陽性（脱色処置後にも色素が残っているグループ）と Gram 陰性（色素は残らないが対比色の二次染色で染色されるグループ）である．Gram はベルリンの Carl Friedländer の研究室で働いていたときに，組織片を染色し核と他の細胞構造から細菌を区別する目的で，染色法を改良した．彼はアルコール処理で脱色される細菌は Bismarck brown（vesuvin）で対比染色されることを記述した．Friedländer（フリードレンダー）は 1883 年に論文でその方法を述べていたが，Gram の論文はその数カ月後に発表された．Friedländer は 1886 年の論文で再び Gram 染色を引き合いに出したが，その重要性を理解していなかった．いくつかの未発表の論文の中で Gram は彼の発見の重要性を認識しており，1886 年にはいくつかの教科書がこの方法を記載した．細菌学においては Gram にはこれ以上の業績はない．彼は臨床家となり，1900 年には Copenhagen（コペンハーゲン）で内科教授になった．Gram による区別法が認められた過程は 1963 年まで説明されなかった．（1929 年 A，1957 年 A，1963 年 B 参照）

C. 細菌学的技術：濾過滅菌法

Charles Chamberland（シャンベルラン）は細菌を通さない素焼きの磁器フィルターを開発した．"Chamberland フィルター" として後にさまざまな大きさの穴のものが生産され，世界中に広まった．（1871 年 A 参照）

D. 細菌性疾患：コレラ菌

Robert Koch（コッホ）は，1883 年にエジプト，1883〜1884 年にインドへコレラの原因調査に出かけ，インドに着いてすぐに原因菌である *Vibrio cholerae* の純粋培養を得た．（1854 年 B 参照）

E. 細菌性疾患：チフス菌

Georg Gaffky（ガフキー）は，Carl Joseph Eberth（エーベルト）が 1880 年に初めて観察し，今では *Salmonella typhi* と命名されている，チフス菌を分離し研究した．

F. 細菌性疾患：破傷風菌

Arthur Nicolaier は土壌中の *Clostridium tetani*（破傷風菌）を観察したが，培養はできなかった．彼は土壌の懸濁液を接種して動物にこの病気の症状を作り出した．（1889 年 D 参照）

G. 細菌性疾患：細菌性肺炎

Albert Fraenkel は，大葉性肺炎の原因となる肺炎球菌を発見した．Fraenkel と Carl

Friedländer（フリードレンダー）は，この細菌と 1882 年に同定されて今では *Klebsiella pneumoniae* と名づけられている Friedländer 桿菌のどちらが大葉性肺炎の原因であるのか，意見が一致しなかった．新しく導入された Gram 染色により Friedländer 桿菌が Gram（グラム）陰性，肺炎球菌が Gram 陽性であることがわかり，論争は沈静化した．Friedländer 桿菌は後に肺炎患者に二次的に生じることが認められた．1884 年 Anton Weichselbaum は Frankel's organism に *Diplococcus pneumoniae* と名づけたが，今では肺炎球菌（*Streptococcus pneumoniae*）といわれている．（1882 年 E，1884 年 B 参照）

H. 免疫学：食作用

Elie Metchnikoff（メチニコフ）は侵入した微生物や他の微小な異物の粒子を取り込み，破壊するある種の細胞を "phagocytes（食細胞）" と命名した．彼はその過程を "phagocytosis（食作用）" と呼び，多型核白血球を "microphages"，固定された内皮細胞，単核細胞やリンパ球の固まりを "macrophages" と呼んだ．Metchnikoff は食作用の概念を展開したが，白血球が免疫において役割を果たしていることは以前から指摘されていた．1874 年に Peter Ludwig Panum が，1881 年に George Miller Sternberg（スタンバーグ）が，白血球が細菌を食べ尽くすことを示唆していた．Metchnikoff が論文を出版した 1884 年に，Sternberg は免疫における白血球の役割についての彼の考えの多くを発表した．Metchnikoff は，細胞免疫の主たる提唱者であり，1908 年のノーベル生理学医学賞を，液性免疫の概念の提唱者の Paul Ehrlich（エールリヒ）とともに受賞した．（1881 年 C，1891 年 D 参照）

I. 原虫病：マラリア

Ettore Marchiafava は，マラリアは原虫によって引き起こされるという Charles Louis Alphonse Laveran（ラヴラン）の主張を立証した．（1880 年 D，1883 年 C，1885 年 K，1898 年 J 参照）

J. 生化学：チトクローム

Charles Alexander MacMunn は，酸化すると見えなくなってしまう 4 つの吸収帯をもつ血中の物質を発見した．1925 年 David Keilin（ケーリン）はこの物質を "チトクローム"（cytochrome）と命名した．

K. 生化学：ヘキソース/プリン

Emil Hermann Fischer（フィッシャー）は，six-carbon aldehyde sugar（アルドヘキソース）の構造についての一連の研究を始めるために，彼が 1875 年に発見した aldehydes と phenylhydrazine の反応と，その光学異性を用いた．彼は 16 の考えられるアルドヘキソースの構造を作り上げ，後に Fischer 投影式と呼ばれるようになった方

法でその構造を描いた．彼は核酸の構造において重要な二重環分子の構造を研究し，1898 年に彼は "プリン" (purine) と名づけた．1902 年，Fischer は糖類とプリンの研究によってノーベル化学賞を受賞した．（1885 年 N 参照）

L.　化学：**反応速度論**

Jacobus Henricus van't Hoff（ヴァント・ホフ）は液体における反応速度と化学的平衡についての研究結果を出版した．van't Hoff は 1901 年最初のノーベル化学賞を受賞した．

M.　技術：**自動車**

F. H. Royce and Co.（ロイス社）はイングランドで自動車を製造し始めた．

N.　芸術：**建築**

The Washington Monument（ワシントン記念塔）が完成した．公開されたのは 1888 年である．高さは 169 m で，1889 年パリで Eiffel Tower（エッフェル塔）が建てられるまで世界でもっとも高い建築物であった．

O.　文化：**辞書**

Oxford English Dictionary（*OED*）の第 1 巻が印刷された．辞書が完結したのは 1928 年であった．

P.　芸術：**文学**

Mark Twain（マーク・トウェイン；本名 Samuel Clemens）が小説 *Huckleberry Finn*（ハックルベリー・フィン）を出版した．

1885 年

A.　細菌種：*Escherichia coli* と *Enterobacter aerogenes*

Theodore Escherich（エシェリヒ）は乳児の便から 2 種類の細菌を分離し，*Bacterium coli commune* と *Bacterium lactis aerogenes* と命名した．後者の細菌は前者に比べミルクをより凝固させる作用をもっていた．1919 年 Aldo Castellani（カステッラーニ）と Albert Chambers（チェンバーズ）は名前を *Bacterium coli* から *Escherichia coli* へと変更した．*Bacterium aerogenes* は現在では *Enterobacter aerogenes* といわれている．Escherich はまた乳児で下痢を引き起こす *Bacterium coli* のいくつかの株をみつけだした．

B.　細菌種：*Proteus*

Gustave Hauser（ハウザー）は，彼が Fäulnissbacterien（腐敗菌）と名づけた菌を研究し，それらを 3 グループ，*Proteus vulgaris*，*Proteus mirabilis*，*Proteus zenkeri*，に分類した．この属名 *Proteus* は意のままに姿を変えられる海神の名前である．*P. zenk-*

eri は Gram (グラム) 陽性であり，後に再分類された．

C. 細菌生理学：走化性

Wilhelm Friedrich Pfeffer (プフェッファー) は 1881 年に Theodor Wilhelm Engelmann (エンゲルマン) が行った観察と同様な観察を報告した．彼は酸素走化性を記述し，Engelmann の使用した言葉 Schrecksbewegung を使用した．Pfeffer は化学物質を含んだ管を細菌の懸濁液の中に浸すことによって，正の走化性および負の走化性の両方を発見した．(1881 年 D，1893 年 B，1969 年 C 参照)

D. 細菌生理学：窒素固定

Marcelin Berthelot (ベルトロー) は土壌で大気中から窒素が直接固定されることを報告した．彼は細菌がこの現象にかかわっていることを示唆したが，一方で静電気が原因である可能性もあるとしていた．これにより生物学的窒素固定を発見した彼の業績の価値がいくらか損なわれた．(1886 年 B，1888 年 B，1889 年 B 参照)

E. 細菌生理学：非マメ科植物の共生的窒素固定

L. Hiltner は，窒素分のない土壌で，硝酸塩を加える場合と加えない場合で，*Alnus glutinosa* (ハンノキ属の一種) を育てた．彼はまた植物からとった根粒から懸濁液を作り出し，その懸濁液を添加した場合と添加しない場合で植物を育てた．1 年後，彼は硝酸塩あるいは根粒のどちらかが植物の生長に必要であると結論した．彼は窒素の測定をしていなかった．(1886 年 B，1887 年 C，1902 年 D，1978 年 D 参照)

F. 感染症：血清肝炎

A. Lürman は，ヒトのリンパを含んだ天然痘ワクチン接種で伝染した造船所労働者間でのある病気の勃発について発表した．この病気における黄疸についての Lürman の報告が血清肝炎の最初の報告であった．(1912 年 C，1926 年 E，1943 年 E 参照)

G. 免疫学：コレラワクチン

Jaime Ferrán y Clua はスペインで約 30000 人に初めてコレラワクチンを接種した．Ferrán のワクチンは室温で弱毒化された生菌からつくられており，被接種者に激しい副作用を引き起こした．(1892 年 G，1896 年 D 参照)

H. 免疫学：狂犬病ワクチン

Louis Pasteur (パスツール) は狂犬病に実験的に感染させたウサギの乾燥脊髄を用いた狂犬病ワクチンを開発した．Pasteur は毒素という意味で "virus" (ウイルス) という言葉を用いたが，原因微生物の特性は知らなかった．5 月，6 月に Pasteur は狂犬病にかかったイヌに襲われた 2 人を治療した．1 人は死亡したが，1 人は狂犬病にならずに生存した．7 月，Pasteur は狂犬病にかかったイヌにかまれた 9 歳の少年，Joseph Meister に乾燥脊髄でつくった新たな注射液を用いた．Meister は生存し，後

にパリの Pasteur 研究所の門衛になった．1940 年彼は第 2 次世界大戦でフランスに侵攻したドイツ軍に Pasteur の納骨堂を開くことを拒み自殺した．1885 年 10 月，Pasteur は，数人の子どもを襲った狂犬病のイヌと戦ってひどくかまれた Jean-Baptiste Jupille という 15 歳の少年を治療した．Pasteur 研究所の外に，狂犬と対峙する Jupille の立像が建てられている．（1879 年 E 参照）

I.　細菌性疾患：**消毒**

Paul Ehrlich（エールリヒ）は一部の染料が細菌感染をコントロールするのに有用であることを示唆した．

J.　微生物学：**無菌生物**

Louis Pasteur（パストゥール）の同僚，Émile Duclaux は完全に消毒された環境の中でエンドウを育てる試みを行ったが失敗した．Pasteur はこの仕事について，生まれたばかりの動物を消毒された食べ物のみで成長させる試みを考えた，とコメントした．しかし彼は，細菌なしに短期間でも生きることは不可能であるという信念から実験はしなかった．彼はニワトリの卵がこの実験をするのにふさわしいものであろうと述べている（1895 年 D，1899 年 C，1928 年 D 参照）

K.　原虫病：**マラリア**

マラリア寄生虫の生活環の研究で，Camillo Golgi（ゴルジ）は発熱期間と赤血球から寄生虫が現れることとの関連を報告した．（1880 年 D，1883 年 C，1898 年 J 参照）

L.　解剖学：**組織学**

Camillo Golgi（ゴルジ）が神経系の組織学についての本を出版した．1873 年に神経細胞に銀を注入し，神経線維のほとんどを検査できるような方法を開発していた．Golgi の意見とは異なり，Santiago Ramón y Cajal（ラモン・イ・カヘル）は，神経細胞は他の神経細胞との物理的連続性はもたないと考えていた．Golgi は"ゴルジ体"（Golgi apparatus, Golgi body）を 1898 年に発見した．Golgi は Ramón y Cajal とともに 1906 年のノーベル生理学医学賞を受賞した．

M.　生理学：**酸素要求量**

Paul Ehrlich（エールリヒ）は動物の酸素要求量を研究するために染料を用いることを著書として出版した．酸素についての Moritz Traube（トラウベ）の考えを無視し，彼は生きている原形質の概念を話題にし続けた．

N.　生化学：**核酸**

Felix Hoppe-Seyler（ホッペ＝ザイラー）の研究室で働いていた Albrecht Kossel（コッセル）は，精子の頭部からと，鳥の有核赤血球から核酸を精製した．この非タンパク成分の構造を特徴づけるものとして，Adolf Pinner が 1884 年に命名した"pyrimidine"

（ピリミジン）といわれる単環構造物と Emil Hermann Fischer（フィッシャー）によって研究されたプリンを発見した．Kossel は 2 つのプリン（アデニン（adenine）とグアニン（guanine）），そして 3 種類のピリミジン（ウラシル（uracil），シトシン（cytosine），チミン（thymine））を分離した．彼はこれらの分子は糖分子をもっていると結論づけたが，どの型の糖かは同定できなかった．これらの発見で Kossel は 1910 年のノーベル生理学医学賞を受けた．（1869 年 E，1950 年 L 参照）

O.　技術：**自動車**

Karl Friedrich Benz（ベンツ）がガソリン内燃機関を動力源とする 3 輪自動車を製作した．（1769 年 B，1859 年 F，1893 年 F 参照）

P.　技術：**指紋**

Francis Galton（ガールトン）によって指紋同定のための仕組みが紹介された．彼は指紋の研究をした最初の人ではなく，その前に Marcello Malpighi（マルピーギ），Jan Evangelista Purkinje（プルキニエ），Henry Faulds，William Herschel（ハーシェル）などがいた．1886 年，Alphonse Bertillon（ベルティヨン）は，指紋を含む，多くの肉体的特徴の組合せに基づき，身元識別の複雑なシステムを開発した．（1901 年 P 参照）

Q.　文化：**大学**

Stanford University（スタンフォード大学，公式には Leland Stanford Junior University である）が，前年に死んだ彼の息子の栄誉のため Leland Stanford（スタンフォード）によって創立された．大学は公式には 1891 年に開学した．

R.　芸術：**音楽**

William S. Gilbert（ギルバート）と Arthur Sullivan（サリヴァン）作曲のオペレッタ *The Mikado*（ミカド）が上演された．

S.　芸術：**文学**

William Dean Howells（ハウエルズ）が *The Rise of Silas Lapham*（サイラス・ラッパムの向上）を出版した．

1886 年

A.　細菌分類学：**分類**

Joseph Schroeter（シュレーター）は，3 目と 26 の属で構成される，これまでで最も完全な形の細菌の分類を起草した．3 目とは球桿菌目（球状細胞）（*Coccobacteria*），真性細菌目（桿状細胞）（*Eubacteria*），デスモバクレリア目（糸状）（*Desmobacteria*）である．

B. 細菌生理学：共生的窒素

Hermann Hellriegel (ヘルリーゲル) はマメ科植物の根粒と関連した細菌による窒素固定の研究の最初のものを発表した．1888年，H. Wilfarth とともに彼は，マメ科植物が細菌の積極的関与により大気中から窒素を利用すること，根粒はタンパク質（アルブミン様物質）を単にためるだけでなく，原因となる関連があること，を証明する重要な論文を発表した．(1885年 D, 1885年 E, 1888年 B, 1889年 B 参照)

C. 細菌生理学：脱窒素

Ulysse Gayon と Gabriel Dupetit は，下水から脱窒素を行う細菌を2株同定し，*Bacterium denitrificans* α, β と名づけた．彼らは，脱窒素の過程は発酵ではなくて硝酸塩による有機物の燃焼であると記載した．彼らは窒素酸化物と二窒素の放出を確認した．1895年ごろまでに数人の研究者が脱窒素菌として *Pseudomonas* 属の種を同定した．

D. 食品細菌学：殺菌

F. Soxhlet (ソックスレー) はワインやビールを保存するための Louis Pasteur (パストゥール) の提言を牛乳精製に当てはめ，汚染微生物を殺菌するため牛乳を35分煮沸することを推奨した．牛乳の殺菌の holding method と flash or quick method はすぐにその後確立され，殺菌の法律的定義も精緻化した．

E. ウイルス学：基本小体

予防接種の活動と教育をライフワークとした John Brown Buist が，ワクシニアと痘瘡のウイルスを含んだリンパ液を固定染色する方法を報告した．彼はゲンチアナ紫を用いて天然痘ワクチン接種の潰瘍から得た材料を染色して，染色された小さな顆粒を観察し，これが牛痘の原因菌であると考えた．彼が "spores of micrococci" と記述したものはおそらくウイルスの基本小体であっただろうが，油浸顕微鏡でみえる十分な大きさのウイルスを彼が観察したことは，ほとんど疑う余地はない．Buist の研究はほとんど注目されなかったので，Enrique Paschen が1906年に顕微鏡で牛痘ウイルスを観察したのが最初であるとして長年の間認識されていた．(1882年 F, 1892年 E, 1899年 E, 1904年 D, 1906年 G, 1929年 F 参照)

F. 免疫学：熱殺菌ワクチン

Theobald Smith (スミス) は，彼がブタコレラ菌と考えたものに対するハトへの免疫接種に，熱殺菌全球ワクチンを最初に使用した．彼の使用した細菌はブタコレラあるいはブタペストとは関係ないことが証明された（後にこれらの病気はウイルスが原因であることがわかった）．Smith は細菌の産生する化学物質（毒素）の効果を試験したと考えたが，彼のワクチンから死菌は検出されなかった．Smith が働いていた the department of agriculture の部局の長 Daniel Salmon（サモン）がこれらの実験結果を記述した論文の筆頭著者として挙げられていたが，Smith がこの実験を行ったことは明記されていた．1900 年に消化管の病原菌のグループとして紹介された属名 *Salmonella* は，数年間はあまり用いられなかった．

G. 顕微鏡：アポクロマート対物レンズ

Otto Schott（ショット）と Carl Zeiss（ツァイス）との共同研究で Ernst Abbe（アッベ）は，残色のほとんどない像を結ぶ一連のアポクロマート対物レンズを完全に作り上げた．

H. 生物学：浸透圧

Wilhelm Friedrich Pfeffer（プフェッファー）の以前の仕事に引き続き，Jacobus Henricus van't Hoff（ヴァント・ホフ）は浸透圧の解説を出版した．（1881 年 I 参照）

I. 化学：電離

Svante Arrhenius（アレニウス）は電離説を公式化した．Arrhenius は 1903 年にノーベル化学賞をこの仕事で受賞した．（1889 年 J，1907 年 F 参照）

J. 技術：ガラス注射器

H. Wulfing Luer はガラスだけでできた注射器をつくった．

K. 社会と政治

シカゴで，警察とストライキ中の労働者との衝突で多くの死者が出た．このいわゆる Haymarket Massacre（ヘイマーケット広場の大虐殺）が起きた 5 月 1 日が，改革の記念日（メーデー）として広く世界に広まり，今では多くの国で春の休日になっている．

L. 芸術：美術

Auguste Rodin（ロダン）によって官能的な彫刻 *The Kiss*（接吻）が，大作 *The Gates of Hell*（地獄の門）の一部として完成した．

M. 芸術：文学

Robert Louis Stevenson（スティーヴンソン）の小説 *The Strange Case of Dr. Jekyll and Mr. Hyde*（ジキル博士とハイド氏）が出版された．

1887 年

A. 細菌学的技術：Petri 皿

Robert Koch（コッホ）の助手であった Richard Julius Patri（ペトリ）は，縁の高くなっている平皿に溶解したゼラチンやカンテンの培地を注ぎ，鐘ガラスを重ね合わせて蓋をして，培養に使用した．Petri 皿は，初期の文献では Petri's capsules と記載さ

れたこともあり，微生物学で広く使われるようになった．しかし，このガラス平板と鐘ガラスの使用が教科書に記載されるようになったのは，1913年からであった．

B. **細菌生理学：化学合成独立栄養生物**

Sergei Winogradsky は分類も含めた硫黄細菌の研究を発表した．彼は，1842年に V. Trevisan によって提唱された *Beggiatoa* と，1852年に Maximilian Perty によって名づけられた *Chromatium* などの属も記載していた．*Chromatium* は，後に光合成を行うことが判明した．Winogradsky はアンモニアや硫化水素などの無機物質を酸化することで代謝エネルギーを得る微生物を示すことで，化学合成独立栄養（化学合成無機栄養）生物の概念を定式化した．（1891年B参照）

C. **細菌生理学：非マメ科植物の共生的窒素固定**

B. Frank（フランク）の学生であった J. Brunchorst は，ハンノキ属のような非マメ科植物でみられる根粒の内容を研究した．Frank はマメ科も非マメ科も根粒の内容はタンパク質の沈殿物であると考えていたが，Brunchorst は微生物がともに含まれていることを確信した．彼は，非マメ科植物にみられた線維性微生物を，真菌類の1種であると考えて，*Frankia* と名づけた．（1885年E，1902年D，1970年B，1978年D参照）

D. **細菌性疾患：マルタ熱**

David Bruce（ブルース）はマルタ熱の原因物質を同定し，マルタ島から名をとって *Micrococcus melitensis* と名づけた．1918年，Alice Catherine Evans（エヴァンス）は micrococcus ではなく桿菌であることを示した．1920年には K. F. Meyer（メイヤー）と E. B. Shaw（ショー）は David Bruce をたたえて *Brucella* と属名を変更した．（1897年D，1914年A，1918年C，1920年A参照）

E. **細菌性疾患：髄膜炎球菌性髄膜炎**

髄膜炎球菌性髄膜炎は脳脊髄膜炎ともいわれているが，その原因物質が，Anton Weichselbaum によって培養された．Ettore Marchiafava と Angelo Celli は1884年にこの *Neisseria meningitidis* という細菌を観察していたが，培養はできなかった．この属の別の菌，*Neisseria gonorrhoeae* が1879年に Albert Neisser（ナイサー）によって発見されており，その名前から属名がつけられた．（1879年B参照）

F. **生物学：染色体数**

Edouard Joseph Louis-Marie van Beneden（ベネーデン）は特定種の細胞中の染色体数が一定であることを発見した．彼は生殖の間に，親からの生殖細胞にはそれぞれ半分の数の染色体しか含まれていないが，生殖細胞が融合すると再び元の数になることを記述した．ギリシア語の「減少する」という意味の言葉からとって，"meiosis"（減

数分裂) という用語がこの現象に当てはめられた.

G. 物理学：光電効果

Heinrich Rudolph Hertz (ヘルツ) は陰極に暴露している紫外線が火花の飛ぶ距離を延ばすことを記述し，光電効果を発見した.

H. 物理学：Michelson-Morley 実験

Albert Abraham Michelson (マイケルソン) と Edward William Morley (モーリー) は不活性状態のエーテルを通して光が伝播するかどうか決める実験をした. その結果ではエーテルは存在せず，Albert Einstein (アインシュタイン) に相対性理論につながる着想をもたらした. Michelson は 1907 年, アメリカ人では初めてのノーベル物理学賞受賞者となった.

I. 芸術：音楽

Giuseppe Verdi (ヴェルディ) のオペラ *Otello* (オテロ) が Milan (ミラノ) で上演された.

1888 年

A. 細菌構造：異染性 (metachromatic) 顆粒

P. Ernst (エルンスト) と，1889 年に Victor Babes は別々に，メチレンブルーやトルイジンブルーに染色される細菌の中の顆粒を観察した. Babes はこの顆粒を, その染料の色 (青色) でなく赤色に染色されるため "metachromatic corpuscles" と呼んだ. 彼はいろいろな種でこの顆粒を観察し，とくにジフテリアの原因菌である *Corynebacterium diphtheriae* で診断根拠となる顆粒の存在を観察した. 後の研究でメチレンブルー中の不純物が顆粒の色の基になっていることがわかった. この顆粒は熱湯で溶解することがわかり, 1902 年に A. Grimme (グリム) は *Spirillum volutans* にみられた顆粒を *Volutankugeln* という言葉で記述した. その名は 1904 年に A. Meyer (メイヤー) によって "volutin" とされ, "Babes-Ernst granules" という用語も一般に用いられている. 初期の研究者は, 顆粒は核酸か核タンパク質で構成されていると考えたが, 後に多リン酸塩であることがわかった.

B. 細菌生理学：根粒細菌

Martinus Beijerinck (ベイエリンク) は窒素固定を行うマメ科植物の根粒から初めて細菌を同定した. 彼はエンドウの根粒から得た細菌を *Bacillus radicicola* と命名した. 1879 年に，B. Frank (フランク) はエンドウの根粒から分離した細菌を研究し，培養はできなかったが，ハンノキの根から分離したカビと関係があると考え, *Schinzia leguminosarum* と名づけた. ハンノキから分離したカビは, 1887 年 *Frankia* と属名が

ついていたが，後に放線菌と判明した．1889年，Frankは自分の間違いを認め，新しい属 Rhizobium と名づけ，種の名前を合わせて Rhizobium leguminosarum とした．(1886年B, 1887年C, 1901年C参照)

C. 細菌生理学：**細菌核**

P. Ernst (エルンスト) は細菌の核が可視性クロマチン小体でつくられた類染色質でできていることを初めて示唆した．

D. 細菌性疾患：**サルモネラ食物感染**

A. A. Gärtner (ゲルトナー) はドイツで流行した胃腸炎を研究した．その流行では，57人が発病し，1人が死んだ．死亡した男性の器官からと消化された食物から Gärtner は Bacillus (Salmonella) enteritidis を検出した．(1894年D, 1895年C, 1930年B参照)

E. 細菌性疾患：**ジフテリア毒素**

Louis Pasteur 研究所で働いていた Émile Roux (ルー) と Alexandre Émile John Yersin (イエルサン) は，ジフテリア菌が水溶性毒素を作り出していることを示した．その毒素はモルモット，ウサギ，ハトで同じ症状を引き起こした．Friedrich Löffler (レフレル) は，1883年にこの細菌を同定していたが，この水溶性毒素を "外毒素" (exotoxin) と呼ぶことを示唆した．(1890年E, 1890年B参照)

F. 免疫学：**抗体**

血清や体液の中の化学物質が細菌を殺したり，病原性を減ずる効果を示すことに注目し，George Henry Falkiner Nuttall (ナットール) は液性免疫説を発展させた．彼は "antidotes" (解毒剤) と "antibodies" (抗体) という言葉を用いた．しかし，彼は，貪食細胞の役割を，抗体によって殺された死菌を掃除することであると考えていた．

G. 科学研究所：**Pasteur 研究所**

Pasteur 研究所が Louis Pasteur (パスツール) の狂犬病ワクチン製造の熱意によりパリに設立された．経済的後ろ盾はいくつかの国の首長を含め，私的な出資者であった．

H. 物理学：**電波**

Heinrich Rudolph Hertz (ヘルツ) は，光は電磁放射であるとする James Clerk Maxwell (マクスウエル) の説を立証する実験をする一方で，長波放射の測定を初めて行った．この長波放射は後に電波と呼ばれるようになった．(1865年D参照)

I. 技術：**カメラ**

George Eastman (イーストマン) は最初の Kodak (コダック) カメラを発売した．それは，高価であったが，だれでも写真を撮ることができる装置であった．Kodak

の名前は，Eastman がつけたが，とくに意味はなかった．

J.　社会と政治

ロンドンで，5人の婦人が Jack the Ripper（切り裂きジャック）と新聞が名づけた殺人者か殺人者集団に殺された．

K.　芸術：**音楽**

Petr llyich Tchaikovsky（チャイコフスキー）の交響曲第5番がロシアの St. Petersburg（サンクトペテルブルグ）で演奏された．

L.　芸術：**絵画**

Vincent van Gogh（ゴッホ）が The Sunflowers（ひまわり）を描いた．

1889年

A.　細菌生理学：インドール試験

Robert Koch（コッホ）の学生であった Shibasaburo Kitasato（北里柴三郎）は，Adolf von Baeyer（バイエル）が1870年のインドールの研究によって発見したニトロソインドール反応を利用した．すなわち，その試験で硝酸ナトリウムと硝酸を Bacterium coli（Escherichia coli，大腸菌）によって産生されるインドールを探知するために試薬として用い，インドールを産生しない Bacterium typhosum（Salmonella typhi）と比較した．1901年，Paul Ehrlich（エールリヒ）は，尿中のインドールを検出するために，エチルアルコールに解けた p-dimethylaminobenzaldehyde の溶液を使用することを記述した．この試験は1905年に細菌の培養に応用された．1906年には，A. Böhme（ベーメ）が過硫酸カリウムを加えて（Ehrlich-Böhme 試薬）改良した．N. Kovács（コバック）はエチルアルコールからアミルアルコールに変更し（Kovács 試薬），さらに改良した（1936年C参照）

B.　細菌生理学：**窒素固定**

Wilbur O. Atwater（アトウォーター）と C. D. Woods（ウッズ）がマメ科植物の窒素固定についてアメリカ合衆国で初めての論文を出版した．Atwater のエンドウを用いた実験は数年前から始められ，Hermann Hellriegel（ヘルリーゲル）の1886年の報告より先んじて，1885年に窒素固定を発表していたが，雨水が混入しているため，さらなる検証が必要であることにも言及していた．（1885年D，1886年B，1901年C参照）

C.　細菌生理学：β-ガラクトシダーゼ

Martinus Beijerinck（ベイエリンク）は2種類の酵母 Saccharomyces による乳糖発酵の試験を発展させた．彼は Photobacterium phosphorescens（P. phosphoreum）は培地

に糖があるときのみ発光現象がみられることを注目した．彼は微生物を乳糖ゼラチン培地に混入し,酵母を接種すると酵母のコロニーの周囲の培地が光ることを発見した．この "luminescent plate" から，彼は酵素 ("lactase" と名づけた) が酵母から分泌されたと考えた．後の研究者は彼の実験の追試には成功しなかった．Emil Hermann Fischer (フィッシャー) は1894年にこの酵素を再発見し，乳糖の加水分解は酵素によって触媒されることを証明した．

D.　細菌性疾患：**破傷風**

Shibasaburo Kitasato (北里柴三郎) は，破傷風の原因菌 *Clostridium tetani* を分離するため嫌気的方法を用いた．(1884年F参照)

E.　ウイルス性疾患：**インフルエンザ**

Asiatic influenza (アジアカゼ) といわれるインフルエンザの世界的な大流行がロシアから始まり，ヨーロッパを経由し，世界中に広まった．多くの都市では人口の40〜50%が感染し，0.5〜1.2%が死亡した．(1580年，1732年，1781年A，1830年A，1918年D，1933年D参照)

F.　免疫学：**補体/alexine**

Eduard Buchner の兄 Hans Buchner (ブフナー) は，血液中の殺菌作用をもつ物質についての George Henry Falkiner Nuttall (ナットール) の1888年の研究を続けた．彼はまた免疫化された動物の血清で他の動物の赤血球が溶血することを報告した．この現象は後に Jules Bordet (ボルデ) によって研究された．Buchner は，ギリシア語で「防御する」という意味の "alexine" (アレキシン) をこの物質に名づけた．10年後 Paul Ehrlich (エールリヒ) はこの名前を "complements" (補体) と変更した．(1895年E，1898年I，1899年F参照)

G.　生物学：**パンゲネシス**

Hugo de Vries (ド・フリース) は細胞内パンゲン説を提唱した．彼は多くの自己複製するパンゲン (pangens) が細胞内に存在し，そのそれぞれが1つの特徴をもち，子孫にいろいろな様式で伝えられるものと考えた．(1868年E参照)

H.　生物学：**受精**

Theodor Heinrich Boveri (ボーヴェリ) は，ウニを使った実験で，受精中に同じ数の染色体が卵子と精子にみられることを示した．彼の染色体の動きについての説明は後の遺伝学の概念の発展に非常に有用であった．

I.　生化学：**核酸**

Johann Friedrich Miescher の研究生であった Richard Altmann (アルトマン) は nuclein がタンパク成分と有機酸成分とに分けられることを発見し，有機酸成分を "nucleic acid"（核酸）と命名した．（1869 年 E 参照）

J. 化学：活性化エネルギー

Svante Arrhenius（アレニウス）は，化学反応を開始するために必要なエネルギーとして，活性化エネルギー（activation energy）の概念を提唱した．

K. 文化：建築

The Eiffel Tower（エッフェル塔）が完成し，世界で一番高い 303 m の建築物となった．The Paris World Fair（パリ万国博覧会）が開催された．

L. 芸術：絵画

Vincent van Gogh（ゴッホ）が *Self-Portrait with Severed Ear* を描いた．

1890 年

A. 細菌生理学：鞭毛

Friedrich Löffler（レフレル）が細菌の鞭毛を写真撮影した．（1877 年 A 参照）

B. 細菌性疾患：破傷風毒素

破傷風菌の培養液を動物に注射すると，その病気に特徴的な症状が出ることで，Knud Helge Faber はこの菌が外毒素を産生することを証明した．Emil Adolf Behring（ベーリング）と Shibasaburo Kitasato（北里柴三郎）もほぼ同時にその毒素を発見した（1891 年 D 参照）．

C. 免疫学：ツベルクリン

Robert Koch（コッホ）は，結核の治療法として，結核菌の抽出物（ツベルクリンと命名）の使用を報告した．1891 年彼は，ツベルクリンは結核菌の生菌と死菌両方のグリセリン抽出液であることを明らかにした．ドイツ政府は彼にツベルクリンを広く使うように勧めたが，彼にはその準備ができていなかった．多くの臨床家からツベルクリンを用いた治療成功の報告があったが，治療効果のないことがすぐに明白となった．ツベルクリンは，今は "Old Tuberculin" といわれており，結核の診断目的に使用されている．（1891 年 C，1906 年 I，1907 年 E，1908 年 C 参照）

D. 免疫学：破傷風とジフテリアに対する抗毒素

ベルリンの Koch 研究所で働いていた Emil Adolf Behring（ベーリング）（彼は 1901 年にノーベル賞を受賞し，Emil von Behring として知られるようになった）と Sibasaburo Kitasato（北里柴三郎）が，破傷風毒素を致命的にならないくらいの量を注射した動物の血液中に抗毒素を発見した．Behring はジフテリア毒素に対する似たような抗毒素免疫法についても発表した．Behring と Kitasato は，動物を用いた実験の中で，三塩化ヨードを用いて処置をして改良した毒素を用いることで，破傷風と

ジフテリアに対する抗毒素治療,または血清療法を改良した.1890年のBehringとKitasatoの論文は,ある動物から他の動物に免疫血清を移入することでrecipientに免疫力を与えることを示し,血清療法の使用を最初に報告した.1901年Behringはノーベル生理学医学賞を受賞した.(1890年E, 1893年C参照)

E.　免疫学:ジフテリア

Emil Adolf Behring(ベーリング)とSibasaburo Kitasato(北里柴三郎)の同僚Carl Fränkel(フレンケル)は,肉汁(ブイヨン)培養の熱殺菌ジフテリア菌の皮下注射液がジフテリアの生菌に対する免疫を生じさせることを示した.彼の論文が出た後すぐに,BehringとKitasatoは彼ら独自の破傷風の抗毒素の論文を出版した(上記D参照).1週間後Behringはさらなるジフテリアの研究を発表し,免疫を成立させるさまざまな様式を明らかにした.

F.　細胞生物学:ミトコンドリア

Richard Altmann(アルトマン)は"elementary organisms"についての本を出版した.それは彼が細胞中に観察したもので,彼はそれを細菌と同等の物とみなしていた.他の研究者は,彼が観察した構造物の多くは固定液や染色試薬での人工産物であると考えていたが,いくつかの物体は後に本物の構造物と判明した.Altmannはある棒状構造物や顆粒が細胞内での酸化を行うと考えていた.1898年,Carl Benda(ベンダ)はこれらの棒状構造物を"ミトコンドリア"(mitochondria)と名づけた.

G.　生化学:ミルク中の脂肪

Stephen Moulton Babcock(バブコック)は,ミルクの乳脂肪濃度を素早く決定する方法である"Babcock test"を開発した.この方法は脂肪濃度に基づき簡単にミルクを分類する方法である.

H.　化学:Erlenmeyerフラスコ

Richard August Carl Emil Erlenmeyer(エルレンマイヤー)は,いくつかの有機成分を発見そして合成し,2重3重の結合を表す現代の方法に影響を与えたが,このころに,円錐形の平底のフラスコであるErlenmeyerフラスコを作成した.

I.　社会と政治

アメリカ合衆国連邦議会はthe Sherman Anti-Trust Act(シャーマン反トラスト法)を可決した.

J.　芸術:文学

Poems of Emily Dickinson(ディキンソン詩集)が没後に出版された.

K.　芸術:絵画

Vincent van Gogh(ゴッホ)が *Cornfield with Crows* を描いた.

1891年

A. 細菌学的技術：濾過殺菌

H. Nordtmeyer は Berkefeld の採鉱所のケイ藻土から濾過器（フィルター）をつくり，水を純化するために使用した．"Berkefeld フィルター"と"Chamberland フィルター"はさまざまな濾過孔の大きさのものがつくられ，細菌学者やウイルス学者の間で日常的に使用されるようになった．(1871年 A，1884年 C 参照)

B. 細菌生理学：硝化細菌

Sergei Winogradsky は，有機物を含まない培地で，かつカンテンの代わりにシリカゲルで固定した培地を用いて硝化細菌を分離した．二酸化炭素が炭素の基になり，エネルギーは *Nitrosomonas* によるアンモニアの酸化と *Nitrobacter* による亜硝酸塩の酸化から得られる，という彼の発見は，これらの菌が無機栄養成体であることを示した．(1877年 C，1887年 B 参照)

C. 免疫：遅延型過敏反応

Robert Koch（コッホ）は，先に結核に感染したモルモットにツベルクリンを注射し，皮膚反応を観察することで，遅延型過敏反応として後に知られるようになった現象を発見した．この反応は感染していない動物にはみられなかった．Koch の反応と呼ばれたこの反応は，ツベルクリン皮膚試験として診断用検査に発展した．(1890年 C，1902年 G，1907年 E，1908年 C 参照)

D. 免疫：抗毒素

Paul Ehrlich（エールリヒ）は，植物の毒素であるリシンとアブリンに対する抗体ができることを示した．彼は抗体が免疫で重要な役割をしていると記載した．これらの実験や Emil Adolf Behring（ベーリング）と Shibasaburo Kitasato（北里柴三郎）の1890年の破傷風毒素についての実験の後では，毒素が感染症の唯一の原因であると広く考えられた．

E. 人類学：Java 原人

Marie Eugène Dubois（デュボワ）は Java（ジャワ）島に残っていた化石を発見し，*Pithecanthropus erectus* と呼んだが，後に *Homo erectus* と呼ばれるようになった．Java 原人は現代人の祖先と考えられている．

F. 技術：鉄道

Moscow（モスクワ）とロシアの太平洋岸を結ぶ Trans-Siberian Railway（シベリア横断鉄道）の建設が始まった．初めに Moscow と Irkutsk（イルクーツク）間が1900年に開通，Vladivostok（ウラジオストック）まで鉄道が敷かれたのは1903年，全部

が開通したのは1904年であった．全距離は3200マイルであり，世界でいちばん長い鉄道である．

G. 社会と政治

American Express Company（アメリカンエキスプレス社）が the American Express Travelers Cheque（トラベラーズチェック）を発行した．トラベラーズチェックは1874年に Thomas Cook & Son（トーマスクック社）で考案・発売されたものである．

H. 文化：大学

Chicago（シカゴ）大学と The California Institute of Technology が設立された．

I. 芸術：文学

・Sir Arthur Conan Doyle（ドイル）が *The Adventures of Sherlock Holmes*（シャーロック・ホームズの冒険）を出版した．

・Thomas Hardy（ハーディ）が *Tess of the D'Urbervilles : A Pure Woman*（テス）を出版した．

J. 芸術：絵画

Paul Gauguin（ゴーガン）が *Two Women on the Beach* と *Woman in a Red Dress* を描いた．

1892年

A. 細菌性疾患：ガス壊疽

William Henry Welch（ウェルチ）と George Henry Falkiner Nuttall（ナットール）はガス壊疽の原因物質について記述し，*Bacillus aërogenes capsulatus* と名づけた．1898年，Adrien Veillon と A. Zuber は *Bacillus perfringens* と名づけた．Welch's bacillus として知られているこの細菌は，1920年までは *Clostridium welchii* と呼ばれ，以降は *Clostridium perfringens* という名が正式名となった．

B. 細菌性疾患：***Haemophilus influenzae***

1889～1890年のインフルエンザの大流行の後，Richard Friedrich Johannes Pfeiffer（プファイファー）はこの原因と考えられる細菌を分離した．1933年までは，ウイルスがインフルエンザの原因であるとは証明されていなかった．Pfeiffer の同定した微生物は *Haemophilus influenzae* として知られるようになり，子どもの髄膜炎の原因の1つである．1889～1890年の大流行とこの細菌との確かな関連は不明である．（1993年D参照）

C. 細菌性疾患：コレラ

1892年8,9月に，ドイツの Hamburg（ハンブルグ）市でコレラの激烈な発生が起こっ

た．この流行に対処するためドイツ政府から権限を与えられた Robert Koch（コッホ）は，病気の蔓延をコントロールするため患者と健康者との隔離を強く要求した．しかし，Hamburg で広く知られていた高名な衛生学者の Max von Pettenkofer（ペッテンコーファー）は Koch の計画に強く反対した．Pettenkofer は，コレラ菌は地下水にまず出現し，そこで病気を引き起こす毒気を引き出す変化を起こすと考えていた．Koch の手法は有効で，流行は消退し，社会や政府は Koch の病因説の概念が証明されたと認めた．しかし，Pettenkofer は納得しなかった．10月，彼は Koch の同僚 Georg Gaffky（ガフキー）に頼んで培養したコレラ菌をもらい，すぐに飲んでしまった．Pettenkofer は数日にわたり下痢をしたが，さらなる症状発現もなく治ってしまった．彼は，このエピソードを証明とし，細菌が飲料水の中にあったとしても，地下水を通る伝染経路がないとすべての症状がでるコレラにはならない，と主張した．

D. 細菌性疾患：内毒素

Richard Friedrich Johannes Pfeiffer（プファイファー）は病気の症状を起こさない培養抽出物をもつ細菌に"endotoxin"（内毒素）という名をつけた．彼は内毒素を，細胞が溶解するときに放出される細菌細胞の活性構造物の一部と定義した．病気の原因としての内毒素をもっている病気にはチフス，コレラ，肺炎，脳脊髄膜炎などがある．（1856年B，1933年B，1954年C参照）

E. 感染症：タバコモザイクウイルス

タバコモザイク病の研究で，Dmitri Ivanovsky（イヴァノフスキー）は細菌を通過させない candle filter を通過する病原体を示した．細胞性感染源という意味の *contagium vivum fixum* という言葉を用いて，彼は，濾過液に感染性があり，休止型，おそらく胞子であろうと提言した．Ivanovsky は新しい感染性微生物，ウイルスを発見したとはわからずに，細菌の1種と考えていた．Ivanovsky は Adolf Mayer（マイヤー）の 1882年のタバコモザイク病の報告を知らなかった．（1882年F，1899年E参照）

F. 免疫学：受動免疫と能動免疫

1892年と1897年，Paul Ehrlich（エールリヒ）は免疫理論を出版し，受動免疫と能動免疫の違いを指摘した．（1897年G参照）

G. 免疫学：コレラ

Waldemar Haffkine（ハフキン）は，40℃ 以上での増殖で弱毒化したコレラ菌の生菌を，インドで免疫療法に用いた．ワクチンは有効であったが，非常に多くの副作用があり，予防接種は中断された．（1885年G，1896年D，1897年F参照）

H. 物理学：Dewar フラスコ

James Dewar（デュアー）は，"Dewar フラスコ"と呼ばれる，望みのまま冷たくそ

して温かく内容物を保つ最初の魔法瓶を発明した．

I.　芸術：音楽

Ruggiero Leoncavallo（レオンカヴァッロ）のオペラ *Pagliacci*（道化師）がミラノで上演された．

J.　芸術：文学

Rudyard Kipling（キプリング）の詩集 *Barrack-Room Ballads*（兵営のうた）が出版された．中には "*Gunga Din*" と "*The Road to Mandalay*" が含まれている．

K.　芸術：絵画

Henri de Toulouse-Lautrec（トゥールーズ＝ロートレック）が *At the Moulin Rouge*（ムーラン・ルージュ）を描いた．

1893 年

A.　細菌生理学：乳酸菌

Martinus Beijerinck（ベイエリンク）はすべての生細胞がもっている特性と思われていた過酸化水素の分解ができない乳酸グループの細菌があることを報告した．動物や植物の組織が過酸化水素を分解する事実はよく知られていたが，酵素が発見されたのは 1901 年で，Oscar Loew（ロウ）が "catalase"（カタラーゼ）と名づけた．1923 年 M. B. McLeod（マクラウド）と J. Gordon（ゴードン）は細菌の分類を行うために診断的特性としてカタラーゼ試験を用いることを推奨した．

B.　細菌生理学：走化性

Martinus Beijerinck（ベイエリンク）は，細菌が溶存酸素の特定の濃度方向に走化性を示すことを明らかにした．彼は細菌を培養管の底におき，水を上に入れておいた．ある時間の後に細菌は培養管の底と液体表面の間のはっきり識別できる層に移動していた．空気を水素に置き換えると，細胞は移動しなかった．（1881 年 D, 1885 年 C, 1969 年 C 参照）

C.　免疫学：破傷風毒素

Paul Ehrlich（エールリヒ）が，硫化炭素 "carbon sulphide" で破傷風毒素を処理した後では，毒性は失うものの，免疫を刺激する能力は失っていないことを発見した．彼は無毒の形になったものを "toxoid"（トキソイド）と名づけた．Émile Roux（ルー）と L. Vaillard（ヴァイヤール）はヨウ化カリウムヨウ化物溶液で処理して毒素の弱毒化を行った．（1904 年 C, 1927 年 G 参照）

D.　ウイルス学：灰白髄炎

Boston（ボストン）郊外の町で 26 例の灰白髄炎の突発流行がみられたが，2 人の臨

床家が，郊外に住んでいる人たちより，都市部に住んでいる人たちがより免疫を獲得していると予測した．1894年には，Bostonから125マイル離れたヴァーモント（Vermont）州のRutland（ラトランド）で132人が罹患した流行がみられた．

E. 感染症：**テキサス熱**

Theobald Smith（スミス）とF. L. Kilbourneは，原虫病であるいわゆるテキサス熱がダニによって広められることを証明した．

F. 技術：**自動車**

Henry Ford（フォード）が彼の最初の自動車をつくった．1903年に，かなりの数の株主と一緒にthe Ford Motor Company（フォード自動車会社）を設立した．

G. 技術：**ディーゼルエンジン**

Rudolf Diesel（ディーゼル）は，シリンダーの中に充満したガスを圧縮することで起こる熱で点火し，したがって電気火花が不要な内燃機関を開発した．ディーゼルエンジンはNikolaus August Otto（オットー）によって発明されたものより重く，重量のある自動車に用いられるようになった．（1876年H参照）

H. 技術：**ジッパー**

Egbert Putnam Judson（ジャドソン）は衣類の留め具としてジッパーを発明した．

I. 文化：**大学**

The Johns Hopkins Medical School and Hospitalが，Baltimore（ボルティモア）に設立された．

J. 芸術：**音楽**

Englebert Humperdinck（フンパーディング）作曲のオペラ *Hansel and Gretel*（ヘンゼルとグレーテル）が上演された．

K. 芸術：**絵画**

Edvard Munch（ムンク）が *The Scream*（叫び）を描いた．

1894年

A. 細菌構造：**細菌細胞壁**

Alfred Fischer（フィッシャー）が細菌細胞壁の存在を実証した．彼は原形質分離を用いて細胞膜を細胞壁から分離させ2つの別々の構造物を示した．（1900年B，1902年C参照）

B. 細菌生理学：**硫酸還元細菌**

酵母の工場の蒸気ボイラー内に蓄積する硫酸カルシウムの検査中に，Martinus Beijerinck（ベイエリンク）は硫酸を還元する細菌を分離し，*Spirillum desulfuricans* と名づ

けた．その名前は1936年にAlbert Jan KluyverとCornelius B. van Niel（ニール）によって*Desulfovibrio desulfuricans*と変えられた．

C. 細菌性疾患：**ペスト菌**

Alexandre Émile John Yersin（イエルサン）とShibasaburo Kitasato（北里柴三郎）は別々に，腺ペスト原因細菌を発見した．この細菌は，今では*Yersinia pestis*と名づけられている．Yersinの研究の記述から，細菌の培養にも彼が成功しており，正確にそれを述べていることが明確であった．しかし，Kitasatoと彼の仲間たちは引き続き双球菌のようにみえるものを記載した相容れない報告書をつくり，Yersinの研究に疑いを投げかけた．これは，Kitasatoがペスト菌を発見すると同時に，双球菌を観察していたのであった．

D. 細菌性疾患：**食中毒**

J. Denysは化膿性ブドウ球菌が，病気のウシの肉を食べた家族の症状と1人の死亡に関係していたと報告した．彼はまたこの細菌の培養株をウサギの胸膜に注射しても病気を起こさないことを発見していた．（1888年D，1895年C，1914年C，1930年B参照）

E. 免疫学：**溶菌素**

Richard Friedrich Johannes Pfeiffer（プファイファー）は生きた食細胞の有無にかかわらずコレラ菌やチフス菌を殺す抗体を"bacteriolysins"（溶菌素）と名づけた．

F. 免疫学：**ジフテリアワクチン**

Émile Roux（ルー），Alexandre Émile John Yersin（イエルサン）とLouis Martin（マルタン）は免疫したウマを用いてジフテリアの抗毒素の大量生産を開始した．以前の大量生産はヒツジやヤギを用いていた．William Hallock Park（パーク）は，Anna Wessels Williams（ウィリアムズ）と共に，*Corynebacterium diphtheriae*の非定型株，株8（the Park-Williams株）を発見した．この株は，後に世界中でジフテリア毒素の生産に用いられた．

G. 生物学：**細胞膜**

水溶性，脂溶性成分の植物の毛根への浸透を研究していたCharles E. Overton（オーヴァートン）は，脂肪親和性成分が親水性成分より速く浸透することを発見した．彼は，細胞膜が脂油のようにふるまい，コレステロールとレシチンを含んでいることを示唆した．（1910年G，1925年E，1934年G，1960年O，1972年K参照）

H. 生化学：**ヘキソースとペントースの構造**

Emil Hermann Fischer（フィッシャー）はいくつかの六炭糖（ヘキソース）と五炭糖（ペントース）の構造を確定した．

I. 生化学：酵素–基質相互作用

異性配糖体における水溶性酵母抽出物の作用の研究から，Emil Hermann Fischer（フィッシャー）は酵素と基質の相互作用の "lock-and-key"（鍵と鍵穴）説を定式化した．

J. 生化学：酸化酵素

Gabriel Émile Bertrand（ベルトラン）が酸化酵素は金属を含んでいることを初めて示した．彼はラッカーゼがマンガンを含んでいると考えたが，後に銅が含まれていることがわかった．

K. 社会と政治

Alfred Dreyfus（ドレフュス）がフランスで，ドイツに軍の情報を売ったと告発され，軍法会議にかけられた．彼は後で無実であることがわかった．

L. 芸術：演劇

George Bernard Shaw（ショー）の劇 *Arms and the Man* がロンドンで公演された．

M. 文化：建築

ロンドンの Tower Bridge がオープンした．

1895 年

A. 細菌生理学：窒素固定

Sergei Winogradsky は培養で窒素固定を行うことができる細菌を初めて同定した．彼は土壌の培養から継代培養を繰り返すことで，*Clostridium pastorianum* と彼が名づけた嫌気性芽胞形成細菌を分離した．この名称は後に *Clostridium pasteurianum* に変更された．（1888 年 B，1901 年 C，1928 年 A 参照）

B. 食物細菌学：食物腐敗

Harry L. Russell（ラッセル）は，エンドウの缶詰において細菌がガスを含んだ膨化と異臭を引き起こすことを報告した．次の年に，Samuel C. Prescott（プレスコット）と William L. Underwood（アンダーウッド）が缶詰のトウモロコシの細菌による腐敗で同じような報告をした．どちらの研究者のグループも缶に密封する前に野菜を熱で滅菌することを推奨した．（1839 年 C 参照）

C. 細菌性疾患：食中毒/ボツリヌス中毒

Emile-Pierre-Marie von Ermengem が，*Bacillus botulinus* と名づけた細菌により産生される毒素によってボツリヌス中毒が起こることを示した．この細菌は現在では *Clostridium botulinum* と呼ばれている．最初に発見されたときには，中毒は主にソーセージや他の肉製品に関連していると考えられていた．

D. 微生物学：無菌生物

無菌状態で動物を育てることに，George Henry Falkiner Nuttall（ナットール）と H. Thierfelder が成功した．彼らは帝王切開で生まれたモルモットを無菌状態におくことで開始した．動物は 8 日間生き，このような実験は失敗するであろうとした 10 年前の Louis Pasteur（パストゥール）の主張に反論する結果をもたらした．しかし，彼らのモルモットが対照の動物に比べ体重が増えないことから，さらなる実験で彼らは立場を変えた．Nuttall と Thierfelder は後の研究者に引き継がれるようないろいろな技術を開発した．（1885 年 J，1899 年 C，1928 年 D 参照）

E. 免疫学：補体/アレキシン

Jules Bordet（ボルデ）は，*Vibrio cholerae* の研究において，血清中の溶菌作用には 2 つの要素が必要であることを証明した．普通の（免疫されていない）血液中の 55℃ で不活化される熱に不安定な物質と，細菌に対し免疫された動物の血液中にある殺菌作用をもつ物質である．彼は普通の血液中に認められた熱に不安定な物質に対し Hans Buchner（ブフナー）の言葉であるアレキシンを用いた．Paul Ehrlich（エールリヒ）は 1899 年にこの物質の名前を "complement"（補体）と変えた．Bordet は 1919 年のノーベル生理学医学賞を受賞した．（1898 年 I 参照）

F. 生化学：酸化-還元反応

Paul Ehrlich（エールリヒ）はウサギへの皮下注射の後に，alizarin blue と indophenol blue が異なった組織に取り込まれることを発見した．染料は酸化と還元の状態を示した．Ehrlich はこの反応が細胞内の触媒によって起こるとは考えなかったが，彼の研究は indophenol oxidase の発見を導いた．Ehrlich は dimethyl-*p*-phenylenediamine と α-naphthol が indophenol blue をつくる反応をすることを明確にした．（1893 年 C，1895 年 G，1910 年 D 参照）

G. 生化学：NADI 試薬/indophenol oxidase

F. Röhmann と W. Spitzer は組織中の酵素によって indophenol blue がつくられるとした．彼らは α-naphthol と dimethyl-*p*-phenylenediamine の混合物を 2 つの成分の名前を短縮して "NADI 試薬" と呼んだ．後に Mr. Nadi がこの反応を発見したと間違って記述されることがあった．（1910 年 D，1924 年 C，1938 年 F 参照）

H. 物理学：X 線

Wilhelm Konrad Röntgen（レントゲン）が X 線を発見した．

I. 心理学：ヒステリー

Sigmund Freud（フロイト）は，Josef Breuer（ブロイアー）とともに *Studien über Hysterie*（ヒステリーの研究）を出版した．

J. 技術：**映画**

Auguste と Louis Lumière（リュミエール兄弟）が，映画を投影する機械"cinematographe"の特許をとった．パリで最初の公衆への上映会が行われた．

K. 芸術：**文学**

Stephen Crane（クレイン）が *The Red Badge of Courage* を執筆した．

L. 芸術：**演劇**

Oscar Wilde（ワイルド）の演劇 *The Importance of Being Earnest* がロンドンで公演された．

1896年

A. 細菌性疾患：**サルモネラ食物感染**

Emile-Pierre-Marie von Ermengem は，数人に症状をもたらしたと考えられたソーセージを食べた食肉衛生調査官を死に至らしめた食物感染の原因菌が *Salmonella enteritidis* であることを証明した．その細菌はソーセージから発見され，発病者の剖検と細菌学的検査の結果，肝臓，脾臓，肺，腎臓，回腸内容物からも発見された．（1888年 D 参照）

B. 細菌性疾患：**ジフテリア**

Karl Bernhard Lehmann（レーマン）と R. Neumann（ノイマン）はジフテリアの原因菌を *Corynebacterium diphtheriae* と命名した．

C. 免疫学：**腸チフス**

Almroth Wright（ライト）は死菌のワクチンを用いた腸チフスに対する予防的免疫についての速報を出版した．彼は後に 1898 年のインドと，Boer War（ボーア戦争）の間の南アフリカでのイギリス軍の実地調査の指揮を執った．結果は満足のいくところであったが，William Boog Leishman（リーシュマン）が 1904 年にさらなる調査を行うまでは適切な統計的証明が得られなかった．Wright の弟子の 1 人 Alexander Fleming（フレミング）は，ペニシリンを発見した．（1922 年 D, 1929 年 B 参照）

D. 免疫学：**コレラ**

Wilhelm Kolle は，カンテンで培養し食塩で再懸濁した細胞を用いて，熱殺菌コレラワクチンを開発した．このタイプのワクチンは長年にわたって使用された．（1885 年 G, 1892 年 G 参照）

E. 免疫学：**凝集反応試験**

Max Grüber（グリューバー）は細菌を特異的に凝集させる抗体を血清中に発見した．Herbert Edward Durham（ダラム）とともに，彼は試験管や顕微鏡のスライド上で

この現象を研究した．すぐ後で，Georges Fernand Isidore Widal（ヴィダル）は感染患者の血清でチフス菌が凝集することを報告した．その試験は Grüber-Widal テストとして知られるようになったが，後に Widal テストといわれるようになり，チフスの診断に引き続き用いられている．

F. 生化学：ビタミン

Christiaan Eijkman（エイクマン）はオランダ領東インド（現在のインドネシア）で脚気の研究をしており，脚気は細菌によって引き起こされると信じていた．その過程で，食事の欠乏によって起きたニワトリの病気を偶然発見した．彼の研究は，他の人の研究とともに，今ではビタミン A として知られている必須な物質がコメの種子の殻に含まれていることを示した．彼が示唆した "基本栄養素"（essential food factors）の考えは，Frederick Gowland Hopkins（ホプキンズ）と Casimir Funk（ファンク）の研究によって実証された．Funk は後にその基本栄養素に "ビタミン" という名をつけた．Eijkman と Hopkins は 1929 年のノーベル生理学医学賞を受賞した．

G. 物理学：放射能

Antoine Henri Becquerel（ベクレル）はウラニウム原子から放たれる "uranic rays" を発見した．uranic rays を研究した Marie Curie（キュリー）は，放射が原子の性質であり，化学反応の結果ではないことを証明した．彼女は後にこの放射を "radioactivity"（放射能）と呼んだ（1898 年 N 参照）

H. 社会：Nobel 賞

Alfred Nobel（ノーベル）が，毎年 5 分野で賞（Nobel 賞）を与えることに彼の財産を使うことを約束した遺志を残して死亡した．物理学，化学，生理学と医学，文学と平和の 5 分野である．第 1 回授賞は 1901 年であった．

I. 社会と政治

Plessy vs. Ferguson（プレッシー対ファーガソン）事件でアメリカ合衆国最高裁判所は Louisiana（ルイジアナ）州における鉄道の列車の人種隔離政策を支持し，交通，公共宿泊所，教育などの設備における "分離はするが平等"（separate but equal）の原則を確立した．

J. 芸術：文学

A. E. Housman（ハウスマン）が詩集 *A Shropshire Lad* を出版した．

K. 芸術：音楽

Giacomo Puccini（プッチーニ）のオペラ *La Bohéme*（ラ・ボエーム）が上演された．

L. 社会：運動競技

第 1 回の近代オリンピックがギリシアの Athens（アテネ）で開催された．Athens

は398年,最後に古代オリンピックが行われた場所であった.

1897年

A. 細菌分類
Walter Migula が *System der Bakterien* の第1巻を出版した.第2巻は1900年に出版された.彼は *Schizomycetes* を2つに分け,*Eubacteria* と *Thiobacteria* に分類した.それぞれ真性細菌と硫黄細菌である.(1886年A参照)

B. 細菌構造:核
A. Meyer(メイヤー)が細菌の研究に微量化学の手法を導入した.彼の *Bacillus* と *Clostridium* を用いたいくつかの観察では細菌は真の核をもっていた.細菌は核をもたないという反対意見を Walter Migula と Alfred Fischer(フィッシャー)が1903年に唱えた.(1888年C,1909年B,1935年B参照)

C. 発酵:無細胞発酵
Eduard Buchner(ブフナー)は,ケイ砂とケイ藻土を加えて粉砕され濾過された,ビール酵母の無細胞標本で,さまざまな糖類がエチルアルコールと二酸化炭素に変わる発酵を起こすことを報告した.この発見は,Louis Pasteur(パスツール)の発酵を引き起こす原因はそれを引き起こす細胞と分離できないという生気論的主張に反対するものであった.Buchner は,"zymase" と名づけた水溶性発酵素が,タンパク質であることは間違いがないと主張した.これは30年間解決されなかった概念であった.Buchner はこの仕事で1907年のノーベル化学賞を受賞した.

D. 細菌性疾患:ウシの伝染性流産
Bernhard Laurits Frederick Bang(バング)は,Oluf Bang として知られているデンマークの臨床家であり獣医であるが,ウシの伝染性流産を引き起こす細菌を同定し,*Bacillus abortus* と名づけた.この病気は Bang 病とも呼ばれる.この菌と David Bruce(ブルース)の発見した *Micrococcus melitensis* との関係は,1918年の Alice Catherine Evans(エヴァンズ)の研究があるまでわからなかった.両方の種は1920年に *Brucella* 属に入れられた.

E. 原虫性疾患:マラリア
Ronald Ross(ロス)は,カ(蚊)の胃壁中の受精卵細胞を観察していて,ハマダラカの中にマラリア寄生虫を発見した.Ross はこの業績で,1902年のノーベル生理学医学賞を受賞した.(1880年D,1883年C,1884年I,1885年K,1898年J参照)

F. 免疫学:ペストワクチン
インドで研究していた Waldemar Haffkine は,ペスト菌の死菌を用いてワクチンを

開発した．The Plague Research Laboratory（後にHaffkine Instituteと改称）が設立され，ここで多量のワクチンが生産された．

G. 免疫学：**側鎖説**

Paul Ehrlich（エールリヒ）は，毒素と抗毒素の間の相互作用を説明するために，側鎖説あるいは受容器説を唱えた．彼は，Emil Hermann Fischer（フィッシャー）のlock-and-key説（酵素–基質の相互作用説）に影響を受けた．Ehrlichは，細胞は栄養素分子のそれぞれに特異性をもつ受容体を細胞表面にもっていると，以前に主張していた．彼はこの概念を発展させて，細胞の表面に抗毒素（抗体）受容体があり，毒素（抗原）と結合することで受容体が過剰に生産され，その受容体が循環血液の中に放出されることを提唱した．

H. 免疫学：**毒素と抗毒素の測定**

Emil Hermann Fischer（フィッシャー）はジフテリアの毒素と抗毒素の測定法を開発し，抗血清の抗力試験の問題点を解消した．（1894年F参照）

I. 免疫学：**沈降反応**

Rudolf Kraus（クラウス）はコレラビブリオの培養菌の濾過液が抗血清を加えると沈殿物が生じることを発見した．彼はチフス菌，ペスト菌の濾過液にも抗血清を加えると沈殿物ができることを明らかにした．

J. 生化学：**酸化酵素**

Gabriel Émile Bertrand（ベルトラン）は酸化反応の触媒となる酵素を，"oxidase"（酸化酵素）と呼ぶことを提唱した．

K. 生化学：**酸化還元反応**

W. Spitzerはindophenol oxidase（1910年にJoseph Kastleによって名づけられた）が鉄を含んでおり，酸化還元反応に鉄が必要であるとする観察を初めて行った．

L. 物理学：**電子**

陰極線の実験で，J. J. Thomson（トムソン）は電子の存在を証明し，原子はそれ以上分割できないものであるという従来信じられていた考えを改めさせることとなった．George Johnston Stoney（ストーニー）によって1874年に提唱された"electron"（電子）という名称が，陰電荷粒子に使われることになった．Thomsonは1906年にノーベル物理学賞を受賞した．彼の研究助手のうち7人が，後にノーベル賞を受賞した．

M. 社会と政治

Klondike（クロンダイク）川のゴールドラッシュが，カナダのYukon（ユーコン）準州のBonanza Creek（ボナンザ支流）での金の発見から始まった．

N. 芸術：文学
Bram Stoker（ストーカー）が小説 Dracula（ドラキュラ）を出版した．

O. 芸術：音楽
John Philip Sousa（スーザ）と彼のバンドが，行進曲 The Stars and Stripes Forever（星条旗よ永遠なれ）を演奏した．

1898 年

A. 細菌生理学：Voges-Proskauer テスト
O. Voges（フォゲス）と Bernhard Proskauer（プロスカウエル）は coli-aerogenes 菌を識別するためのプロセスについて記載した．彼らは Aerobacter（Enterobacter）aerogenes を培養しているときにショ糖にカリウムを加えることで赤く変色するのに対して，Escherichia coli を培養しているときは変色しないことを発見した．1906 年には，Arthur Harden（ハーデン）と W. S. Walpole（ウォルポール）がこれらの反応は培養中の acetylmethylcarbinol（アセトイン）の形成によるものであることを発見した．このテストは，1931 年に R. A. O'Meara（オマーラ）によってクレアチンを加えることにより，1936 年に M. M. Barritt によって α-naphthol を加えることにより，さらに改良が加えられた．（1906 年 B，1910 年 A，1936 年 C，1937 年 B 参照）

B. 細菌生理学：Durham 管
Herbert Edward Durham（ダラム）は，細菌を培養するときに産生される気体を集めるために，糖の発酵用の培地の入った管に小さな逆さまにしたガラス瓶を用いる方法を紹介した．管がオートクレーブで暖められるときに空気が逆さまにしたチューブから追い出され，冷えるときに液体培地で満たされるのである．Durham 管以前には，横に腕のある管などのさまざまな工夫が気体産生を確認するためになされていた．

C. 細菌性疾患：赤痢菌
Kiyoshi Shiga（志賀潔）が Shigella dysenteriae を分離した．この菌は赤痢を引き起こす．Simon Flexner（フレクスナー）はフィリピンで同様の菌を分離した．しかし，André Chantemesse（シャントメス）と Georges Widal（ヴィダル）は既に 1888 年に赤痢を引き起こす菌を分離していた．（1900 年 E，1903 年 D 参照）

D. 細菌性疾患：胸膜肺炎/PPLO
Edmond Nocard（ノカール）と Émile Roux（ルー）らは，ウシに胸膜肺炎を引き起こすウイルス，もしくは胸膜肺炎を起こす微生物（pleuropneumonia organism, PPO）を発見し，細胞壁を欠く菌，マイコプラズマの研究を始めた．彼らは，その微生物を感染動物の肺から得られた液体の中からは顕微鏡で確認することはできなかった．そ

こで，ウサギやモルモットの腹腔内に保留したcollodion sacsの中で培養してみた．NocardとRouxは，その微生物が細菌用のフィルターを通過し，多態性で，光学顕微鏡でかろうじて見えることに気づいた．これらの発見が逆にウイルスという微生物に関しての誤解を招くことになった．このような状態で同様の微生物がみつかると，pleuropneumonia 様微生物（pleuropneumonialike organism, PPLO）と称されるようになったのは，1935年以降である．1929年，D. G. ff. Edward（エドワード）とE. A. Freundtが"mycoplasma"（マイコプラズマ）という名前を提唱した．（1929年C, 1935年D参照）

E. 細菌性疾患：結核

Theobald Smith（スミス）は結核菌のタイプとして，ヒト型とウシ型を区別することを提唱し，ウシ型の菌もヒトに感染しうることを指摘した．Robert Koch（コッホ）は，ウシ型菌はヒトには軽い症状しか起こさないことを強く主張し，それによってヒト型に対する免疫を獲得できる可能性を示唆した．（1906年I参照）

F. ウイルス学：バクテリオファージ

Nikolae Gamaleiaは，ある培養から別の培養へと伝播できる物質による溶菌現象を記載した．彼はこの現象を生化学反応と考えたのであるが，彼は細菌性ウイルスであるバクテリオファージの働きについて最初に注目したことになる．（1915年C, 1917年C参照）

G. ウイルス性疾患：手足口病

Friedrich Löffler（レフレル）とPaul Froschは，ウシに手足口病を引き起こす微生物が細菌用のフィルターをすり抜け，光学顕微鏡ではみえないことを発見した．これが"濾過性ウイルス"（filterable virus）が原因であるとされた最初の動物の病気である．（1882年F, 1892年E, 1898年H, 1899年E参照）

H. 感染症：粘液腫

Giuseppe Sanarelli（サナレッリ）はウサギの粘液腫を引き起こす微生物を調べるのに，感染組織の上清を遠心分離する手法を用いた．みえる限り透明な上清が感染を引き起こすことがわかった．彼は起因微生物を不可視の物体と述べた．（1882年F, 1892年E, 1898年G, 1899年E参照）

I. 免疫学：免疫学的溶血

Jules Bordet（ボルデ）は，Hans Buchner（ブフナー）の研究に引き続いて，線維素を除去したウサギの血液をモルモットに注入することによって凝集を起こす抗体が産生され，ウサギの赤血球がすみやかに溶血することを発見した．この事実は，既にある2つの反応物に関する観察を裏づけることになった．それはアレキシン（後にいう

補体のこと）は非特異的であり，標的とする細胞が赤血球であろうとも細菌であろうとも，あらかじめ特異的な抗体で感作しておかなければ，まったく効果がないということである．(1889 年 F, 1895 年 E, 1901 年 G 参照)

J. 原虫性疾患：**昆虫など節足動物によるマラリアの媒介**

Ronald Ross（ロス）はハマダラカがマラリアをトリに伝播することを示した．また彼はトリの寄生体の生活環についても究明した．同じ年に Giovanni Grassi（グラッシ）はヒトにおけるマラリアの生活環に関する研究を完了し，カ（蚊）が，寄生体をヒトからヒトへうつすことを示した．Grassi はこれによって，Ross に対する 1902 年の Nobel（ノーベル）生理学医学賞の授与に抗議した．(1880 年 D, 1883 年 C, 1884 年 I, 1885 年 K 参照)

K. 生物学：**ミトコンドリア**

Carl Benda（ベンダ）は細胞質の中に小さな亜細胞性の構造物を発見し，"mitochondria"（ミトコンドリア）と名づけた．これは「軟骨の糸」という意味になるが，実際の構造や機能からいうとふさわしくない名前である．(1890 年 F, 1948 年 K 参照)

L. 生物学：**Golgi 体**

Camillo Golgi（ゴルジ）は，細胞の細胞質内に網状構造物を発見した．これは，後に Golgi（ゴルジ）体として知られるようになった．

M. 生化学：**ペルオキシダーゼ**

Georges Linossier は"peroxidase"（ペルオキシダーゼ）という酵素の研究をして，命名した．

N. 物理学：**放射性元素**

Marie Curie（キュリー）は夫 Pierre Curie との共同研究において，トリウム，ポロニウム，ラジウムという放射性元素を発見した．

O. 物理学：**液体水素**

James Dewar（デュアー）は，冷却気体に圧力をかけて断熱膨張させて温度を下げていくという Joule–Thomson（ジュール－トムソン）効果を利用して，水素を -259℃ にまで冷却し，液体にすることに成功した．Dewar は 1877 年に Louis-Paul Cailletet（カイユテ）に用いられた器具を使用してこれを示した．

P. 物理学：**光電効果**

J. J. Thomson（トムソン）と Philipp Lenard（ルナール）は光が金属表面から光電子を放出させることを示した．

Q. **社会と政治**

・キューバの Havana（ハバナ）湾でアメリカの戦艦 Maine が爆発して沈没したこと

により米西戦争が勃発した．
・1893 年に独立共和国であると宣言していた Hawaii（ハワイ）が，アメリカに併合された．Hawaii は 1959 年にアメリカの州となった．

R. 芸術：文学
・H. G. Wells（ウェルズ）が *The War of the Worlds*（世界戦争）という名の小説を書いた．これは地球が火星人に侵略される物語である．火星人の侵略は失敗した．というのは，彼らのシステムが準備ができていなかった細菌による腐敗や病気によって殺されてしまったからである．（1938 年 L 参照）
・Henry James（ジェイムズ）が *The Turn of the Screw*（ねじの回転）を書いた．

1899 年

A. 細菌構造：**脂肪小体とグリコーゲン**

A. Meyer（メイヤー）はスーダンⅢを用いて，細菌の脂肪小体を染色した．1940 年には T. L. Hartman がスーダンブラック B を同じ目的に用いることを紹介した．Meyer はまた，*Bacillus* 属のグリコーゲン顆粒を染めるのにヨード溶液を用いる方法を紹介した．

B. 細菌性疾患：**植物の病気**

Erwin Frink Smith（スミス）は，カボチャがしおれたり，ジャガイモが茶色く腐敗するのは細菌が原因であることを証明した人物であるが，有名なドイツの細菌学者であり，細菌は植物に病気を引き起こすことはできないと主張している Alfred Fischer（フィッシャー）の出版物に対して異議を申し立てた．Smith は彼自身や Thomas Jonathan Burrill や他の人々によってなされた 8 種類の異なる植物の病気に関する仕事について詳しく述べた．ドイツの学会誌に発表されたこの論文は，アメリカの植物生理学者の立場をヨーロッパの科学者の中に確立した．細菌の属名である *Erwinia* は Smith にちなんで命名された．（1879 年 D 参照）

C. 微生物学：**無菌生物**

M. Schottleius は無菌に保たれた前室があり，研究者がそこで滅菌の服に着がえる無菌の実験室をつくった．彼は無菌のニワトリを飼うことに成功したが，消化管内の細菌なしでは長期間生存することはできなかったと報告した．長期間ニワトリを生存させることの困難さは，この時代の栄養に関する誤った考え方によるものであった．1913 年ごろには，彼はある程度の成功を収め，消化管内の菌の必要性についての考え方を変えた．（1885 年 J，1895 年 D，1928 年 D 参照）

D. 感染性疾患：黄熱病

Walter Reed（リード）は Giuseppe Sanarelli（サナレッリ）の，黄熱病は細菌によって引き起こされるという主張に反論した．Reed は *Bacillus icteroides* という菌がブタコレラを引き起こすことを示した．1990 年に Reed は黄熱病の原因を突き止める委員会の長になった．

E. 感染性疾患：タバコモザイクウイルス

Martinus Beijerinck（ベイエリンク）は Adolf Mayer（マイヤー）と Dmitri Ivanovsky とは別に，タバコモザイク病は磁器の濾過器を通過する微生物によって引き起こされることを示した．彼はこの微生物を"細胞のない感染性の物体"という意味の"*contagium vivum fluidum*"と表現して，この病気は細菌によるものであると信じ続けている Ivanovsky の強い批判を招いた．タバコモザイクウイルスについて 3 つの別々の発見――Mayer, Ivanovsky, Beijerinck があったが，Beijerinck だけが細菌性疾患の原因微生物とは同一視できないということを認識していた．（1882 年 F，1892 年 E 参照）

F. 免疫学：補体

Paul Ehrlich（エールリヒ）は 1889 年に Hans Buchner（ブフナー），1895 年に Jules Bordet（ボルデ）によって"アレキシン"と呼ばれた正常な血液中の物体を"complement"（補体）と命名した．（1889 年 F，1895 年 E 参照）

G. 学会：Society of American Bacteriologists（アメリカ細菌学会）

この年の 12 月に Connecticut（コネティカット）州の New Haven（ニューヘブン）において，Society of American Bacteriologists が開催された．Alexander Crever Abbott（アボット），Herbert W. Conn（コン），Edwin O. Jordan（ジョーダン）らのボランティアによる委員会が学会を開催して，国中の細菌学者に参加を呼びかけた．W. T. Sedgwick（セジウィック）が初代学会長を務めた．1960 年には，学会名が American Society for Microbiology（ASM，アメリカ微生物学会）に変わった．

H. 物理学：放射能／α 粒子，β 粒子

Ernest Rutherford（ラザフォード）が，放射性元素から放出される，いわゆる α 粒子，β 粒子を発見した．（1900 年 M 参照）

I. 薬理学：アスピリン

ドイツの Bayer（バイエル）薬品会社が，アスピリンという名でアセチルサリチル酸の販売を始めた．この名はサリチル酸のもともとの名である spiraeic acid に由来している．この会社所属の化学者 Felix Hoffman（ホフマン）が，1893 年にこの化合物を合成した．

J. 社会と政治

Boer War（ボーア戦争）が南アフリカで始まり，1902年に終結した．イギリスによるダイヤモンド鉱山の獲得が焦点であった．

K. 芸術：音楽

Jean Sibelius（シベリウス）が交響曲 *Finlandia*（フィンランディア）を作曲した．

1900年

A. 細菌分類：**肺炎球菌の胆汁可溶性**

Fred Neufeld（ノイフェルト）は，肺炎球菌は胆汁に溶解するが連鎖球菌は溶解しないことを発見した．これによって，胆汁可溶性テストが肺炎球菌と連鎖球菌を区別するために用いられるようになった．

B. 細菌構造：**原形質吐出**

Alfred Fischer（フィッシャー）は，ある種の培地においては細菌の細胞壁が破れると，細胞質が泡のように外に出るという現象を見出した．Fischer はこの現象を"plasmoptysis"（原形質吐出；ギリシア語の plasmo と ptyein（つばを吐く）からきている）と名づけ，1894年に観察された原形質分離と区別した．（1894年 A，1902年 C 参照）

C. 細菌遺伝学：**突然変異**

Martinus Beijerinck（ベイエリンク）は最初に細菌を遺伝研究の材料として用いた．彼の実験は，*Serratia marcescens* の変種（彼は *Bacillus prodigiosus* と呼んだ）にみられるような，表現型の永続的な変化を示した．B. Bizio はこの細菌を1823年に *S. marcescens* と名づけていた．Beijerinck は Hugo de Vries（ド・フリース）とともにこの新しい種は突然変異によりできたものであると結論づけた．これらの実験は，Hugo de Vries, Erich Tschermak, Carl Correns らによって Mendel（メンデル）の仕事が再発見されたのと同じ年に報告されたことになる．（1865年 B，1900年 J，1907年 A，1934年 C 参照）

D. 細菌性疾患：**腸熱**

Hugo Schottmüller はパラチフス細菌である *Salmonella paratyphi* を発見した．

E. 細菌性疾患：**赤痢菌**

Simon Flexner（フレクスナー）は Lewellys F. Barker（バーカー）に同行して熱帯病を学ぶためにフィリピンを訪れ，1898年に Kiyoshi Shiga（志賀潔）が発見したものと同じような菌を分離した．これは，赤痢の症状を引き起こすことが示された．志賀の菌と Flexner の菌は，抗原的には異なっていたので，*Shigella dysenteriae*，*Shigella flexneri* と区別されることになった．(1898 年 C, 1903 年 D 参照)

F.　原虫性疾患：リーシュマニア症

William Leishman（リーシュマン）はトリパノソーマがカラアザールを引き起こすことを発見した．これらのトリパノソーマの属名（*Leishmania*），それによって引き起こされる病気の名称（leishmaniasis，リーシュマニア症），血液中の原虫を染める染色法名（Leishman 染色）は，すべて彼の名にちなんで名づけられた．

G.　ウイルス性疾患：アフリカウマ病

南アフリカのウマの血液からのサンプルを検査して，John M'Fadyean はアフリカウマ病を起こす病原体は細菌用のフィルターを通過することを発見した．1901 年には，Arnold Theiler（タイラー）は病原体が濾過性であることを含めてアフリカウマ病に関するより詳しい実験を行い出版した．しかし，この発見に関する優先権は M'Fadyean が得た．

H.　免疫学：血液型

Karl Landsteiner（ラントシュタイナー）は血清による赤血球の凝集反応に基づいて A, B, O の 3 つの血液型があることに気づき，命名した．彼は輸血の際に，この 3 つのタイプが重要であることを記載した．彼は 1902 年に AB 型を，1926 年に MNP による血液型を発見した．(1926 年 F, 1940 年 N 参照)

I.　生化学：適応酵素

F. Deinert は，酵母によるガラクトースの代謝は，培地がラクトースもしくはガラクトースを含んでいれば起こるが，ショ糖のみでは起こらないことを報告した．彼は，Henning Karström が 1930 年に adaptive enzymes（適応酵素）と名づけたものを最初に研究したことになる．後の 1953 年に適応酵素は誘導酵素（induced enzymes）と改称された．

J.　遺伝学：遺伝の法則

Gregor Mendel（メンデル）が，1865 年に発表した遺伝形質に関する論文は，3 人の植物学者 Hugo de Vries（ド・フリース），Erich Tschermak, Carl Correns（コレンス）らによって別々に再発見されるまではほとんど注目されていなかった．Correns は後に "分離の法則" や "独立の法則" という用語を導入した．(1865 年 B 参照)

K.　遺伝学：変異

Hugo de Vries（ド・フリース）は植物において突然の不連続な形質変化を "突然変異"（mutations；この言葉は従来は "変化"（change）の意味で用いられていた）と呼び，変化した植物を "突然変異体"（mutants）と呼んだ．変化のうちのいくつかは後に転位によるものであることが判明したが，他は突然変異によるものであること

が示された．彼は，Charles Darwin（ダーウィン）によって記載された段階的な変化ではなく，この突然変異が，進化をもたらすと論じた．

L. **生化学：共役反応によるエネルギーの移行**

Friedrich Wilhelm Ostwald（オストヴァルド）は，エネルギーは共役反応によって伝達されるという概念を提唱した．

M. **物理学：放射能**

Paul Villard が γ 線を発見した．これは放射性元素からの放射線として3番目に発見されたものである．（1899年H参照）

N. **物理学：量子理論**

Max Planck（プランク）が量子理論を提唱した．

O. **技術：Zeppelin 型飛行船**

Ferdinand von Zeppelin（ツェッペリン）は水素で満たされて堅いフレームからできている飛行船を紹介した．これは，Zeppelin型飛行船として知られ，第1次世界大戦の頃に広く用いられたが，1937年の有名な大事故があってからは，あまり用いられなくなった．1990年代後半になって，新しくデザインされたZeppelin型飛行船が建造された．（1937年Q参照）

P. **社会と政治**

Boxer Rebellion（義和団の乱）として知られる中国における外国人への攻撃は，結果的に何百人もの外国人の死を招いた．被害者の多くは宣教師であった．"boxer"という用語は，女帝Tzu Hsiの援助を受けた拳法集団がこの攻撃を行ったことに由来する．

Q. **芸術：音楽**

Giacomo Puccini（プッチーニ）によるオペラ *Tosca*（トスカ）が上演された．

R. **芸術：文学**

L. Frank Baum（ボーム）が *The Wizard of Oz*（オズの魔法使い）を出版した．（1939年U参照）

S. **芸術：絵画**

Pablo Picasso（ピカソ）が絵画 *Le moulin de la Galette* を制作した．

1901 年

A. 細菌分類：分類学

F. D. Chester（チェスター）の *Manual of Determinative Bacteriology* はアメリカの細菌分類学者に大きな影響を及ぼした．

B. 細菌分類：*Lactobacillus*

Martinus Beijerinck（ベイエリンク）は桿状の，乳酸を産生する菌で酵母やアルコールの工場でみられるものに関する調査報告を出版した．彼は形態的にも生理学的にも同じ微生物として *Lactobacillus*（ラクトバチルス）という名前を提唱した．（1893 年 A 参照）

C. 細菌生理学：共生によらない窒素固定

Martinus Beijerinck（ベイエリンク）は窒素を定着させる好気性の菌を分離した．この菌は木の根などといっしょでなくとも土壌中に自由に生存できる．彼は *Azotobacter* と名づけ，2 つの種，*Azotobacter chroococcum, Azotobacter agilis* について記載した．（1895 年 A，1928 年 A 参照）

D. 細菌生理学：細菌の増殖因子

酵母の可溶性抽出物から，E. Wildiers は酵母の成長に不可欠な物質を発見した．この物質を彼は "bios" と名づけたが，のちにビタミン B とされた．（1896 年 F，1906 年 L，1912 年 G 参照）

E. ウイルス性疾患：鶏ペスト

Eugenio Centanni と E. Savonuzzi は，candle filter を通過する鶏ペストの原因となる可能性のある微生物を分離した．彼らは，この濾過性ウイルスを培養しようと，2 つの胚が奇形となった 4 つの卵の実験など，さまざまな培養液で試みた．卵に関しては，これ以上の研究はなされなかった．鶏痘ウイルスの研究をしていた Ernest William Goodpasture が，ウイルスを漿尿膜で培養するようになったのは 1931 年であった．1955 年ごろ，さまざまな根拠が集まり，鶏ペストウイルスとインフルエンザウイルスに密接な関係があることが示唆された．（1927 年 A，1931 年 G，1936 年 G 参照）

F. ウイルス性疾患：黄熱病

Walter Reed（リード）がキューバにおけるアメリカ軍黄熱病委員会のリーダーとなった．James Carroll（キャロル）に助けられ，Reed はこの病気が，1898 年に Friedrich Löffler（レフレル）や Paul Frosch により報告されたウシに手足口病を引き起こす微生物と類似した，濾過性のものにより引き起こされることを突き止めた．黄熱病がウイルスによるものであるという Reed の結論は，ヒトの病気がウイルスによるもので

あるとした初めての報告である．この委員会は伝播がカ（蚊）によることも発見し，これがこの病気の撲滅につながった．（1919年D，1936年L参照）

G.　免疫学：補体結合

Jules Bordet（ボルデ）と Octave Gengou（ジャングー）はすべての抗原抗体反応は，ターゲットとなる抗原への補体の付着または結合を引き起こすことを示した．この過程は1906年に August von Wassermann（ワッセルマン）らにより梅毒の血液テストに応用された．（1895年E，1898年I参照）

H.　免疫学：チフスワクチン

腸チフスに対する死菌ワクチンのテストの成功を受けて，アメリカ軍はチフスワクチンの接種を義務づけた．（1896年C，1903年J参照）

I.　免疫学：自己免疫

Paul Ehrlich（エールリヒ）は，毒性のある自己抗体が産生されるかどうかという議論において"horror autotoxicus"（自家中毒のおそれ）という用語を用いた．Ehrlich は，その抗体が不活化されうることは示唆したが，産生されないということは示唆しなかった．彼の主張はかなり誤解され，これによって自己免疫疾患の研究を遅らせたことは否めない．（1904年B，1957年O参照）

J.　生化学：カタラーゼ

Oscar Loew は catalase（カタラーゼ）という酵素を発見し，名前もつけた人であり，それがほとんどすべてのタイプの組織と細胞にあることを示した．

K.　生化学：飽和脂肪

William Normann（ノーマン）は，腐敗による悪臭を防ぐような不飽和脂肪酸への水素添加法を開発し，食用の多不飽和脂肪を生産した．血管の硬化と多不飽和脂肪やコレステロールを摂取することとの関係は，1913年に解明された．（1913年D，1953年U参照）

L.　社会：Nobel賞

第1回の Nobel（ノーベル）賞の授与が行われた．Emil von Behring（ベーリング；生理学医学），Jacobus Henricus van't Hoff（ヴァント・ホフ；化学），Wilhelm Konrad Röntgen（レントゲン；物理学）が受賞した．

M.　文化：研究所

John D. Rockefeller（ロックフェラー）は Rockefeller Institute for Medical Reseatch（ロックフェラー医学研究所）を設立した．これは共同研究を行う研究者たちに実験室，研究室を提供するものである．

N. 技術：ワイアレスの通信

Guglielmo Marconi（マルコーニ）が，彼と Aleksandr Stepanovich Popov（ポポフ）が別々に 1895 年に発明したアンテナを用いて，ワイアレスの通信（無線通信）によってイギリスから Newfoundland（ニューファンドランド）へ Morse（モールス）信号を送ることに成功したときに，ラジオが発明された．Marconi は 1897 年にブラウン管を発明した Ferdinand Braun（ブラウン）とともに 1909 年の Nobel（ノーベル）物理学賞を受賞した．

O. 技術：**自動車**

自動車製造業者の Gottlieb Daimler（ダイムラー）は，オーストリアの外交官 Emil Jellinek の娘にちなんで名づけられた Mercedes（メルセデス）自動車を発表した．Jellinek は 1 年に 36 台の新車を売ると約束していた．1926 年に Benz（ベンツ）と Dimler は合併して Mercedes-Benz（メルセデス－ベンツ）という会社になった．（1885 年 O 参照）

P. 技術：**指紋**

Edward Richard Henry（ヘンリー）は多くの今日のシステムの基本となる指紋に基づく鑑定のシステムを発展させた．（1885 年 P 参照）

Q. 社会と政治

アメリカ大統領 William Mckinley（マッキンレー）は拳銃による創から感染して死亡した．Mckinley が受傷するほんの少し前に，彼の後を継ぐことになる副大統領の Theodore Roosevelt（ルーズヴェルト）は，アメリカの外交政策についてのスピーチで「棍棒を手に，おだやかに話す」と述べた．

1902 年

A. 細菌分類：*Thiobacillus*

A. Nathansohn が，硝酸塩を含むミネラル培地を用いて，初めてチオバチルス（thiobacillus）の純粋培養に成功した．*Thiobacillus thioparus* は好気性で，独立栄養で，硫黄を酸化する菌である．（1903 年 B，1922 年 B 参照）

B. 細菌分類：**肺炎球菌/Neufeld Quellung 反応**

肺炎球菌の異なる種に対する抗血清をつくっているうちに Fred Neufeld（ノイフェルト）は，種特異的な血清の存在下では菌の莢膜が膨張する（ドイツ語で Quellung）ことに気づいた．この現象の記載により Neufeld は，1896 年に H. Roger（ロジェ）によって行われた観察を引き継ぐことになった．Roger はかびの 1 種である *Oidium albicans*（現在では *Acrosporium* と呼ばれている）を免疫血清で扱っているうちに表面

があたかも膨張するようだと記載していた．Quellungsreaktion という用語は R. Etinger-Tulcynska による論文が 1933 年に公表されてから広く用いられるようになった．その論文には，*Diplococcus, Klebsiella, Streptococcus* の莢膜が膨張する様子が記載されていた．現在では，莢膜は膨張したり拡大したりするわけではなく，視覚的により明確にみえるようになるにすぎないことがわかっている．Neufeld Quellung 反応は莢膜のタイプによって肺炎球菌を分類するのに用いられている．

C.　細菌構造：**細胞壁と膜**

A. Grimme（グリム）と Alfred Fischer（フィッシャー）は，菌の細胞を塩の溶液中で原形質分離させ，細胞質が堅い細胞壁から離れて縮み上がってしまうことを示した．彼らは，菌は堅い細胞壁とは別に細胞膜をもっていると結論づけた．(1940 年 A, 1941 年 D, 1947 年 A, 1951 年 B, 1953 年 D, 1958 年 A 参照)

D.　細菌生理学：**窒素固定**

K. Shibata（柴田桂太）は非マメ科植物のハンノキ属やシルシアの根粒の共生生物について調べた．彼はハンノキ属のところにいる微生物はマイコバクテリウム属，シルシアの共生生物はアクチノマイセスであると結論づけた．1938 年には，R. Schaede が注意深く顕微鏡で調べて，いくつかの非マメ科植物の根粒にアクチノマイセスがいることを確認した．(1885 年 E, 1954 年 D, 1970 年 B, 1978 年 D 参照)

E.　細菌性殺虫剤：**昆虫の病原体**

カイコの細菌性の疾患について調べていた Shigetane Ishiwata は，好気性の芽胞を形成する菌を分離し，"Sotto-Bacillen" と名づけた．これは「突然崩壊する菌」という意味である．この菌は今では *Bacillus thuringiensis* と呼ばれている．1950 年代には，ガなどの害虫による農産物の被害を防ぐために用いられた．(1915 年 B, 1951 年 F, 1953 年 J, 1954 年 H 参照)

F.　免疫学：**ウシの結核に対するワクチン**

Emil von Behring（ベーリング）はウシに免疫する bovo-vaccine をつくるために，ヒト型結核菌を用いた．このワクチンは，ドイツ，スウェーデン，ロシア，アメリカで用いられたが，動物が感染性の結核菌を排菌している可能性があることがわかり，用いられなくなった．しかしながらこのワクチンは歴史的には重要である．というのは，ウシのワクチンをつくるのにヒトに特異的な微生物を用いたということが，ウシの菌を用いてヒトの結核に対するワクチンをつくった BCG (bacillus Calmette-Guérin) ワクチンへとつながったからである．(1890 年 C, 1906 年 I 参照)

G.　免疫学：**アナフィラキシー**

Paul Portier と Charles Richet（リシェ）は，即時型過敏反応で死にいたることもあ

るアナフィラキシーを発見した．この反応は，致死量以下の毒素を既に与えてある犬に，イソギンチャクから抽出した同じ毒素を2度目に与えたときに起こった．Richet は，免疫学における貢献により 1913 年に Nobel（ノーベル）生理学医学賞を受賞した．（1891 年 C 参照）

H. 免疫学：毒素の中和

Jan Danysz（ダニシ）はジフテリア毒素を中和するのに，一定量の毒素を一度に抗血清に加えれば中和されるが，同じ量のトキシンを2回以上に分けて投与すると完全には中和されないことを発見した．この Danysz 現象は Paul Ehrlich（エールリヒ）が唱えた抗原抗体の一定の比率での反応という考えに矛盾している．（1897 年 G 参照）

I. 遺伝：メンデルの法則

William Bateson（ベイトソン）は，鶏についての研究で，Mendel（メンデル）の法則を動物に対して最初に適用した．彼の出版物 Mendel's Principles of Heredity：A Defense は Mendel の業績を支持するものであった．（1865 年 B，1900 年 J，1905 年 H，1909 年 H 参照）

J. 医学技術：Wright 染色

James Homer Wright（ライト）は，マラリアの病原体を研究するために Dmitri Leonidovich Romanowsky（ロマノフスキー）の染色法を改良した．Romanowsky 染色はさまざまなタイプの細胞や組織を染色するのに広く用いられ，Wright 染色は血液の塗抹標本を染めるのに一般的に用いられるようになった．（1905 年 I 参照）

K. 生理学：血液ガス分析

Joseph Barcroft（バークロフト）と John Scott Haldane（ホールデーン）が血液ガス分析器を発明した．

L. 生化学：ペプチド結合

Emil Hermann Fischer（フィッシャー）と Franz Hofmeister（ホフマイスター）は別々に，タンパク質中のアミノ酸は，1つ目のアミノ酸の α-アミノグループとその次のアミノ酸の α-カルボキシルグループと結合し，アミド結合を形成していることを提唱した．このアミノ酸どうしのアミド結合はペプチド結合として知られるようになった．

M. 技術：ファクシミリの機械

Arthur Korn（コーン）は，電信によって写真を伝送するファクシミリの基本となる機械をつくった．1907 年には，彼は Munich（ミュンヘン）から Berlin（ベルリン）へ写真を送った．これが，新聞に写真が掲載されることの始まりであった．

N. 社会：**教育**

Cecil Rhodes（ローズ）が，Oxford（オックスフォード）大学における Rhodes 奨学金として3年分支給することを定める遺志を残して亡くなった．

O. 芸術：**文学**

・Joseph Conrad（コンラッド）が *The Heart of Darkness*（闇の奥）を出版した．

・Beatrix Potter（ポッター）が *The Tale of Peter Rabbit*（ピーター・ラビットのお話）というイラスト入りの物語を書いた．

P. 芸術：**演劇**

George Bernard Shaw（ショー）の戯曲 *Man and Superman*（人と超人）がロンドンで上演された．

1903 年

A. 細菌分類：**溶血による分類**

Hugo Schottmüller（ショットミュラー）は，さまざまなタイプの Streptococcus を，赤血球を溶血する能力に基づいて分類することを示唆した．（1919 年 A 参照）

B. 細菌生理学：**独立栄養生体／*Thiobacillus***

Martinus Beijerinck（ベイエリンク）が硫黄を酸化する菌について調べ，嫌気的な環境においては，二酸化炭素のみを炭素源として発育できることに気づいた．その菌は *Thiobacillus denitrificans* という名を与えられた．彼はまた *Thiobacillus thioparus* も名づけた．（1902 年 A，1922 年 B 参照）

C. 微生物生理学：**発酵**

Eduard Buchner（ブフナー），Hans Buchner と Martin Hahn（ハーン）は，リン酸塩が酵母汁による発酵を刺激することを発見した．

D. 細菌性疾患：***Shigella* 毒素**

3人の観察者，H. Conradi（コンラーディ），L. Rosenthal（ローゼンタール）と C. Todd（トッド）が，別々に，志賀の菌である *Shigella dysenteriae* はジフテリアや破傷風の毒素と同様に働く可溶性の毒素を産生し，一方，Flexner の菌である *Shigella flexneri* はそのような毒素を産生しないことを示した．（1900 年 E 参照）

E. 細菌性疾患：**無症候性キャリア**

Mary Mallon（マロン）は腸チフスの無症候性キャリアであり，食べ物を扱う職種に就いており，ニューヨーク市での腸チフスの大流行の発生源とみなされた．Typhoid Mary（腸チフスマリー）と呼ばれた彼女は，キッチンで働くのはやめるようにというたび重なる要求に従わなかったため，1915 年から亡くなる 1928 年まで留置される

ことになった．

F.　細菌性疾患：**梅毒**

Elie Metchnikoff（メチニコフ）と Émile Roux（ルー）は，チンパンジーが梅毒のウイルスに対して感受性があることを発見した．彼らは，この病気をあるチンパンジーから別のチンパンジーにうつすことに成功したのである．（1905年D参照）

G.　免疫学：**菌の鞭毛および体細胞の抗原**

Theobald Smith（スミス）と A. L. Reagh は，ブタコレラ菌と呼ばれる *Salmonella* に対する抗血清は2つの部分からなっていることを発見した．1つは鞭毛に反応し，もう1つは菌の鞭毛でない（可動性でない）部分に反応する．1920年以降はH抗原（鞭毛抗原に対して），O抗原（体細胞抗原に対して）という用語が用いられるようになった．（1920年C，1926年A，1941年A参照）

H.　免疫学：**炎症**

Nicolas Maurice Arthus（アルチュス）は，ミルクやウマの血清のような毒性をもたない物質であっても，それをウサギに皮下注射すると局所の炎症反応が起こるということを観察した．この現象は Arthus 反応として知られるようになった．Arthus は，ウマからの抗毒素を用いることによる危険を強調した．後に，かびの芽胞などの大気中の抗原を繰り返し吸入することによる肺の炎症は，Arthus 反応の1種であることがわかった．（1867年A参照）

I.　免疫学：**食作用**

Almroth Wright（ライト）と Stewart R. Douglas（ダグラス）は，"opsonins"（オプソニン）もしくは "bacteriotropins"（バクテリオトロピン）と名づけた特殊な抗体が，白血球の食作用を増強することを報告した．この発見は，細胞性免疫と液性免疫の両方の説を導く一助となった．（1884年H参照）

J.　免疫学：**腸チフス**

1904〜1909年に，William Leishman（リーシュマン）は Almroth Wright（ライト）の腸チフスワクチン作製法を改良して，インドでのテストに成功した．この方法により作られたワクチンは，第1次世界大戦で広く用いられた．（1896年C参照）

K.　ウイルス性疾患：**狂犬病**

Paul Remlinger は，狂犬病のウイルスが，穴のサイズがもっとも大きい Berkefeld のフィルターを通過することを確認した．

L.　ウイルス性疾患：**狂犬病**

Adelchi Negri（ネグリ）は，狂犬病の犠牲者において細胞質内の封入体構造が認められることを記載した．彼は，誤ってその構造物を原虫寄生体であると考え，1909

年に *Neurocytes hydrophobiae* と命名し，それが狂犬病の原因であると主張した．この構造物は "Negri bodies"（ネグリ小体）と呼ばれ，狂犬病の診断根拠とみなされるようになった．

M.　遺伝学：**染色体**

Walter Stanborough Sutton（サットン）と Theodor Heinrich Boveri（ボーヴェリ）は別々に，細胞分裂のときの染色体の挙動は Mendel（メンデル）の分離と独立の法則を説明しうると提唱した．彼らは，Gregor Mendel のいう単位とは染色体そのものであり，染色体上の遺伝子ではないと考えた．(1905 年 H 参照)

N.　顕微鏡：**限外顕微鏡**

Richard Adolf Zsigmondy（シグモンディ）と Henry Siedentopf は，コロイドの研究に用いるために限外顕微鏡を発明した．側方から強い光を投影することにより，暗い背景をバックにコロイドの粒子が浮かび上がる，というものである．Zsigmondy は 1925 年，この業績によって Nobel（ノーベル）化学賞を受賞した．

O.　技術：**飛行機**

Orville Wright と Wilbur Wright（ライト兄弟）は最初の飛行機による飛行に成功した．

P.　技術：**自動車**

Ford Motor Company（フォード自動車会社）は，2 筒 8 馬力モデルの最初の自動車を生産した．

Q.　社会：**大学と賞**

新聞人 Joseph Pulitzer（ピュリツァー）は Columbia University（コロンビア大学）の報道関係の学科に寄付をし，その一部を文学，演劇，音楽，ジャーナリズムの各部門におけるすぐれた業績に対する賞に使うことを定めた．

R.　芸術：**絵画**

Pablo Picasso（ピカソ）が *The Old Guitarist* を描いた．

1904 年

A.　菌類学：**真菌の生殖作用**

A. F. Blakeslee（ブレークスリー）は，*Rhizopus* という真菌において性的に別々の株があることを見出し，真菌にも交配型があることを発見した．性的に同一の株は形態学的にも区別ができず，彼は一方を "plus"（プラス），もう一方を "minus"（マイナス）と呼んだ．

B.　免疫学：**自己免疫疾患**
Julius Donath と Karl Landsteiner（ラントシュタイナー）は，発作性血色素尿症についての研究を報告した．これは現在ではまれな疾患であり，寒冷にさらされたとき，大量のヘモグロビンが尿中に排泄されるものである．これが自己抗体と補体による現象であるという彼らの結論は，自己免疫疾患を最初に認識したものと一般に考えられている．（1901年 I, 1957年 O 参照）

C.　免疫学：**トキソイド**
Alexander Thomas Glenny と E. Loewenstein は，ウマや他の動物を免疫するのにホルマリン処理をした毒素（トキシン）を用いた．Glenny は，ホルマリン処理したジフテリアトキソイドを用い，Loewenstein はホルマリン処理した破傷風トキソイドを用いた．1924年には，Gaston Léon Ramon（ラモン）も，ホルムアルデヒドで処理をしたジフテリア毒素を用いた．（1893年 C, 1927年 G 参照）

D.　ウイルス学：**鶏痘ウイルス**
Amédée Borrel（ボレル）は，1887年に行われた John Brown Buist の牛痘ウイルスの観察の事実を知らずに，鶏痘ウイルスの光学顕微鏡観察を行った．Enrique Paschen（パッシェン）は1906年に牛痘ウイルスを再発見した．（1886年 E, 1906年 G 参照）

E.　ウイルス学：**ウマ伝染性貧血症ウイルス**
Henri Vallée（ヴァレ）と Henri Carré（カレ）は，ウマに伝染性の貧血を引き起こす微生物は細菌用のフィルターを通過しうることを証明した．このウイルスは，後にレンチウイルスに分類された．このグループには，1980年代に発見された HIV が含まれる．

F.　生化学：**脂肪酸の酸化**
Franz Knoop（ヌープ）は，脂肪酸の β-酸化説について出版した．有機物のトレーサーとして，メチル基にフェニール残基をつけることにより，彼は，脂肪酸が一度に2個の炭素を失うことにより劣化していくことを突き止めた．フェニール誘導体は生理的な物質ではないが，これらの実験は代謝の研究において，標識づけをする技術を導入することになった．

G.　生化学：**酸化還元反応**
Fritz Haber（ハーバー）は，有機的酸化還元反応により生ずる電位に関する最初の研究を発表した．これは，キノン-ヒドロキノン反応である．

H.　生化学：**葉緑素のタイプ**
Richard Martin Willstätter（ウィルシュテッター）は，1904〜1916年に葉緑素の研究を行った．彼は，それぞれカロチン，キサントフィルを有する，α と β の2つのタイ

プを分離した．二酸化炭素の同化と酸素の産生を理解することができず，彼は，酸素の放出源である過酸化物の形成と，葉緑素と二酸化炭素の結合に対する光の影響を示唆した．Willstätter は，1915 年にこの葉緑素に関する研究によって Nobel（ノーベル）化学賞を受賞した．

I. 心理学：**条件反射**

Ivan Petrovich Pavlov（パヴロフ）は，1904 年に消化系に関する研究で Nobel（ノーベル）生理学医学賞を受賞した．彼の胃酸に関する研究は重要であるが，Pavlov は，現代では 1907 年に彼が始めた条件反射の実験の方でさらに有名である．イヌに食べ物を与えるときに常にベルを鳴らしていると，ベルの音だけでも反応して唾液を分泌するようになるという反射のことである．

J. 顕微鏡：**紫外線顕微鏡**

A Köhler（ケーラー）は，光学顕微鏡の解像力を上げるために紫外線を用いたことについての論文を発表した．（1942 年 K 参照）

K. 技術：**鉄道**

Moscow（モスクワ）から Vladivostok（ウラジオストック）を結ぶ 3200 マイルの Trans-Siberian Railway（シベリア横断鉄道）が開通して，世界最長の鉄道となった．

L. 技術：**自動車**

Detroit Automobile Company（デトロイト自動車会社）が，Cadillac Motor Car Company（キャデラック自動車会社）として再編成された．

M. 芸術：**音楽**

Giacomo Puccini（プッチーニ）によるオペラ *Madame Butterfly*（蝶々夫人）が Milan（ミラノ）で初めて上演された．

1905 年

A. 細菌生態学：

Martinus Beijerinck（ベイエリンク）は，Koninklijke Akademie van Wetenschappen から Leeuwenhoek（レーウェンフーク）賞を受けた際に，細菌生態学研究としての微生物学の方法について，初めてかつ唯一の見解表明を行った．Beijerinck の方法論は，環境中における物質の変化の研究に用いられることになったのだが，彼はその方法論を論文としてまとめることはしなかった．

B. 細菌分類と生理学：**コアグラーゼテスト**

L. Loeb（レーブ）は，ある種の細菌が血漿を凝固させることを報告した．彼は化膿性の staphylococci は他の菌と比べて強いコアグラーゼ活性をもつことを記載した．こ

のテストは *Staphylococcus aureus* の同定のための診断的に重要なものであるとみなされている．

C. 細菌生理学：発酵

Franz Schardinger（シャルディンガー）は，湿気にさらされた亜麻から分離された菌について研究し，*Bacillus macerans* と名づけた．これは，アセトンを産生する菌として初めて知られたものである．

D. 細菌性疾患：梅毒

臨床医 Eric Hoffmann（ホフマン）とともに働いていた Fritz Schaudinn（シャウディン）は，梅毒性の下疳からの浸出液中にらせん状の菌を発見した．彼は，それが他のスピロヘータと似ていたので，その微生物を *Spirocheta pallida* と名づけた．他のスピロヘータと異なるところもあったため，後に彼は *Treponema pallidum* と名前を変えた．属名の方は「ねじれた糸」という意味で，種名の方は「青白い」もしくは「色が淡い」という意味であり，顕微鏡的に観察するのが難しいことにちなんでいる．（1838 年 A 参照）

E. ウイルス性疾患：黄熱病

Walter Reed（リード）が 1901 年に，カ（蚊）が黄熱病を伝播すると発表したにもかかわらず，New Orleans（ニューオーリンズ）で 1905 年に流行が起きた．これがきっかけとなり，Louisiana（ルイジアナ）の公衆衛生当局によりカをコントロールしようとする動きが始まった．この New Orleans の流行が，アメリカにおける黄熱病の最後の大きな流行となった．

F. ウイルス性疾患：ワクシニアウイルス

Adelchi Negri（ネグリ）が，ワクシニアウイルスは Berkefeld V フィルターを通過することを証明した．

G. 免疫学：血清病

Clemens Peter von Pirquet（ピルケー）と Bela Schick（シック）は，何種類もの動物の抗血清を注射された患者における血清病の観察について報告した．彼らは，血清病は後天的な免疫反応であると認識していた．（1891 年 C，1902 年 G 参照）

H. 遺伝学：染色体と遺伝子

William Bateson（ベイトソン）は，1 つの染色体は 1 つ以上の遺伝の単位を含むと示唆した．（1903 年 M，1909 年 H 参照）

I. 細胞生理学：Giemsa 染色

Gustav Giemsa（ギムザ）は，アズール II－エオジン，アズール II，グリセリン，メタノールを含む染色液について記載した．この染色液は，Wright（ライト）染色液

と同様に，マラリア原虫に対する Romanowsky（ロマノフスキー）染色液を改良したものである．Gimsa 染色は原虫の染色に用いられるが，しだいに動物の細胞の核や菌の染色に用いることが一般的になってきた．この手法の変法が，Carl Robinow によって菌の核の領域を研究するために用いられた．（1902 年 J，1942 年 B 参照）

J.　物理学：**光電効果**

Albert Einstein（アインシュタイン）は，光電効果に関する論文を発表した．この中で彼は，Max Planck（プランク）の量子もしくは分離したエネルギーの束に関するアイデアを用いている．この論文は量子理論の発展にとって重要であり，Einstein は 1921 年 Nobel（ノーベル）物理学賞を受賞した．（1905 年 K，1915 年 E 参照）

K.　物理学：**特殊相対性理論**

Albert Einstein（アインシュタイン）は，独創的かつ重要な 2 つの論文を発表した．1 つ目の論文では，彼は特殊相対性理論について紹介した．2 つ目の論文では，彼の概念は $E=mc^2$ という公式で表現された．ここで，E はエネルギー量，m は質量，c は光速である．（1900 年 N，1905 年 J，1915 年 E 参照）

L.　生理学：ホルモン

Ernest Henry Starling（スターリング）と William Maddock Bayliss（ベイリス）は，甲状腺，性腺ほかの内分泌腺から血液中に分泌され，他の臓器や組織に影響を及ぼす物質のことを "hormones"（ホルモン）と名づけた．Starling と Bayliss は，1902 年にセクレチンを発見していた．

M.　心理学：知能検査

Alfred Binet（ビネー）と Théodore Simon（シモン）は，子どもの精神年齢を調べる測定のための知能検査をつくった．（1914 年 J 参照）

N.　芸術：文学

・E. M. Forster（フォースター）が小説 *Where Angels Fear to Tread* を出版した．

・詩人の Rainer Maria Rilke（リルケ）が *Stundenbuch*（時禱集）を出版した．

O.　芸術：**音楽**

Richard Strauss（リヒャルト・シュトラウス）によるオペラ Salomé（サロメ）が Dresden（ドレスデン）で初演された．1907 年の New York（ニューヨーク）の Metropolitan Opera House（メトロポリタン歌劇場）での上演の後，Metropolitan の最大の後援者である財政家の J. P. Morgan（モーガン）は *Salomé* で演じられる刺激的な歌曲や踊りを批判して，その後の上演を禁じた．このオペラは，1934 年まで Metropolitan では上演されなかった．

1906 年

A. 細菌生理学：メタン産生細菌

N. L. Söhngen は，メタン産生細菌がセルロース発酵培養の産物を，ギ酸塩，アセテート，ブチレート，エタノール，水素と二酸化炭素などの基質として用いることができることを示した．W. Omelianski は，メタンも産生しうるセルロース発酵細菌を分離したと主張したが，彼の結果は確認されなかった．

B. 細菌生理学：2,3-ブタンジオール発酵

Arthur Harden（ハーデン）と W. S. Walpole（ウォルポール）は，*Aerobacter aerogenes* がグルコースを発酵する際の主な産物として 2,3-ブタンジオールを産生することを発見した．最終的に発酵された培養液はほぼ中性であった．Harden はまた，少量のアセトイン（acetylmethylcarbinol）が産生されることを見出した．アセトイン試験と pH 中性試験は，ブタンジオールを発酵する菌と酸を産生する Gram（グラム）陰性の発酵菌を区別するために用いられるようになった．（1898 年 A，1915 年 A 参照）

C. 細菌性疾患：百日咳

Jules Bordet（ボルデ）と Octave Gengou（ジャングー）は，*Bordetella pertussis* という百日咳を引き起こす菌を培養した．

D. 細菌性疾患：腺ペスト

British Plague Commission（イギリス・ペスト学会）は Bombay（ボンベイ）で，ヒトへの腺ペストの伝播におけるラットのノミの役割についての知見を確立した．

E. 細菌性疾患：Rocky Mountain 紅斑熱

Howard Taylor Ricketts（リケッツ）は，Rocky Mountain（ロッキー山）紅斑熱がダニによって伝播することを証明した．彼は，発疹チフスの研究をしている間にかかった感染症が原因で 1910 年に死亡した．（1909 年 D 参照）

F. 細菌性疾患：コレラ

新しいタイプのコレラ菌が，Gulf of Suez（スエズ湾）の El Tor（エルトール）検疫所で分離された．エルトールビブリオは可溶性のヘモリシンを産生するという点で特異的であり，本来は Celebes Islands（セレベス諸島）に限局しているようであった．（1971 年 D 参照）

G. ウイルス性疾患：牛痘ウイルス

Enrique Paschen（パッシェン）は光学顕微鏡下で，1897 年に John Brown Buist が既に観察を行っていたという事実を知らずに，牛痘ウイルスを観察した．長年の間，Paschen はこのウイルスを初めてみた人という名誉を受けることになった．次いで，

多くの研究者が "Paschen 小体"（Paschen bodies），"Borrel 小体"（Borrel bodies；1904 年に鶏痘ウイルスを観察した Amédée Borrel（ボレル）にちなむ）を染色した．Buist，Borrel，Paschen，そしてその他の研究者によって観察された物体はウイルス封入体と呼ばれた．1929 年の Eugene Woodruff（ウッドラフ）と Ernest William Goodpasture（グッドパスチャー）の仕事がなされるまで，封入体に多くのウイルス粒子が含まれていることは証明されなかった．（1886 年 E，1904 年 D，1929 年 F 参照）

H.　免疫学：**梅毒の血清学**

August von Wassermann（ワッセルマン），Albert Neisser（ナイサー），Carl Bruck，A. Schucht は，補体結合反応の原理を用いて梅毒の血液検査を開発した．このテストは Wassermann テストとして知られ，診断において補体結合反応を用いることを確立した．（1895 年 E，1899 年 F，1901 年 G 参照）

I.　免疫学：**結核のワクチン**

Albert Calmette（カルメット）と Camille Guérin（ゲラン）は，結核ワクチンとして用いるためにウシ型結核菌の弱毒化をずっと続けていた．ウシの胆汁を含む培地で，13 年にわたり，3 週間隔での 231 回の継代培養を経て，ようやく彼らはヒトに用いても安全であると信じられるワクチンを手にした．このワクチンは，1921 年にヒトの子どもに用いられた．BCG（bacillus Calmette-Guérin）ワクチンは今日では結核罹患率の高い国において，若年者へのワクチンとして用いられている．（1880 年 C，1902 年 F 参照）

J.　生化学：**発酵におけるヘキソース二リン酸**

Arthur Harden（ハーデン）と William John Young（ヤング）は，アルコールの発酵がリン酸塩を加えることによって刺激されること，リン酸塩はグルコースとともにエステルを形成することを立証した．1908 年には，Young は，この "Harden-Young エステル" がヘキソース二リン酸（hexose 1,6-bisphosphate）であることを確認した．Harden は，糖の発酵に関与する多くの酵素を発見したことによって，1929 年に Nobel（ノーベル）化学賞を受賞した．同時に受賞した Hans von Euler-Chelpin（オイラー＝ケルピン）も発酵の生化学における重要な研究者である．（1914 年 F，1928 年 F，1933 年 I 参照）

K.　生化学：**発酵における補酵素**

Arthur Harden（ハーデン）と William Young（ヤング）は，アルコールの発酵における助発酵素もしくは補酵素の発見を報告した．Hans Euler-Chelpin（オイラー＝ケルピン）と Otto Warburg（ヴァールブルク）は，成分の 1 つであるニコチンアミドアデニンジヌクレオチド（Co-I，DPN，NAD などとしても知られている）の同定

に寄与した．Harden-Young 補酵素は最終的には，アデノシン 5′-三リン酸(ATP)，NAD，コカルボキシラーゼ，マグネシウムによって構成される系であることが認識された．（1923 年 G 参照）

L.　生化学：ビタミン

Frederick Gowland Hopkins（ホプキンズ）は，タンパク質，炭水化物，脂肪，ミネラル以外のいくつかの化学物質が食物中に含まれていて，健康にとって重要であると報告した．Hopkins と Casimir Funk（ファンク）は，Funk が提唱したビタミンという概念の発展に寄与したと認められている．Hopkins と，脚気の原因について研究した Christiaan Eijkman（エイクマン）は，1929 年に Nobel（ノーベル）生理学医学賞を受賞した．（1896 年 F, 1901 年 D 参照）

M.　生化学：クロマトグラフィー

Mikhail Semenovich Tsvett（ツヴェット）は，葉のエーテル・アルコール抽出物を炭酸カルシウムのカラムを通して濾過することによって，葉緑素を 3 つの成分に分けたとき，クロマトグラフィーを発明した．彼の実験は，溶液に吸着紙をつけて成分別に色の輪を生じさせることによってコールタールの産物の分離を行った 1834 年の Friedlieb Ferdinand Runge（ルンゲ）の仕事に由来している．Christian Friedrich Schönbein（シェーンバイン）は 1845 年に同様の観察を行い，Richard Synge（シング）と Archer Martin（マーティン）は 1941 年に改良法を提唱した．（1941 年 M 参照）

N.　物理学：熱力学第 3 法則

Walter Hermann Nernst（ネルンスト）は，化学反応の平衡定数は熱変化のデータから計算しうると述べ，熱原理を進歩させた．この原理はまた，絶対零度には達しえないという概念も含んでいる．この熱原理は熱力学第 3 法則と呼ばれ，1920 年に Nernst は Nobel（ノーベル）化学賞を受賞した．

O.　技術：ラジオ

Lee De Forest（デ・フォレスト）は，ラジオ生産にとって重要な，3 つの電極からなるラジオのための増幅器を開発した．

P.　技術：遭難信号

危機に面したときの信号の SOS が，International Radio Telegraph Convention（国際ラジオ会議）で採用された．1912 年以降には，そのシグナル（3 ドット，3 ダッシュ，3 ドット）は世界中で用いられるようになった．

Q.　社会

San Francisco（サンフランシスコ）が，アメリカでいまだかつてない強さの地震に

襲われた．それによる火事で市の 2/3 が破壊され，2500 人が死亡した．
R.　芸術：**絵画**
Henri Matisse（マティス）が絵画 *The Joy of Life* を完成させた．

1907 年

A.　細菌遺伝学：**突然変異**
R. Massini は，ラクトースを発酵させることができない *Escherichia coli* の株を分離して，*Escherichia coli mutabile* と名づけた．ラクトースが代謝されたときにコロニーの色が変わるような染料を含む培地上で培養したとき，いくつかのコロニーは暗赤色に変化し，いくつかは白かピンクで発酵していないということを示していた．暗赤色のコロニーを継代培養したときに Massini はそれらが本当にラクトースを発酵しているということを発見した．彼はこの変化を突然変異と呼んだ．しかし R. Burri は，その結論を支持する点をみつけることができず，この変化は適応であるとした．後の研究者は，Burri の培養は明らかに *E. coli mutabile* ではなかったと結論づけたが，Burri の実験によって Massini の成果は大きく価値を下げられることになった．（1934 年 C，1943 年 D 参照）

B.　細菌性疾患：**トラコーマ**
トラコーマの症例について研究していて L. Halberstaedter（ハルベルステッター）と Stanilaus von Prowazek（プロヴァーツェク）は，結膜細胞の中に封入体を発見したことを報告した．その封入体の中にはトラコーマの原因であると彼らが考えた基本粒子が含まれていた．彼らはその粒子を "Chlamydozoa" もしくはマントル体と呼んだ．属名である *Chlamydia* はこれに由来している．トラコーマという名前は西暦 60 年に Pedanius Dioscorides（ディオスコリデス）によって初めて用いられたものである．（1930 年 C，1934 年 B，1957 年 G 参照）

C.　細菌性疾患：**腺ペスト**
1907 年は 10 年に及ぶインドにおける腺ペストの流行（少なくとも 600 万人が死亡した）のピークの年となった．

D.　細菌性疾患：**crown gall**
栽培されたマーガレットにおける crown gall 病の研究に Koch（コッホ）の原則を適用した後，Erwin Frink Smith（スミス）と C. O. Townsend（タウンゼンド）は，腫瘍の産生は *Bacterium tumefaciens* と彼らが名づけた菌によって引き起こされると結論づけた．その菌は現在では *Agrobacterium tumefaciens* と呼ばれている．この菌を植物に感染させることによって彼らは，タバコの茎や，トマト，ポテト，サトウダイコン

の根，そしてモモの木などに gall (瘤) をつくることができた．(1947年B，1970年 G，1974年L，1977年O 参照)

E. 免疫学：**結核**
Clemens Peter von Pirquet (ピルケー) は，結核の診断の一助として Koch (コッホ) の Old Tuberculin を用いた皮膚スクラッチテストを提唱した．その部位での炎症反応が，結核が陽性である証拠とみなされた．(1890年C，1891年C，1908年C 参照)

F. 免疫学：**免疫化学**
抗原抗体反応が質量作用の化学法則に従うことを観察した後に，Svante Arrhenius (アレニウス) は免疫学の問題に対して物理化学の方法を応用することについて論じた．彼は "immunochemistry" (免疫化学) という新語を作り出し，1904年に講義を始め，1907年に出版した．

G. 細胞生物学：**組織培養**
Ross Granville Harrison (ハリソン) は，オタマジャクシからとった神経線維を懸滴培養して，初めて人工的な培地で組織を成長させることに成功した．(1913年C，1917年D，1928年E，1931年F，1933年E，1936年L 参照)

H. 原虫性疾患：**トリパノソーマ症**
病気を引き起こす微生物を標的とする化学物質 "魔法の弾丸" を探していた Paul Ehrlich (エールリヒ) は，染色液であるトリパンレッドが眠り病を引き起こすトリパノソーマを殺すことを発見した．Ehrlich は Elie Metchnikoff (メチニコフ) とともに 1908年の Nobel (ノーベル) 生理学医学賞を受賞した．Metchnikoff は彼の免疫と血清療法に関する研究によって授与された．

I. 生化学：**筋肉の収縮**
Walter Morley Fletcher (フレッチャー) と Frederick Gowland Hopkins (ホプキンズ) は，筋肉が嫌気的な条件下で収縮すると乳酸が出現し，好気的な条件下では消失することを立証した．

J. 遺伝学：**panspermia**
1903年の Nobel (ノーベル) 化学賞の受賞者 Svante Arrhenius (アレニウス) は，微生物を，未知の源から地球へ宇宙を通って漂着し，地上にあらゆる生命の芽をまいたものと考え，微生物に対して "panspermia" という用語を用いた．(1879年A 参照)

K. 芸術：**ユーモラスな絵画**
Rube Goldberg (ゴールドバーグ) は，簡単な仕事をしてくれるよう設計された空想上の機械を描いて出版し始めた．この絵は，1966年まで描き続けられた．

L. 芸術：音楽

Broadway（ブロードウェイ）のミュージカル *The Ziegfeld Follies* が New York（ニューヨーク）で，*The Follies of 1907* を皮切りにシリーズで演じられた．1931 年までほぼ毎年新作が上演され続けた．

M. 芸術：文学

Robert William Service（サーヴィス）の最初の詩集 *Songs of Sourdough* が出版された．彼の後の作品には *The Shooting of Dan McGrew* や *The Cremation of Sam McGee* などがある．

N. 芸術：演劇

John Millington Synge（シング）による *Playboy of the Western World*（西国の人気男）が Dublin（ダブリン）で上演された．

O. 芸術：絵画

Pablo Picasso が *Les Demoiselles d'Avignon*（アヴィニョンの娘たち）を描いた．

1908 年

A. 細菌分類学：球菌の分類

C. -E. A. Winslow（ウィンズロー）と A. R. Winslow は，球菌に関する彼らの研究を出版し，球状の菌を寄生するものと寄生しないものに分類した．

B. ウイルス性疾患：灰白髄炎

Karl Landsteiner（ラントシュタイナー）と Erwin Popper（ポッパー）は，灰白髄炎が濾過性ウイルスによって引き起こされることを証明した．彼らは，この病気で亡くなった子どもの脊髄から得た試料の生理的食塩水懸濁液を腹腔内に注射することによって，2 匹の旧世界サル（*Cynocephalus hamadryas* と *Macaca rhesus*）に感染を引き起こすことに成功した．Landsteiner と Popper の実験によって，この疾患の動物モデルも確立された．1909 年には Landsteiner と Constantin Levaditi（レヴァディティ）がポリオウイルス（灰白髄炎ウイルス）の Berkefeld V フィルターの通過について報告した．（1909 年 F，1936 年 F，1949 年 I 参照）

C. 免疫学：結核

Charles Mantoux（マントゥー）は Old Tuberculin を皮内注射する技術を紹介した．局所の炎症反応は結核に対して免疫ありと判定される．このテストの変法は今でも用いられている．（1891 年 C，1907 年 E 参照）

D. 生化学：酸化

Otto Heinrich Warburg（ヴァールブルク）は生物学的な酸化とエネルギー論につい

ての彼の初めての論文を出版した．この研究はウニの卵の発達における酸素の利用についてであった．(1904 年 G 参照)

E. 遺伝学：**先天性代謝異常**

Archibold Garrod（ギャロッド）は，濃暗色の尿の排泄で特徴づけられる関節炎を引き起こす病気であるアルカプトン尿症の起こる頻度とパターンについて調べて，これは遺伝であり，単一の劣性遺伝子に原因があると結論づけた．彼は "inborn errors of metabolism"（生まれつきの代謝の異常）という用語を用いたが，これは1つの遺伝子をコントロールするプロセスの機能異常のことを指す．例としては，アルカプトン尿症や色素欠乏症がある．彼の研究はこの時代にはよく理解されなかったために，遺伝学の概念には大きな影響は与えなかった．単一の遺伝子の効果については，1941年に George Beadle（ビードル）と Edward L. Tatum（テータム）が *Neurospora* というかびを用いた実験を行って，ようやく再発見された．(1941 年 H 参照)

F. 化学：**ハーバー法**

Fritz Haber（ハーバー）は，水素と窒素のガスを直接組み合わせることでアンモニアを合成する方法を確立した．アンモニアは農業用の肥料として用いられる硝酸塩に簡単に変化させることができる．彼の義理の弟である Carl Bosch(ボッシュ)は，ハーバー法を改良して商業生産に用いた．Bosch の手法は第1次世界大戦におけるドイツの爆弾の産生に寄与した．Haber は 1918 年 Nobel（ノーベル）化学賞を受賞した．Bosch は Friedrich Bergius（ベルギウス）とともに化学的高圧法の研究によって 1931 年 Nobel 化学賞を受賞した．

G. 気象学：**温室効果**

Svante Arrhenius（アレニウス）は，太陽の熱は地球で反射しても大気中の二酸化炭素で再吸収され，熱が逃げないために暖かく保たれるという効果 "温室効果"（greenhouse effect）について記載した．

H. 生理学：**ガイガーカウンター**

Ernest Rutherford（ラザフォード）の学生 Hans Wilhelm Geiger（ガイガー）は，α 粒子を感知する機械を開発した．Walther Müller（ミュラー）とともに Geiger はこの機械を改良し，1928 年に β 線や γ 線も感知する Geiger-Müller（ガイガーーミュラー）カウンターを開発した．

I. 技術：**自動車**

Ford（フォード）自動車の最初の T モデル車が Michigan（ミシガン）州の Detroit（デトロイト）で生産された．

J. 芸術：文学
・E. M. Forster（フォースター）が小説 *A Room writh a View*（眺めのいい部屋）を出版した．
・Kenneth Grahame が *The Wind in the Willows* を書いた．

1909 年

A. 細菌分類学：**分類**
Segurd Orla-Jensen は，生理学的な違いに重点をおいた，基本的あるいは解明の進んだ特徴に基づいた，細菌の分類の新しい体系を提唱した．彼の新しい属名のいくつかが，従来からの用語に代わって用いられるようになった．

B. 細菌構造：**細菌内の核**
A. Amato（アマート）は，*Bacillus mycoides* の若い細胞が，より古い細胞内の多数の chromidia（細胞の原形質内顆粒の1つで，グロマチンと同じ染色体を有する）に進化する，単一の大きな核をもつことについて論じた．（1888年 C，1897年 B，1935年 B，1942年 B 参照）

C. 細菌構造：**莢膜染色**
R. Burri の細菌莢膜の顕微鏡観察のための India ink（墨汁）の調整品の使用は，細胞外莢膜材料の形状と大きさの研究に簡便な方法を導入することになった．この方法は 1911 年に H. Preisz（プライス）によって改良された．

D. 細菌性疾患：**Rocky Mountain 紅斑熱**
Howard Ricketts（リケッツ）は，Rocky Mountain（ロッキー山）紅斑熱に感染した動物の血液中にみつけられた微生物が，原因となる媒介物であろうと示唆した．彼に敬意を表して，この微生物が帰する細菌の群は，後に *Rickettsia*（リケッチア）と命名された．Ricketts は 1910 年に，彼が研究していた別のリケッチア病の発疹チフスで死亡した．（1916年 C，1929年 E，1951年 A 参照）

E. 細菌性疾患：**発疹チフス**
Charles Jules Henri Nicolle（ニコル）は，発疹チフスがコロモジラミによって人から人へ伝染することを証明した．Nicolle は，感染予防のための方法の発展に貢献したこの研究に対して，1928 年に Nobel（ノーベル）生理学医学賞を受賞した．

F. ウイルス性疾患：**灰白髄炎**
1908 年の Landsteiner（ラントシュタイナー）の実験に続いて，Simon Flexner（フレクスナー）と Paul A. Lewis（ルイス）が，ポリオウイルスを濾過することに成功した．いくつかの経路（腹腔内，皮下，静脈内，脳内）によりサルを灰白髄炎に感染

させた後に，彼らは，Flexner の実験に用いられた rhesus monkey が，経口的に投与されたポリオウイルスに感染しないことを発見した．ウイルスは厳密に向神経性であるという Flexner の確信により，1912 年の Carl Kling（クリング）らによる腸管内のポリオウイルスの観察が認められにくくなってしまった．（1908 年 B，1912 年 B，1936 年 F 参照）

G. 免疫学：**破傷風毒素-抗毒素**

Theobald Smith（スミス）は，毒素-抗毒素（TAT）の混合物が，化学的に調整されたジフテリアのトキソイドの使用に際してみられる局所反応を軽減することから，ヒトをジフテリアに対して免疫するために使えることを示した．毒素-抗毒素は 1913 年まで実用化されなかった．（1913 年 A，1914 年 E 参照）

H. 遺伝学：**用語**

Wilhelm Ludwig Johannsen（ヨハンセン）が，"Mendelian factor"という用語を"gene"（遺伝子）に置き換えることを示唆した．彼はまた，遺伝の要素である "genotype"（遺伝子型）と，遺伝子の発現である "phenotype"（表現型）を区別した．William Bateson は，"genetics"（遺伝学），"F_1" と "F_2" 世代，"zygote"（接合子，接合体），"homozygote"（同質接合体，ホモ接合体），"heterozygote"（異質接合体，ヘテロ接合体），"allemorph"（対立遺伝子，対立形質），"allele"（対立遺伝子，染色体の対応した 1 対の遺伝子あるいは 1 対の遺伝子の 1 つ）などの用語を導入した．

I. 生化学：**リボ核酸とデオキシリボ核酸**

Phoebus Aaron Theodor Levene（リヴィーン）と Walter Abraham Jacobs が，糖 d-ribose（現在は D-ribose）（リボース，酵母核酸）を酵母核酸の成分であると同定した．1929 年に Levene は，胸腺の核酸の中にデオキシリボースを発見し，リボ核酸（ribonucleic acid, RNA）とデオキシリボ核酸（deoxyribonucleic acid, DNA）の用語を確立した．1909 年以後彼は，酵母核酸は，4 つの窒素を含む塩基――アデニン（adenine），グアニン（guanine），シトシン（cytosine），ウラシル（uracil）――で構成される tetranucleotide によって構成され，一方胸腺の核酸は，ウラシルの代わりにチミン（thymine）を含む，という概念を支持した．tetranucleotide の概念は，Erwin Chargaff（シャルガフ）が核酸の中にみられるプリンとピリミジン塩基のモル比を確立するまで，DNA が遺伝子の構成分であるという考え方が受け入れられることを遅らせる結果となった．（1929 年 L，1950 年 L，1953 年 O 参照）

J. 技術：**合成樹脂，プラスチック**

Leo H. Baekeland（ベークランド）は，商業的に生産された最初の合成樹脂についての特許権を取得した．この材料を彼は Bakelite（ベークライト）と名づけた．

K. 社会と政治
・Robert Edwin Peary（ピアリー），Matthew Alexander Henson（ヘンソン），その他3人が北極に到達した．
・The National Association for Advancement of Colored People（NAACP）が，60人足らずの会員によって組織された．

L. 芸術：建築
・建築家 Frank Lloyd Wright（ライト）が，シカゴで Frederick G. Robie のためにユニークな家を建築した．Robie の家の特徴は，スラブ基礎（ベタ基礎）の上に建築されており，ガレージも建物と一体になって，間接照明法を採用していた．

1910年

A. 細菌生理学：coliform bacteria（篩状細菌，大腸菌状細菌）
C. Revis が，腸内細菌の Gram（グラム）陰性群と，それらに非常に近縁の *Bacterium coli*（*Escherichia coli*），*Bacterium typhosum*（*Salmonella typhi*）などの細菌群の生理学的属性に関して，"coliform group"（篩状細菌群，大腸菌状細菌群）の用語を用いた．これらの細菌群は1930年代の終わりまで "colon group" あるいは "colon-typhoid group" として言及された．R. S. Breed（ブリード）と J. F. Norton（ノートン）が1937年に用語を再度導入し，1939年に Leland W. Parr（パー）による総説論文の表題となった．（1937年 B 参照）

B. 細菌性疾患：梅毒
梅毒の治療薬を探していた Paul Ehrlich（エールリヒ）は，彼が606番目に試験した化合物での成功を報告した．この，いわゆる魔法の弾丸はアルスフェナミンで，有機ヒ素化合物分子であり，Salvarsan（サルバルサン）606号という名前で市販された．より溶解しやすい形の Neosalvarsan（ネオサルバルサン）が1912年に導入された．

C. ウイルス性疾患：鶏痘ウイルス
Francesco Sanfelice が，鶏痘の原因物質が "nucleoproteid" の抽出に用いられる方法と同じ方法で抽出しうることを報告した．彼はその原因物質が nucleoproteid 毒素により生じるに違いないと結論した．

D. 生化学：indophenol oxidase（インドフェノール酸化酵素）
Joseph Kastle は，インドフェノール酵素を "indophenol oxidase"（インドフェノール酸化酵素）と命名した．この酵素は，Otto Warburg（ヴァールブルク）が後に "Atmungsferment" と呼び，1938年に David Keilin（キーリン）によって cytochrome oxydase（チトククロームオキシダーゼ）と命名し直された．（1895年 F，1895年

G, 1924 年 C, 1938 年 F 参照)

E. 遺伝学：**伴性遺伝子**

Thomas Hunt Morgan（モーガン）は，*Drosophila*（ショウジョウバエ）の研究で，伴性遺伝子を発見した．Morgan は遺伝過程についての研究により，1933 年の Nobel（ノーベル）生理学医学賞を受けた．(1911 年 G, 1915 年 D 参照)

F. 生化学：**圧力測定**

Thomas Gregor Brodie（ブローディ）が，呼吸の研究に圧力計の使用を導入した．(1926 年 L 参照)

G. 生化学：**Langmuir の水槽**

Irving Langmuir（ラングミュアー）が，長鎖脂肪酸とその他の脂質を水槽中の水の表面に拡散させて研究するために，平らで浅い水槽を発明した．彼は，可動性障害物と針金を使って，脂質の膜を再生可能な方法で圧縮した．彼の研究は，膜における脂質の定位という概念をもたらした．Langmuir は表面化学についての業績で，1932 年に Nobel（ノーベル）化学賞を受けた．(1894 年 G, 1925 年 E, 1934 年 G, 1960 年 O, 1972 年 K 参照)

H. 社会と政治

Boy Pioneers and Sons of Daniel Boone を書いた Daniel Carter Beard（ビアード）が，それより 2 年前の Robert Stephenson Baden-Powell（バーデン＝パウエル）によるイギリスのボーイスカウトの設立に続いて，アメリカのボーイスカウトを設立した．

1911 年

A. 細菌学的技術：**直接顕微鏡的計数**

Robert S. Breed（ブリード）が，視野の大きさの計測を要する，牛乳の中の細菌の直接顕微鏡的計数法を導入した．Breed の計数法は広く採用され，その結果は標準平板計数法によってなされた計数と比較された．(1881 年 A 参照)

B. 微生物生理学：**発酵／ピルビン酸**

Carl Alexander Neuberg（ノイバーク）の研究グループ，およびそれとは別個に Otto Neubauer（ノイバウアー）と Konrad Fromherz は，酵母がピルビン酸を発酵することを示し，それが酵母のアルコール発酵における中間代謝産物であることを示唆した．1913 年に Auguste Fernbach（フェルンバッハ）と Moise Schoen が，ピルビン酸が中間代謝産物であることを証明した．

C. 細菌性疾患：**野兎病**

George Walter McCoy（マッコイ）と Charles W. Chapin が，齧歯類によるペストの

伝染の研究中に,野兎病(tularemia)は細菌によるものであることを発見した.種名,病名の両者とも,初めて細菌が単離されたカリフォルニア州のTulare郡に由来する.McCoyとChapinは,*Bacterium tularense*(*Brucella tularense*, *Pasteurella tularensis*とも呼ばれる)という名前を使用したが,現在では,1920年代にこの病気についてさらに研究を深めたEdward Francis(フランシス)にちなんで,*Francisella tularensis*と呼ばれている.

D. ウイルス性疾患:小児麻痺,灰白髄炎

公式統計で3840症例の灰白髄炎がスウェーデンで発生し,1つの地域でこれまでにみられたうちで最大の流行となった.研究者の1人であるW. Wernstedtは,ある年にこの疾病に襲われた地域は次の年にはわずかの発生しかみられないことを記載し,流行中に生じた不顕性感染が免疫を与え,乳幼児の間に新しい発生を引き起こすと結論した.この観察は他の人によって確かめられ,"infantile paralysis"(小児麻痺)という用語が使われるようになった.

E. ウイルス性疾患:Rous肉腫ウイルス

ウイルスがニワトリの固形腫瘍である肉腫の原因となっているというFrancis Peyton Rous(ラウス)の発見は,他の研究者らによってほとんど全面的に却下された.1908年にBernhard Laurits Frederick(Oluf)Bang(バング)とVilhelm Ellermanが,ウイルスがニワトリの白血病の原因になると報告したが,当時は白血病はがんとみなされていなかったので,この報告は否定的な反応を引き起こさなかった.Rous肉腫ウイルスの発見により,Rousは55年後の1966年に,がんのホルモン治療について業績をあげたCharles B. Huggins(ハギンズ)とともに,Nobel(ノーベル)生理学医学賞を授与された.

F. 免疫学:ヒスタミン

Henry H. Dale(デール)とPatrick Laidlaw(レイドロー)が,β-imidazolylethylamineの生理活性についての研究を報告した.この物質は後に"histamine"(ヒスタミン)と名づけられ,もともとは,真菌食中毒の原因物質である麦角から抽出されたが,DaleとLaidlawはこの実験ではヒスチジン(histidine)から調整していた.肥満細胞,好塩基球,血小板においてヒスタミンが貯蔵されることはこの後40年間,未知のままであった.Daleは,それがエピネフリン(アドレナリン)の効果を逆転させることを証明し,Laidlawとともに,そのアナフィラキシー効果(anaphylactic effect)と,それに関連する生理学的変化について研究した.この業績と,動物におけるアセチルコリンについての研究に対して,Daleは,神経刺激の伝達におけるアセチルコリンの役割についての研究を開拓したOtto Loewi(ロウイ)とともに1936年Nobel(ノー

ベル）生理学医学賞を授与された．

G. 遺伝学：連鎖と交差

Drosophila（ショウジョウバエ）の伴性遺伝子の研究において，Thomas Hunt Morgan（モーガン）は，後に連鎖群（linkage groups；同一染色体に位置する遺伝子の結合群）と呼ばれるようになる，ともに遺伝される遺伝子の群を発見した．Morgan はまた，いくつかの実験において，連鎖群の一部を構成している遺伝子群は分離しないことを記載した．彼は，減数分裂の間に 2 つの染色体が交差し，遺伝子を交換すると示唆した．1910 年以降に Morgan のハエの部屋（fly room）で研究していた人の中には，後に顕著な業績をあげた Alfred H. Sturtevant（スターテヴァント），Calvin B. Bridges（ブリッジェス），Hermann Joseph Muller（マラー）などがいた．（1911 年 H，1931 年 L 参照）

H. 遺伝学：染色体地図

学部学生として Thomas Hunt Morgan（モーガン）の研究室に所属していた Alfred Henry Sturtevant（スターテヴァント）は，染色体上の遺伝子対の空間的な距離が交差の頻度を決定するという着想により，*Drosophila melanogaster*（ショウジョウバエ）の染色体地図を初めて作製した．彼は 1913 年にこの業績を発表した．（1911 年 G，1931 年 L 参照）

I. 生化学：解糖

"glycolysis"（解糖）という用語は，乳酸を生じる，ブドウ糖の嫌気的分解過程に関して 1890 年代に初めて使用された．1911 年に，Otto Fritz Meyerhof（マイアーホフ）は，生きた動物から放出される熱が遊離されたエネルギーによるものかどうかを調べるために，筋肉収縮の熱量測定法を用いて解糖についての研究を始めた．彼はまた，細胞による作業が栄養素の潜在的なエネルギーによるものかどうかも研究した．以後 30 年以上にわたって，彼は，解糖とエネルギー代謝経路の理解に，大きな貢献をした．Meyerhof は，1922 年に Archibald Vivian Hill（ヒル）とともに Nobel（ノーベル）生理学医学賞を授与された．（1912 年 D 参照）

J. 生化学：酸化/還元

Alexsei Nikolaevich Bach は，水素を活性化する還元系（Redukase）を提唱した．（1912 年 E，1914 年 H，1924 年 C 参照）

K. 生化学：Donnan の膜平衡

Frederick George Donnan（ドナン）が，半透過膜を通るイオンの通過を含む膜平衡状態として，Donnan の膜平衡を記述した．

L.　物理学：原子構造

Ernest Rutherford（ラザフォード）は，原子構造の理論を発展させ，原子は，電子を含む空の空間によって囲まれる重い核をもつと記述した．Niels Henrik David Bohr（ボーア）は1913年に，その理論を拡張した．Rutherfordは1908年にNobel（ノーベル）化学賞を受けた．Bohrは1922年Nobel物理学賞を授与された．

M.　物理学：電子

Robert Andrews Millikan（ミリカン）が電子の荷電を計算した．Millikanは，この業績で1923年にNobel（ノーベル）物理学賞を受けた．

N.　社会と政治

Roald Amundsen（アムンゼン）に率いられた探検隊が南極に到達した．（1912年I参照）

O.　芸術：音楽

Richard Strauss（リヒャルト・シュトラウス）によるオペラ *Der Rosenkavalier*（バラの騎士）が上演された．

P.　芸術：文学

Edith Wharton（ウォートン）の小説 *Ethan Frome* が出版された．

Q.　芸術：絵画

Marc Chagall（シャガール）が *I and the Village* を描いた．

1912年

A.　細菌生理学：アセトン-ブタノール発酵

イギリスにおいて商業的発酵の研究をしていたChaim Azriel Weizmann（ヴァイツマン）が，デンプンの発酵により大量のアセトンを産生する細菌を分離した．彼はそれを *Bacillus granulobacter pectinovorum* と命名したが，1926年にElizabeth McCoy（マコイ），E. B. Fred（フレッド），W. H. Peterson（ピーターソン），E. G. Hastings（ヘースティングズ）によって *Clostridium acetobutylicum* に変更された．第1次世界大戦の開始に当たって，アセトンによってゼラチン状にされた後にひもにしみ込まされた粉末爆薬（コルダイト爆薬）のためにアセトンの需要が増大した．1934年に設立されたイスラエルのDaniel Sieff Institute of Science は後に，Weizmann Institute と呼ばれた．Weizmannは1948年に初代のイスラエル大統領になった．

B.　ウイルス性疾患：ポリオウイルス

スウェーデンでの灰白髄炎の致命的な症例の研究で，Carl Kling（クリング），A. Petterson, W. Wernstedt が，腸管壁，腸管内容の両方から，ポリオウイルスが回収され

たことを報告した．彼らはまた，患者の家族のうちの健康な者や一般公衆からもこのウイルスを分離した．彼らの業績は，Simon Flexner（フレクスナー）のウイルスは厳密に向神経性であるという信念が支配的であったために，広く受け入れられなかった．（1908年B, 1909年F, 1949年I, 1954年L, 1959年M参照）

C. ウイルス性疾患：肝炎

Edward Alfred Cockayne（コケイン）が，"流行性カタル性黄疸"（epidemic catarrhal jaundice）を記述し，この疾患および関連する疾患は感染性因子によると結論した．彼は，その疾患には"感染性肝炎"（infective hepatitis）という名称の方が，より適当であると示唆した．（1885年F, 1926年E, 1943年E, 1962年Q参照）

D. 生化学：解糖

Archibald Vivian Hill（ヒル）が，筋肉収縮のエネルギー反応を測るために微小熱量計を使用した．彼は，ブドウ糖からの乳酸産生（初期熱）と，その逆過程である糖新生（回復熱）の，熱産生の2局面を示した．彼の研究は，他の研究者らの生化学研究に大きな影響を与えた．Hillは，1922年にOtto Meyerhof（マイアーホーフ）とともにNobel（ノーベル）生理学医学賞を受けた．（1911年I参照）

E. 生化学：デヒドロゲナーゼ，脱水素酵素

Heinrich Otto Wieland（ヴィーラント）は，1912〜1922年の間に，dehydrasesについての多くの論文を刊行した．このdehydrasesは，化合物からの水分除去に際して触媒をする酵素との混同を避けるために，後にデヒドロゲナーゼ，脱水素酵素（dehydrogenases）と呼ばれるようになった．（1917年G, 1924年D参照）

F. 生化学：ペルオキシダーゼ

1912〜1926年に，Richard Martin Willstätter（ヴィルシュテッター）がセイヨウワサビのペルオキシダーゼを研究し，高度に純化されたものを得た．

G. 生化学：ビタミン

Casimir Funk（フンク）は，脚気を治す物質はアミンであるという誤った信念のもとに，"vitamine"の用語を導入した．Jack Cecil Drummond（ドラモンド）が，vitamin（ビタミン）に名前を変えた．著書 *Die Vitamine* の中で，Funkは，脚気，壊血病，ペラグラ，そしておそらくはクル病も，食物中に微量しか存在しない，まだ同定されていない物質が食事中に欠損することにより起こると示唆した．FunkとFrederick Gowland Hopkins（ホプキンズ）は，ビタミンの概念の発展に寄与したとされている．

H. 技術：タイタニック号

世界最大の旅客船で，沈まないと宣伝された蒸気船 S.S. Titanic（タイタニック号）が，

最初の航海の途中で氷山に衝突して沈没した．2224人の旅客のうち771人のみが生還した．

I.　社会と政治

・1901～1908年のアメリカ合衆国大統領Theodore Roosevelt（ルーズヴェルト）が，現職大統領William Howard Taft（タフト）に対抗して再選に向けて立候補するために，独自の政党を設立した．ニュース報道機関は，彼が彼自身を"fit as a bull moose"と宣言したので，"Bull Moose Party"（進歩党）の名前を適用した．選挙はWoodrow Wilson（ウィルソン）が勝利し，1921年まで大統領を務めた．

・Robert Scott（スコット）とその他の4人が，Roald Amundsen（アムンゼン）の探検隊の1カ月あまり後に南極に到達した．メンバー5人はすべて帰途に遭難死した．（1911年N参照）

・Georgia（ジョージア）州のSavannah（サバンナ）で，Juliette Gordon Low（ロウ）がGirl Guidesを設立し，1913年にはGirl Scouts of America（アメリカ・ガールスカウト）と改称した．

J.　芸術：映画

フランスで製作された*Queen Elizabeth*（エリザベス女王）が，アメリカ合衆国では初めての完全上映映画として公開された．この年に合衆国内で製作された映画は，Mary Pickford（ピックフォード）主演の*Her First Biscuit*とLillian Gish（リリアン・ギッシュ）主演の*The Musketeers of Pig Alley*であった．

1913年

A.　免疫学：ジフテリア

Emil von Behring（ベーリング）は，ヒトへのジフテリア予防接種として，毒素－抗毒素ワクチン（toxin-antitoxin vaccines, TAT）を使用し始めた．（1909年G，1914年E参照）

B.　免疫学：Schickテスト

Bela Schick（シック）は，ジフテリアへの易感染性を調べるための皮膚検査を開発した．Schickテストは，ジフテリア毒素の少量を皮内へ注入するものである．その毒素は，抗毒素と結合すると，接種個所に局所的な炎症反応を生じさせる．

C.　ウイルス学：組織培養

Edna Steinhardt, C. Israel, R. H. Lambertの3人は，ウサギあるいはモルモットの角膜細胞の組織を使用してワクシニアウイルスを培養した．（1907年G，1917年D，1928年E，1931年F，1933年E，1936年L参照）

D. 生理学：コレステロールと脂肪

動物性脂肪とコレステロールを大量にラットに与えて，Nikolai Anichkov は，こうした脂肪類が動脈硬化を引き起こすことを発見した．(1901 年 K, 1953 年 U 参照)

E. 生化学：発酵と中間産物

Carl Alexander Neuberg（ノイバーク）は，アルコール発酵および筋肉中での乳酸発酵の過程で生じる中間産物の多くがまったく同一であることを発見した．(1926 年 B 参照)

F. 生化学：Michaelis-Menten 式

Leonor Michaelis（ミハエリス）と Maud Leonora Menten（メンテン）は，酵素反応における律速段階を分析し，酵素濃度と基質濃度に関する関係式をつくった．Michaelis-Menten（ミハエリス－メンテン）式は，その後，酵素反応研究の標準となった．

G. 化学：化学アイソトープ（同位体）

放射性元素が2つ以上の原子量をもつ可能性を示し，Frederick Soddy（ソディー）は，化学的に同一の原子が異なる原子量（重量）をもつ可能性があることを提案した．彼はそれを "isotopes"（アイソトープ）あるいは "isotopic elements"（同位元素）と呼んだ．

H. 数学：*Principia Mathematica*

Bertrand Russell（ラッセル）と Alfred North Whitehead（ホワイトヘッド）が，3巻からなる *Principia Mathematica*（数学原理）を完成した．

I. 社会と政治

アメリカ合衆国憲法修正第16条により，年間3000ドル以上の所得者には，所得税が課せられることになった．

J. 文化：建築

New York（ニューヨーク）市に新しく建築された Woolworth（ウルワース）ビルは，232 m あり，世界一高いオフィスビルになった．(1889 年 K, 1930 年 H, 1931 年 N, 1972 年 P 参照)

K. 芸術：文学

・Marcel Proust（プルースト）が，小説 *Du côté de chez Swann*（スワン家の方）を出版した．これは *À la recherche du temps perdu*（失われた時を求めて）という題名でまとめられた8つの小説のうちの最初のものである．

・Sax Rohmer（ローマー）が *Dr. Fu Manchu* を書いた．

L.　芸術：**音楽**

Igor Stravinsky（ストラヴィンスキー）のバレエ *Le sacre du printemps*（春の祭典）が，Vaslav Nijinsky（ニジンスキー）による振り付けでパリで公開され，音楽の新しい時代の幕開けとなった．しかし，聴衆は，尋常でない不協和音やリズムに激怒した．

1914 年

A.　細菌性疾患：**伝染性流産**

Jacob Traum は，ブタに伝染性流産を引き起こす微生物を発見し，*Bacillus suis* と名づけた．この微生物は後に *Brucella* 属に分類された．*Brucella* 属は，1918 年の Alice Catherine Evans（エヴァンズ）の研究を引き継いだ K. Meyer（マイヤー）と E. B. Shaw（ショー）が 1920 年に名づけたものである．（1877 年 D，1897 年 D，1918 年 C，1920 年 A 参照）

B.　細菌性疾患：**腺ペスト**

Arthur William Bacot と Charles James Martin（マーティン）は，ペストの原因菌である *Pasteurella pestis* がどのようにラットのノミに感染し，そのノミが新たな宿主にどのように伝播するのかを発見した．彼らは，ノミが血液を吸うときに血液とペスト菌が逆流することを実証した．

C.　細菌性疾患：**ブドウ球菌性食中毒**

M. A. Barber（バーバー）は，ブドウ球菌が放出する可溶性の毒素が食中毒を起こすことを証明した．1930 年に G. M. Dack の業績が成し遂げられるまで，Barber のこの注意深い研究はほとんど評価されていなかった．（1888 年 D，1895 年 C，1930 年 B 参照）

D.　細菌性疾患：**発疹チフス**

第 1 次世界大戦開戦時に，発疹チフスがまずセルビア陸軍内でみられ，その後全般的な流行となった．6 カ月の間に 15 万人が死亡した．セルビアの 400 人の医師はほとんど全員この病気に接触し，126 人が死亡した．ボスニアでのオーストリア皇子 Franz Ferdinand（フランツ・フェルディナント）の暗殺により戦争が勃発したのであるが，オーストリアは発疹チフスの大流行を恐れてセルビアに侵攻しなかった．

E.　免疫学：**ジフテリア**

William Hallock Park（パーク）は，毒素－抗毒素ワクチンを New York（ニューヨーク）で使用し始めた．この後アメリカ合衆国では，子どもへのジフテリア予防接種が慣例となった．（1909 年 G，1913 年 A 参照）

F. 生化学：発酵

Gustav Embden（エンブデン）の研究グループは，酵母の可溶性抽出物から得たHarden-Young（ハーデン-ヤング）エステル（fructose-1,6-bisphosphate）を，筋組織の可溶性抽出物の発酵に加えることにより，乳酸の産生率が増加することを示した．（1906 年 J, 1928 年 F, 1933 年 I 参照）

G. 生化学：発酵/グルコース一リン酸

Arthur Harden（ハーデン）と Robert Robison（ロビソン）は，アルコール発酵において，ヘキソース一リン酸を検出した．Robison エステルとして知られるようになったこの物質は，1931 年に Earl Judson King（キング）と Robison によりグルコース一リン酸であると同定された．（1931 年 K 参照）

H. 生化学：鉄触媒呼吸

Otto Warburg（ヴァールブルク）は，鉄が細胞の呼吸を触媒すると結論した．（1924 年 C, 1925 年 G, 1928 年 K, 1938 年 F 参照）

I. 物理：X線スペクトル

Henry Gwyn Jeffreys Moseley（モーズリー）は，30 種類の金属の X 線スペクトルを測定し，それが Mendeleyev（メンデレーエフ）の周期表での位置に対応していることを示した．こうしたデータにより，周期表は原子量ではなく原子番号を使用するように改訂されるに至った．（1869 年 G 参照）

J. 心理学：知能指数

William Stern（スターン）は，子どもの知能指数（intelligence quotient, IQ）は，精神年齢を実年齢で除すことで決定できると提案した．精神年齢は，Binet-Simon（ビネ-シモン）テストにより決定される．1916 年に Stanford（スタンフォード）大学の Lewis Madison Terman（ターマン）は，Binet-Simon テストを改訂し，広く使用される Stanford-Binet（スタンフォード-ビネ）テストを作成した．（1905 年 M 参照）

K. 技術：運河

1880 年に建設の始まった Panama Canal（パナマ運河）が公式に開通した．

L. 技術：下水処理

イギリスの Manchester（マンチェスター）で，下水を細菌で処理する工場が建設された．

M. 社会と政治

・オーストリア皇子 Franz Ferdinand（フランツ・フェルディナント）とその妻がセルビア人によりボスニアのサラエボで暗殺されたことで第 1 次世界大戦が始まった．オーストリア-ハンガリー二重帝国は，セルビアに対し宣戦布告し，その後ドイツが

ロシアとフランスへ宣戦布告し，ベルギーへの侵攻を宣言した．イギリスは，ドイツに宣戦布告した．

・Margaret Higgins Sanger（サンガー）が *The Woman Rebel* を出版し，"birth control"（避妊）という言葉を紹介した．彼女は *Family Limitation* というパンフレットも出版し，避妊を提唱した．

N． 芸術：文学

・James Joyce（ジョイス）が *Dubliners*（ダブリンの人々）と *A Portrait of the Artist as a Young Man*（若き日の芸術家の肖像）を出版した．

・Edgar Rice Burroughs（バローズ）が *Tarzan of the Apes*（類人猿ターザン）を出版した．

O． 芸術：劇場

George Bernard Shaw（ショー）による演劇 *Pygmalion*（ピグマリオン）がロンドンで上演された．1956年にこの演劇はミュージカル *My Fair Lady*（マイ・フェア・レディ）へと改作された．

1915年

A． 細菌生化学：メチルレッドテスト

William Mansfield Clark（クラーク）と H. A. Lubs は，指示薬のメチルレッドにより pH の変化を検出することが，coli-aerogenes グループを区別するのに有用であることを報告した．陽性反応（低い pH）を示す *Escherichia coli* と陰性反応（高い pH）を示す *Aerobacter*（*Enterobacter*）*aerogenes* とを区別できるのである．（1898年 A，1906年 B，1936年 C 参照）

B． 細菌性殺虫剤：パラ胞子体

Ernst Berliner は，昆虫の病原体である *Bacillus thuringiensis* を分離した．この名前は，検査した昆虫の出所であるドイツの州名の Thüringen（テューリンゲン）にちなんで名づけられた．彼はまた，Restkörper すなわちパラ胞子体が芽胞とともに胞子嚢の中に存在するのをみつけた．後の研究で，パラ胞子体は，胞子嚢の中には存在するが，芽胞の中には存在しないことがわかった．Shigetane Ishiwata は，1902年にこれが細菌であることを発見，分離したが，その学名はつけなかった．（1902年 E，1951年 F，1953年 J，1954年 H 参照）

C． バクテリオファージ：発見

Frederick William Twort（トゥオート）は，小球菌の培養中で溶解現象が起こるのは，超微小の細菌性ウイルスのためであるかもしれないと報告した．それにもかかわ

らず，彼は，この微生物が溶解酵素であり，この酵素は，培養中の他の細菌に同じ酵素をつくらせると考えていたのである．この同じ現象は後に Felix d' Herelle（デレル）によって別個に発見され，彼により"バクテリオファージ"（bacteriophage）と命名された．(1898 年 F, 1917 年 C, 1922 年 E, 1925 年 C 参照)

D. 遺伝子：遺伝因子としての染色体

The Mechanism of Mendelian Heredity の中で，Thomas Hunt Morgan（モーガン），Calvin Bridges（ブリッジェズ），Alfred Sturtevant（スターテヴァント），Hermann Joseph Muller（マラー）は，染色体理論として，ショウジョウバエ（*Drosophila*）の遺伝に関する実験の解釈を発表した．多くの遺伝学者は，遺伝の要因が"染色質粒子"であるという概念に抵抗し続けた．

E. 物理：一般相対性理論

Albert Einstein（アインシュタイン）が一般相対性理論に関する論文を発表した．(1905 年 J, 1905 年 K 参照)

F. 技術：水中音波探知機

Paul Langevin（ランジュヴァン）は，圧電式変換器を発明し，水中の物体の存在と位置を検出することを可能にした．その装置は水中音波探知機と呼ばれ，当初，氷山を探索するのに使用される目論みであったが，第 1 次世界大戦中に潜水艦を探索することに使用されるようになった．

G. 社会と政治

第 1 次世界大戦は，ドイツの西と東の国境地帯で継続していた．ドイツの潜水艦による魚雷が客船 Lusitania（ルシタニア）号を沈没させ，2000 人ほどの死者を出した．イタリアは，ドイツ同盟国の一員として戦争に突入した．ドイツ陸軍は塩素ガスを使用したが，これは史上初の毒ガス使用であった．

H. 芸術：文学

W. Somerset Maugham（モーム）が小説 *Of Human Bondage*（人間の絆）を出版した．

I. 芸術：映画

映画製作者 D. W. Griffith（グリフィス）が論議を呼んだ映画 *Birth of a Nation*（国民の創生）を製作した．

1916 年

A. 細菌分類学：分類

1916～1918 年に，Robert Earle Buchanan（ブキャナン）は，細菌の命名法と分類について数編の論文を発表した．彼は，細菌を *Schizomycetes* の分類に入れ，6 つの目

(綱と科の間に入る）を示した．

B. **細菌生理学：消毒**

W. A. Jacobs らは，ヘキサメチレン－テトラミン化合物の殺菌性を研究し，第四級アンモニウム化合物がさまざまな細菌の殺菌に有効であることを示した．こうした化合物の実際的な使用は，Gerhard Domagk（ドーマク）による1935年の研究後に行われるようになった．（1935年C参照）

C. **細菌性疾患：発疹チフス**

Henrique da Rocha Lima は，発疹チフスの原因微生物を同定した．彼は，その微生物を，Howard Ricketts（リケッツ）と Stanilaus von Prowazek（プロヴァーツェク）にちなんで Rickettsia prowazekii と命名した．この2人は，発疹チフスを研究中に感染し死亡した．（1909年D，1929年E，1951年A参照）

D. **免疫：Weli-Felix 反応**

E. Weil（ヴァイル）と A. Felix（フェリックス）は，ある種のリケッチア感染において形成される抗体が Proteus X 株の凝集反応を起こすことを発見した．この反応が O 抗原と抗体が結合したときにのみ起こることから，この株は後に Proteus OX 株と呼ばれるようになった．（1903年G，1920年C，1921年B参照）

E. **ウイルス性疾患：灰白髄炎**

アメリカ東北部における灰白髄炎の大きな集団発生では6000人の死者が出て，27000人が麻痺になった．これらの多くは成人であった．この大流行の衝撃は，Franklin Delano Roosevelt（ルーズヴェルト；当時彼は，副大統領の選挙で敗退していたが，1933～1945年は大統領を務めた）が1921年にこの病気にかかり，両脚ともほぼ完全な麻痺になったことにより，強く印象づけられた．

F. **化学：共有結合**

Gilbert Newton Lewis（ルイス）は，化合物における電子的な結合の理論の研究において，電子対の共有すなわち共有結合という概念を論じた．彼は1923年に出版した著書 Valence and the Structure of Atoms and Molecules の中でより詳細に論じ，原子や化合物中では，電子の配列が8個1組になっているという理論を提案した．Irving Langmuir（ラングミュア）がこの概念を広めた後，この理論は Lewis-Langmuir 理論として知られるようになった．

G. **学術出版：Journal of Bacteriology（細菌学雑誌）**

The Society of American Bacteriologists（アメリカ細菌学会）は，C.-E. A. Winslow（ウィンズロー）を編者として，学術雑誌 Journal of Bacteriology を創刊した．（1899年G参照）

H. 社会と政治
・第1次世界大戦のドイツの西側国境前線において，Somme（ソンム）川における戦いが140日あまり継続し，130万人以上の犠牲者が出た．
・メキシコの革命家 Francisco "Pancho" Villa（ヴィヤ）は，アメリカのニューメキシコ（New Mexico）州に襲撃を行った．アメリカ総監 John J. Pershing（パーシング）が「生死にかかわらず」彼を捉える軍を率いたが，Villa はその捕獲から逃れた．

1917年

A. 細菌分類学：分類
The Society of American Bacteriologists（アメリカ細菌学会）によって形成された委員会（当時 C.-E. A. Winslow（ウィンズロー）が委員長であった）は，*Characterization and Classification of Bacterial Types* という暫定的報告書を出版した．この委員会の最終報告は1920年に発表され，1923年には分類マニュアル *Bergey's Manual of Determinative Bacteriology* が発表された．（1923年 A 参照）

B. 微生物発酵：クエン酸
1893年に C. Wehmer は，真菌がクエン酸を産生することを発見した．彼は後に大規模なクエン酸の生産を試みたが，失敗した．しかし，1917年に J. N. Currie（カリー）は，真菌の *Aspergillus niger* が，ショ糖，亜硝酸アンモニウム，リン酸カリウムを含有する培地において，低 pH 下で多量のクエン酸を産生することを発見した．果実からクエン酸を抽出する作業は，真菌を使用した工業生産に取って代わられた．

C. バクテリオファージ：発見
Felix d'Herelle（デレル）は，1915年の Frederick Twort（トゥオート）の観察とは別に，赤痢を起こす細菌を溶菌させる細菌性ウイルスを発見した．彼は，それを "bacteriophage"（バクテリオファージ）と名づけ，そのウイルスが，カンテン培地上の細菌発育を示すフィルム状のものの上に "plaque"（プラーク）と呼ばれる清明な部分を発現させることも示した．d'Herelle は，バクテリオファージは寄生性の微生物であり，感受性のある細胞に入り込むと溶解を起こし，他の細胞に貫通するバクテリオファージを放出すると考えていた．d'Herelle は，バクテリオファージは免疫において何らかの役割があり，病気の治療に使用できると考えた．（1898年 F，1915年 C，1922年 E，1925年 C，1929年 D 参照）

D. ウイルス学：組織培養
Alexis Carrel（カレル）は，Ross Harrison（ハリソン）と Edna Steinhardt らによる従来の組織培養法を，リンパ液の代わりに血清を使用することにより改良した．Car-

rel はウイルスが組織培養中で発育することも示した．しかし，ウイルス学者らは，こうした観察結果をただちには利用しなかった．(1907 年 G, 1913 年 C, 1928 年 E, 1931 年 F, 1933 年 E, 1936 年 L, 1948 年 F 参照)

E. 免疫学：ハプテンとエピトープ

Karl Landsteiner（ラントシュタイナー）は，アシル基とジアゾニウム基の置換反応により修正されたタンパクの抗原性に関し，速報論文を発表した．彼は，小さな構造がそれ自体では抗体を形成することはできないが，それにもかかわらず，完全に置換されたタンパクの抗原に対して形成された抗体とは結合できることを発見した．彼は，この結合部分を"determinants"（抗体決定基）（後にエピトープ（epitope）と呼ばれる）と呼び，この結合部分を保持している全体の構造を"hapten"（ハプテン）と呼んだ．

F. 生物学：有機体の成長と形成

D'Arcy Wentworth Thompson（トンプソン）は *On Growth and Form* を出版した．これは成長率や大きさがどのように有機体に影響するのかに関する最初の重要な論文である．

G. 生化学：酸化と還元

Torsten Ludwig Thunberg は，Heinrich Wieland（ヴィーラント）の，ある化合物を酸化して別の分子へ電子を転送する酵素という概念を研究した．彼は，その中で Thunberg 真空管を開発した．何年にもわたり，Thunberg と Wieland は呼吸の理論を研究し，Otto Warburg（ヴァールブルク）と論議をたたかわせた．(1912 年 E, 1920 年 E, 1924 年 C 参照)

H. 社会と政治

・アメリカ合衆国は，ドイツとの戦争を布告し，第 1 次世界大戦に積極的に参画した．総監 John J. Pershing（パーシング）が遠征軍の指揮官に指名された．

・ボルシェビキ派は，ロシア帝政の統治を終了させ，みずからを共産党であると称し始めた．政府は Nikolai Lenin（レーニン）により率いられていた．(1923 年 K 参照)

I. 芸術：文学

T. S. Eliot（エリオット）は，著書 *Prufrock and Other Observations* の中に，*The Love Song of J. Alfred Prufrock* を含めた．

1918 年

A. 細菌生理学：成長曲線

培養液内での細菌の成長に関する最初の詳細な分析が，Robert Earle Buchanan（ブ

キャナン）によって発表された．彼は，単位量当たり細菌数の対数を時間に対して半対数プロットした一般成長曲線を示した．Buchanan は，成長の 7 段階について述べた．それは，最初の静止期，誘導期あるいは正の成長加速期，対数増殖期，負の成長加速期，最大静止期，加速死亡期，対数死亡期である．各段階において詳細な数学的分析がなされている．

B. **細菌生理学：デンプン加水分解テスト**

P. W. Allen（アレン）は，カンテン成長培地に含まれるデンプン加水分解を基にして細菌株を区別する手法を報告した．培養液にヨウ素溶液を加えるとヨウ素−デンプン反応の青色の発色が起こるが，デンプンが加水分解したコロニーのまわりの区域は透明なままである．

C. **細菌性疾患：波状熱と伝染性流産**

Alice Catherine Evans（エヴァンズ）は，波状（マルタ）熱，ウシの伝染性流産，ブタの伝染性流産の原因となる微生物が相互に密接に関連していることを明らかにした．彼女はまた，これらの微生物は桿菌であり，David Bruce（ブルース）が従来考えていたような球菌ではないことに気づいた．1920 年，Evans の研究に基づいて，K. Meyer（マイヤー）と E. B. Shaw（ショー）はこれらの生物の属名を *Brucella* と提案した．（1877 年 D，1897 年 D，1914 年 A，1920 年 A 参照）

D. **ウイルス性疾患：インフルエンザ**

1918 年と 1919 年に，推定で 5 億人の世界中の人がインフルエンザに感染し，当時の世界人口のおよそ 1％に相当する少なくとも 2500 万人が死亡した．中国で始まったと思われるこの流行は，明らかにスペインで長い期間流行っていたため，一般に "スペイン風邪"（Spanish influenza）といわれた．アメリカ合衆国での初期の症例の 1 つは 1918 年 3 月 Kansas（カンザス）州で報告された．インフルエンザウイルスは 1933 年まで分離されていなかったので，この流行の原因ウイルスの標本株は存在しない．しかし，その伝染病で助かった人々の抗体の検査に基づき，表面抗原赤血球凝集素とノイラミニダーゼの抗原特性についての 1980 年から採択された命名法に従えば，このウイルスは H 1 N 1 株と呼ばれるべきものであった．（1889 年 E，1892 年 B，1931 年 F，1933 年 D，1940 年 K，1957 年 J 参照）

E. **生物学：発生学**

Hans Spemann（シュペーマン）は，胚組織の "オルガナイザー機能"（organizer function）を発見した．彼は，個々の細胞でなく，組織にあるオルガナイザーが成長の形式に影響することを見出した．Spemann は，この研究の功績により 1935 年 Nobel（ノーベル）生理学医学賞を受賞した．

F. 発酵：フルクトース六リン酸

Carl Neuberg（ノイベルク）は，fructose-6-phosphate（Neuberg ester）を合成した．1932年 Robert Robison（ロビンソン）は，それがアルコール発酵で現れることを明らかにした．（1931年 K 参照）

G. 社会と政治

第1次世界大戦における最後の大規模な戦闘で，連合国軍は，ドイツの西部戦線を Meuse（ムーズ）川と Argonne（アルゴンヌ）森林地帯沿いに攻撃した．ドイツは11月4日に休戦を求め，11月11日に第1次世界大戦終戦の同意が調印された．1919年，Treaty of Versailles（ヴェルサイユ条約）が調印された．

H. 芸術：文学

・詩人 Robert Bridges（ブリッジェズ）によって，1889年に死亡した Gerard Manley Hopkins（ホプキンズ）による詩が収集され，*Poems* として出版された．

・Vicente Blasco-Ibañez（ブラスコ=イバニェス）が小説 *The Four Horsemen of the Apocalypse*（黙示録の四騎士）を出版した．

人名索引

A

Abbe, Ernst, 1873 B, 1878 H, 1886 G
Abbott, Alexander Crever, 1899 G
Adriaanzoon, Jacob, 1608
Alberti, Salomon, 1603
Alighieri, Dante, 1307
Allbut, Thomas Clifford, 1866 B
Allen, P.W., 1918 B
Altmann, Richard, 1869 E, 1889 I, 1890 F
Amati, Salvano d'Aramento degli, 1299
Amato, A., 1909 B
Amici, Giovanni Battista, 1823 B, 1827 A, 1830 B, 1840 C
Amontons, Guillaume, 1699 A, 1699 C, 1787 B
Ampère, André Marie, 1822 B, 1848 C
Amundsen, Roald, 1911 N, 1912 I
Amyot, Jacques, 1579
Andersen, Hans Christian, 1835 D
Ångstrom, Anders Jonas, 1853 C
Anichkov, Nikolai, 1913 D
Appert, Nicolas, 1804 A, 1808 A, 1810 B, 1819 A
Archimedes, 紀元前 260, 紀元前 250
Aristotle, 紀元前 430 B, 紀元前 367 B, 2 世紀 B, 1512, 1586, 1590 B, 1620 B, 1661 B
Arkwright, Richard, 1769 A
Arrhenius, Svante August, 1879 A, 1886 I, 1889 J, 1907 F, 1907 J, 1908 G
Arthus, Nicolas Maurice, 1903 H
Aryabhata, 499
Atwater, Wilbur O., 1889 B
Audubon, John James, 1827 E
Austen, Jane, 1811 E, 1813 D
Avicenna, 1020, 1526
Avogadro, Lorenzo Romano Amedeo Carlo, 1811 B, 1848 C

B

Babbage, Charles, 1801 C, 1822 C, 1830 D, 1832 E
Babcock, Stephen Moulton, 1890 G
Babes, Victor, 1888 A
Bach, Alexsei Nikolaevich, 1911 J
Bach, Johann Sebastian, 1721 B
Bacon, Francis, 1620 B
Bacon, Roger, 1249, 1267
Bacot, Arthur William, 1914 B
Baden-Powell, Robert Stephenson, 1910 H
Badham, John, 1840 B
Baekeland, Leo H., 1909 J
Balboa, Vasco Núñez de, 1513
Balsamo-Crivelli, G., 1835 A
Bang, Bernhard Laurits Frederick (Oluf), 1897 D, 1911 E
Barber, M.A., 1914 C
Barcroft, Joseph, 1902 K
Barker, Lewellys F., 1900 E
Barritt, M.M., 1898 A
Bartlett, John, 1855 D
Barton, Clara, 1881 K
Bassi, Agostino Maria, 1835 A, 1837 D
Bastian, Henry Charlton, 1872 A, 1876 A
Bateson, William, 1902 I, 1905 H, 1909 H
Bauhin, Gaspard, 1623 B, 1737
Baum, Lyman Frank, 1900 R
Bayliss, William Maddock, 1905 L
Beadle, George Wells, 1908 E
Beard, Daniel Carter, 1910 H
Becher, Johann Joachim, 1606 A, 1668 C, 1680 C
Becquerel, Antoine Henri, 1896 G
Beethoven, Ludwig van, 1800 G, 1805 C, 1807 D
Beguin, Jean, 1624 A
Behring, Emil Adolf, 1890 B, 1890 D, 1890 E, 1891 D, 1901 L, 1902 F, 1913 A
Beijerinck, Martinus Willem, 1868 B, 1882 F, 1888 B, 1889 C, 1893 A, 1893 B, 1894 B, 1899 E, 1900 C, 1901 B, 1901 C, 1903 B, 1905 A

Beilstein, Friedrich Konrad, 1880 E
Bell, Alexander Graham, 1876 G
Benda, Carl, 1890 F, 1898 K
Benz, Karl Friedrich, 1885 O
Bergius, Friedrich, 1908 F
Berliner, Ernst, 1915 B
Bernard, Claude, 1857 E, 1857 F, 1859 C, 1878 D
Bernoulli, Jakob, 1690 A, 1696
Berthelot, Marcelin, 1849 C, 1859 A, 1864 B, 1878 D, 1885 D
Berthollet, Claude Louis, 1787 A
Bertillon, Alphonse, 1885 P
Bertrand, Gabriel Émile, 1857 D, 1894 J, 1897 J
Berzelius, Jöns Jakob, 1803 B, 1807 B, 1813 A, 1818 B, 1827 C, 1837 F, 1837 G, 1838 E, 1839 B, 1862 B
Bessemer, Henry, 1856 E
Binet, Alfred, 1905 M
Biot, Jean-Baptiste, 1804 D, 1815 B, 1848 A
Bizet, Georges, 1875 G
Bizio, B., 1823 A, 1900 C
Black, Joseph, 1754, 1757
Blakeslee, A.F., 1904 A
Blasco-Ibañez, Vicente, 1918 H
Blumenbach, Johann Friedrich, 1776 C
Boccacio, Giovanni, 1358
Boerhaave, Hermann, 1720 B
Böhme, A., 1889 A
Bohr, Niels Henrik David, 1911 L
Boileau-Despréaux, Nicholas, 1674 B
Bonaparte, Louis Napoleon, 1848 E, 1851 D, 1852 C
Bonaparte, Napoleon, 1795 B, 1796 C, 1802 A, 1803 C, 1804 F, 1812 A, 1812 F, 1813 B, 1815 D, 1848 E
Boole, George, 1847 C
Bordet, Jules Jean Baptiste Vincent, 1889 F, 1895 E, 1898 I, 1899 F, 1901 G, 1906 C
Boreel, William, 1608
Borel, Pierre, 1608
Borrel, Amédée, 1904 D, 1906 G
Bosch, Carl, 1908 F
Boullay, Polydore, 1828 C
Boulton, Mathew, 1765 C
Boussingault, Jean Baptiste, 1838 B, 1857 B
Boveri, Theodor Heinrich, 1889 H, 1903 M
Bowie, James, 1836 B
Boyle, Robert, 1660 A, 1661 B, 1662 A, 1671 A, 1673 B, 1774 C
Boylston, Zabdiel, 1721 A
Braconnot, Henri, 1820 C, 1820 D
Brahe, Tycho, 1573, 1609
Brahms, Johannes, 1868 F, 1877 H
Braille, Louis, 1829 B
Braun, Karl Ferdinand, 1901 N
Brecht, Bertolt, 1728
Breed, R.S., 1910 A, 1911 A
Brefeld, Oscar, 1875 C
Bretonneau, Pierre, 1821 A
Bridges, Calvin B., 1911 G, 1915 D
Bridges, Robert, 1918 H
Broca, Paul, 1856 D
Brodie, Thomas Gregor, 1910 F
Brontë, Charlotte, 1847 E
Brontë, Emily, 1847 E
Brown, Robert, 1827 B, 1832 C
Browne, Thomas, 1600 A
Bruce, David, 1887 D, 1897 D, 1918 C
Bruce, Thomas, 1803 D
Bruck, Carl, 1906 H
Brudenell, James Thomas (Lord Cardigan), 1854 E
Brunchorst, J., 1887 C
Brunfels, Otto, 1530 B, 1542
Buchanan, Robert Earle, 1916 A, 1918 A
Buchner, Eduard, 1889 F, 1897 C, 1903 C

Buchner, Hans, 1889 F, 1895 E, 1898 I, 1899 F, 1903 C
Budd, William, 1856 A, 1873 A
Buist, John Brown, 1886 E, 1904 D, 1906 G
Bulfinch, Thomas, 1855 D
Bunsen, Robert Wilhelm, 1850 C
Bunyan, John, 1680 A
Buonarroti, Michelangelo, 1504, 1508
Burdach, Karl, 1800 B, 1802 B
Burr, Aaron, 1804 F
Burri, R., 1907 A, 1909 C
Burrill, Thomas Jonathan, 1879 D, 1899 B
Burroughs, Edgar Rice, 1914 N
Byron, George Gordon (Lord Byron), 1812 G

C

Cabot, John, 1497
Cagniard-Latour, Charles, 1838 C, 1839 A
Cailletet, Louis-Paul, 1877 F, 1898 O
Calmette, Albert, 1906 I
Camerarius, Rudolph Jakob, 1694
Cannizzaro, Stanislao, 1811 B, 1848 C
Carré, Ferdinand, 1859 E
Carré, Henri, 1904 E
Carrel, Alexis, 1917 D
Carroll, James, 1901 F
Carroll, Lewis, 1865 G, 1871 F
Castellani, Aldo, 1885 A
Cauchy, Augustine Louis, 1821 D
Cavendish, Henry, 1671 A, 1766 A, 1781 B, 1783 B
Caventou, Joseph Bienaimé, 1817 C
Celli, Angelo, 1887 E
Celsius, Anders, 1741
Centanni, Eugenio, 1901 E
Cervantes, Miguel de, 1605
Cesalpino, Andrea, 1583
Chegall, Marc, 1911 Q

人名索引   221

Chamberland, Charles, 1881 F, 1884 C
Chambers, Albert, 1885 A
Chambers, Robert, 1844 A
Chantemesse, André, 1898 C
Chapin, Charles W., 1911 C
Chaptal, Jean, 1790 B
Chargaff, Erwin, 1909 I
Charles Ⅰ (king of England), 1646 C, 1649, 1660 C
Charles Ⅱ (king of England), 1660 C, 1662 B
Charles Ⅷ (king of France), 1495 A
Charles, Jacques Alexandre César, 1699 B, 1787 B
Chaucer, Geoffrey, 1400
Chester, F, D., 1901 A
Chevalier, Charles, 1827 A
Chilperic (king of France), 580
Christin, Jean Pierre, 1741
Clark, William, 1804 E
Clark, William Mansfield, 1915 A
Clausius, Rudolf Emmanuel, 1850 B, 1854 D
Clavius, Christoph, 1582 B
Clayton, John, 1739
Clemens, Samuel, *see* Twain, Mark
Cockayne, Edward Alfred, 1912 C
Cohn, Ferdinand Julius, 1838 A, 1849 D, 1861 A, 1862 A, 1872 A, 1872 B, 1872 C, 1872 D, 1875 A, 1876 A, 1877 B
Cohnheim, Julius, 1865 A, 1867 A, 1868 D
Coleridge, Samuel Taylor, 1798 D
Colombo, Realdo, 1559
Columbus, Christopher, 1492 B, 1495 A, 1497, 1502, 1518
Congreve, William, 1700
Conn, Herbert W., 1899 G
Conrad, Joseph, 1902 O
Conradi, H., 1903 D
Cook, James, 1770 A

Cooper, Archibald Scott, 1858 E
Cooper, James Fenimore, 1826 B, 1841 C
Copeland, Herbert F., 1861 D
Copernicus, Nicolaus, 1512, 1543 B
Cordus, Valerius, 1535 A
Correns, Carl, 1865 B, 1900 C, 1900 J
Cortés, Hernando, 1519 A
Crane, Stephen, 1895 K
Crazy Horse (Chief), 1876 I
Crockett, Davy, 1836 B
Cromwell, Oliver, 1646 C, 1649, 1660 C
Cruikshank, William, 1800 A
Cugnot, Nicholas Joseph, 1769 B
Curie, Marie, 1896 G, 1898 N
Curie, Pierre, 1898 N
Currie, J.N., 1917 B
Cusa, Cardinal P.Nicolai, 1648 A
Custer, George Armstrong, 1876 I
Cuvier, Georges, 1798 B, 1812 B

D

Dack, G.M., 1914 C
da Foligno, Gentile, 1348
Daguerre, Louis, 1839 F
Daimler, Gottlieb, 1901 O
Dale, Henry H., 1911 F
Dalton, John, 1803 A
Dante, 1307
Danysz, Jan, 1902 H
d'Arlandes, Marquis Françoise, 1783 D
da Rocha Lima, Henrique, 1916 C
Darwin, Charles, 1761 B, 1831 A, 1835 B, 1844 A, 1858 D, 1859 B, 1863 C, 1868 E, 1869 F, 1871 C
Darwin, Erasmus, 1794, 1869 F
Davaine, Casimir Joseph, 1863 A, 1868 A
da Vinci, Leonardo, 1495 B, 1507
Davy, Edmund, 1820 E

Davy, Humphry, 1800 A, 1806 B, 1810 E, 1817 D
de Abreu, Aleixo, 1623 A
de Baillou, Guillaume, 1576, 1640
de Beauharnais, Josephine, 1796 C
de Buffon, Comte (Georges Louis Leclerc), 1748 A, 1749 B, 1765 A
de Candolle, Augustin-Pyrame, 1812 C
Defoe, Daniel, 1719, 1721 C
De Forest, Lee, 1906 O
de Fourcroy, Antoine, 1787 A
de Graaf, Regnier, 1673 A
Deinert, F., 1900 I
de Laplace, Pierre Simon, 1783 A
de Laval, Carl Gustav Patrik, 1879 I
del Cano, Juan Sebastian, 1519 B
de Lesseps, Ferdinand, 1859 G, 1880 F
Della Spina, Allessandro, 1299
de Morveau, Guyton, 1671 A, 1787 A, 1800 A
de Narváez, Pánfilo, 1519 A
Denys, J., 1894 D
de Rozier, Jean Pilâtre, 1783 D
de Sacrobosco, Johannes, 1585
de Santa Anna, Antonio López, 1836 B
de Saussure, Nicolas Théodore, 1804 B, 1838 B
Descartes, René, 1637
Descloizeaux, M., 1846 D
de St.Vincent, Bory, 1825 A
de Tocqueville, Alexis Charles Henri Clérel, 1834 C
de Villalobos, Francisco López, 1498
de Vries, Hugo, 1865 B, 1889 G, 1900 C, 1900 J, 1900 K
Dewar, James, 1892 H, 1898 O
d'Herelle, Félix, 1915 C, 1917 C
Dick, Albert Blake, 1879 H
Dickens, Charles, 1837 L, 1838

H, 1841 C, 1843 B, 1850 E, 1859 I, 1861 K
Dickenson, Emily, 1890 J
Diderot, Denis, 1751
Diesel, Rudolf, 1893 G
Diophanus, 250
Dioscorides, Pedanius, 77 B, 1530 B, 1542, 1907 B
Disraeli, Benjamin, 1874 E
Dixon, Jeremiah, 1766 B
Dollond, John, 1729, 1758
Domagk, Gerhard, 1916 B
Donath, Julius, 1904 B
Donizetti, Gaetano, 1835 C
Donnan, Frederick George, 1911 K
Doppler, Christian Johann, 1842 E
d'Orleans, Chérubin, 1667 B
Dostoyevsky, Fyodor, 1866 D, 1879 L
Douglas, Stewart R., 1903 I
Douglass, William, 1736
Doyle, Arthur Conan, 1882 L, 1891 I
Drebbel, Cornelius, 1590 A, 1608
Dreyfus, Alfred, 1894 K
Drummond, Jack Cecil, 1912 G
Dubois, Marie Eugène, 1891 E
Du Bois-Reymond, Emil Heinrich, 1859 D
Dubrunfaut, Augustin Pierre, 1830 C, 1846 E
Duclaux, Émile, 1885 J
Dumas, Alexandre, 1844 D, 1845 E
Dumas, Jean-Baptiste André, 1821 B, 1828 C, 1839 A
Dunant, Jean-Henri, 1862 D
Dupetit, Gabriel, 1881 E, 1886 C
Durand, Peter, 1819 A
Durham, Herbert Edward, 1896 E, 1898 B
Dutrochet, René Joachim Henri, 1837 H

E

Eastman, George, 1888 I
Ebers, George, 紀元前 1500
Eberth, Carl Joseph, 1880 B, 1884 E
Ech, Paul, 1500
Edison, Thomas Alva, 1877 G, 1879 G, 1879 H, 1883 I
Edward, D.G. ff., 1898 D
Ehrenberg, Christian Gottfried, 1838 A
Ehrlich, Paul, 1882 B, 1883 A, 1884 H, 1885 I, 1885 M, 1889 A, 1889 F, 1891 D, 1892 F, 1893 C, 1895 E, 1895 F, 1897 G, 1899 F, 1901 I, 1902 H, 1907 H, 1910 B
Eijkman, Christiaan, 1896 F, 1906 L
Einstein, Albert, 1827 B, 1887 H, 1905 J, 1905 K, 1915 E
Eliot, George, 1860 C
Eliot, T.S., 1917 I
Elizabeth I (queen of England), 1558
Ellerman, Vilhelm, 1911 E
Embden, Gustav, 1914 F
Emerson, Ralph Waldo, 1836 C, 1870 D
Empedocles, 紀元前 460, 430 B, 1526
Engelmann, Theodore Wilhelm, 1881 D, 1885 C
Engels, Friedrich, 1847 D
Erasistratus, 紀元前 280
Erlenmeyer, Emil, 1890 H
Ernst, P., 1888 A, 1888 C
Escherich, Theodore, 1885 A
Etinger-Tulcynska, R., 1902 B
Euclid, 紀元前 300
Evans, Alice Catherine, 1887 D, 1897 D, 1914 A, 1918 C

F

Faber, Giovanni, 1625
Faber, Knud Helge, 1890 B
Fabricius ab Aquapendente, Hieronymus, 1603
Facini, Filippo, 1854 B
Fahrenheit, Gabriel Daniel, 1714
Fallopius, 1561
Faraday, Michael, 1821 C, 1825 B, 1831 C, 1833 B, 1855 B
Faulds, Henry, 1885 P
Fedor I (czar of Russia), 1598
Felix, A., 1916 D
Ferdinand III (Holy Roman Emperor), 1657 B
Ferdinand, Archduke Franz, 1914 D, 1914 M
Ferdinand, Carl Louis, 1882 J
Fernbach, Auguste, 1911 B
Ferrán y Clua, Jaime, 1885 G
Fielding, Henry, 1749 C
Fischer, Alfred, 1894 A, 1897 B, 1899 B, 1900 B, 1902 C
Fischer, Emil Hermann, 1884 K, 1885 N, 1889 C, 1894 H, 1894 I, 1897 G, 1897 H, 1902 L
Flaubert, Gustave, 1856 F
Fleming, Alexander, 1896 C
Flemming, Walther, 1882 H
Fletcher, Walter Morley, 1907 I
Flexner, Simon, 1898 C, 1900 E, 1909 F, 1912 B
Fol, Hermann, 1876 D
Fontana, Felice, 1781 C
Ford, Henry, 1893 F
Forster, E.M., 1905 N, 1908 J
Fothergill, John, 1748 B
Foucault, Jean Bernard Léon, 1851 B
Fracastoro, Girolamo, 1530 A, 1546 A, 1762 A
Fraenkel, Albert, 1881 C, 1882 E, 1884 G
Francis, Edward, 1911 C
Frank, B., 1887 C, 1888 B
Fränkel, Carl, 1890 E
Frankland, Edward, 1852 B
Franklin, Benjamin, 1752
Fred, E.B., 1912 A
Freud, Sigmund, 1895 I
Freundt, E.A., 1898 D
Friedländer, Carl, 1882 E, 1884 B, 1884 G
Fromherz, Konrad, 1911 B

人名索引 223

Frosch, Paul, 1898 G, 1901 F
Fuchs, Leonhart, 1530 B, 1542
Fuhrott, Johann C., 1856 D
Funk, Casimir, 1896 F, 1906 L, 1912 G

G

Gaffky, Georg Theodore August, 1881 H, 1884 E, 1892 C
Galen, 紀元前 460, 紀元前 367, 紀元前 280, 2 世紀 A, 164, 1526, 1879 B
Galilei, Vincenzio, 1657 A
Galileo, 1582 A, 1586, 1590 A, 1590 B, 1608, 1610, 1657 A
Galtier, Pierre Victor, 1879 E
Galton, Francis, 1794, 1869 F, 1885 P
Galvani, Luigi, 1780 C, 1800 D
Gamaleia, Nikolae, 1898 F
Garfield, James A., 1881 K
Garrod, Archibold, 1908 E
Gärtner, A.A., 1888 D
Gatti, Angelo, 1764 A
Gauguin, Paul, 1891 J
Gay, John, 1728
Gay-Lussac, Joseph, 1699 B, 1787 B, 1804 D, 1810 A, 1811 C, 1815 A
Gayon, Ulysse, 1881 E, 1886 C
Geiger, Hans Wilhelm, 1908 H
Genghis Khan, 1210 B
Gengou, Octave, 1901 G, 1906 C
George Ⅰ (king of England), 1721 A
Gesner, Conrad, 1545, 1546 B
Gessard, Carle, 1882 C
Gibbon, Edward, 1776 F
Gibbs, Josiah Willard, 1878 I
Giemsa, Gustav, 1905 I
Gilbert, Joseph Henry, 1857 B
Gilbert, William, 1600 A, 1609
Gilbert, William Schwenck, 1878 L, 1879 K, 1885 R
Gish, Lillian, 1912 J
Glenny, Alexander Thomas, 1904 C, 1921 E
Gmelin, Leopold, 1825 D

Godunov, Boris, 1598
Goethe, Johann Wolfgang von, 1808 B, 1869 H
Goldberg, Rube, 1907 K
Goldsmith, Oliver, 1773 C
Golgi, Camillo, 1885 K, 1885 L, 1898 L
Goodpasture, Ernest William, 1901 E, 1906 G
Goodsir, John, 1842 B
Goodyear, Charles, 1839 G
Gordon, J., 1893 A
Gounod, Charles, 1859 H, 1883 L
Graham, Thomas, 1839 A
Grahame, Kenneth, 1908 J
Gram, Hans Christian, 1882 E, 1884 B
Grant, Ulysses S., 1865 E
Grassi, Giovanni, 1880 D, 1898 J
Gray, Elisha, 1876 G
Gregory (bishop of Tours), 580
Gregory ⅩⅢ (Pope), 1582 B
Grew, Nehemiah, 1682 B
Griffith, D.W., 1915 I
Grimme, A., 1888 A, 1902 C
Grüber, Max, 1896 E
Gruby, David, 1841 A
Guérin, Camille, 1906 I
Gunter, Edmund, 1620 A
Gutenberg, Johann, 1454
Guthrie, Samuel, 1831 B

H

Haber, Fritz, 1904 G, 1908 F
Haeckel, Ernst Heinrich, 1866 A
Haffkine, Waldemar, 1892 G, 1897 F
Hahn, Martin, 1903 C
Haiyān, Jabir ibn, 750
Halberstaedter, L., 1907 B
Haldane, John Scott, 1902 K
Hales, Stephen, 1727, 1733
Hall, Chester Moor, 1729, 1758
Halley, Edmund, 1705
Hamilton, Alexander, 1804 F
Handel, George Frederic, 1715 B, 1742
Hansen, Armauer Gerhard

Henrik, 1874 A
Hansen, Emil Christian, 1883 D
Hapelius, 1606 A
Harden, Arthur, 1898 A, 1906 B, 1906 J, 1906 K, 1914 G
Hardy, Thomas, 1874 F, 1891 I
Hargreaves, James, 1764 B
Harrison, Ross Granville, 1907 G, 1917 D
Harrison, William Henry, 1811 D
Hartman, T.L., 1899 A
Harvard, John, 1636
Harvey, William, 1559, 1603, 1616, 1628, 1637, 1661 A, 1733
Hastings, E.G., 1912 A
Hauser, Gustave, 1885 B
Hawthorne, Nathaniel, 1850 E, 1851 F
Haydn, Franz Joseph, 1755 A
Hayne, Theodore H., 1919 D
Hellriegel, Hermann, 1857 B, 1886 B, 1889 B
Helmholtz, Hermann Ludwig, 1847 B, 1881 J
Henle, Friedrich Gustav Jacob, 1840 A
Henry Ⅷ (king of England), 1509, 1535 B
Henry, Edward Richard, 1901 P
Henry, Joseph, 1829 A, 1831 C
Henson, Matthew Alexander, 1909 K
Herschel, William, 1800 C, 1885 P
Hertwig, Oscar, 1876 D
Hertz, Heinrich Rudolph, 1887 G, 1888 H
Hesse, Fannie Eilshemius, 1881 A, 1882 A
Hesse, Walther, 1881 A, 1882 A
Hill, Archibald Vivian, 1911 I, 1912 D
Hiltner, L., 1885 E
Hipparchus, 2 世紀 B
Hippocrates, 紀元前 460
Hisinger, Wilhelm, 1803 B
Hobbes, Thomas, 1651

Hodgkin, Thomas, 1832 B
Hoffman, Felix, 1899 I
Hoffman, Hermann, 1869 A
Hoffmann, Eric, 1905 D
Hofmeister, Franz, 1902 L
Hogg, John, 1861 D
Holmes, Oliver Wendell, 1842 C
Home, Francis, 1765 B
Homer, 紀元前 1190
Homer, Winslow, 1883 M
Hooke, Robert, 1664 A, 1665 B, 1665 C
Hooker, Joseph Dalton, 1858 D
Hopkins, Frederick Gowland, 1896 F, 1906 L, 1907 I, 1912 G
Hopkins, Gerard Manley, 1918 H
Hoppe-Seyler, Felix, 1862 B, 1869 E, 1876 E, 1878 E, 1878 G, 1879 F, 1885 N
Houseman, A.E., 1896 J
Houston, Sam, 1836 B
Howells, William Dean, 1885 S
Hu, Liu, 190
Huang Ti (emperor of China), 紀元前 2595 A
Huggins, Charles B., 1911 E
Hughes, David Edward, 1878 J
Hugo, Victor, 1862 E
Humperdinck, Englebert, 1893 J
Hunter, John, 1767 A, 1771 C
Huxley, Thomas Henry, 1863 C, 1869 H
Huygens, Christiaan, 1582 A, 1657 A, 1681 A

I

Ibsen, Henrik, 1879 L
Ingenhousz, Jan, 1779 B, 1804 B, 1837 H
Ingrassia, Giovanni Filippo, 1553
Irving, Washington, 1820 F
Ishiwata, Shigetane, 1902 E, 1915 B
Israel, C., 1913 C
Ivanovsky, Dmitri Iosifovich, 1882 F, 1892 E, 1899 E

J

Jack the Ripper, 1888 J
Jackson, Charles, 1846 H
Jacobs, W.A., 1916 B
Jacobs, Walter Abraham, 1909 I
Jacquard, Joseph-Marie, 1801 C
James, Henry, 1878 M, 1898 R
Jansen, Hans, 1590 A
Jansen, Zacharias, 1590 A, 1608
Jellinek, Emil, 1901 O
Jenner, Edward, 1767 A, 1796 B, 1880 C, 1881 F
Jesty, Benjamin, 1774 A, 1796 B
Johannsen, Wilhelm Ludwig, 1909 H
John (king of England), 1215
Johnson, Samuel, 1755 B
Joliet, Louis, 1673 C
Jones, William, 1706
Jordan, Edwin O., 1899 G
Joule, James Prescott, 1849 E
Joyce, James, 1914 N
Judson, Egbert Putnam, 1893 H
Jupille, Jean-Baptiste, 1885 H

K

Kaposi, Moritz K., 1872 E
Karström, Henning, 1900 I
Kastle, Joseph, 1897 K, 1910 D
Keats, John, 1817 E, 1819 D
Keilin, David, 1884 J, 1910 D
Kekulé, Friedrich, 1858 E, 1861 G, 1865 C, 1874 D
Kelvin, Lord, see Thomson, William
Kepler, Johannes, 1573, 1609
Kerner, Justinus, 1820 A
Key, Francis Scott, 1814 B
Kilbourne, F.L., 1893 E
King, Earl Judson, 1914 G
Kipling, Rudyard, 1892 J
Kircher, Athanasius, 1646 A
Kirchhoff, Gottlieb Konstantin, 1811 A, 1816 A
Kitasato, Shibasaburo, 1889 A, 1889 D, 1890 B, 1890 D, 1890 E, 1891 D, 1894 C

Kjeldahl, John Gustav Christoffer Thorsager, 1883 H
Klebs, Edwin, 1871 A, 1877 D, 1883 B
Kling, Carl, 1909 F, 1912 B
Kluyver, Albert Jan, 1894 B
Knoop, Franz, 1904 F
Koch, Robert, 1720 A, 1840 A, 1858 B, 1863 A, 1876 C, 1877 A, 1877 D, 1878 C, 1879 D, 1881 A, 1881 H, 1882 A, 1882 B, 1882 D, 1883 A, 1883 B, 1884 D, 1887 A, 1889 D, 1890 C, 1891 C, 1892 C, 1898 E
Köhler, A., 1904 J
Kolle, Wilhelm, 1896 D
Kölreuter, J.G., 1761 B
Korn, Arthur, 1902 M
Kossel, Albrecht, 1869 E, 1885 N
Kovacs, N., 1889 A
Kraus, Rudolf, 1897 I
Kühne, Friedrich Wilhelm, 1877 E
Kussmaul, Adolph, 1874 B
Kützing, Friedrich, 1822 A, 1837 C, 1838 C, 1839 A, 1868 B

L

Laënnec, René, 1816 B
Laidlaw, Patrick Playfair, 1911 F
Lamarck, Jean-Baptiste, 1800 B, 1802 B, 1809, 1812 B
Lambert, R.H., 1913 C
Landsteiner, Karl, 1900 H, 1904 B, 1908 B, 1909 F, 1917 E
Langevin, Paul, 1915 F
Langmuir, Irving, 1910 G, 1916 F
Laurent, Auguste, 1848 A
Laveran, Charles Louis Alphonse, 1880 D, 1884 I
Lavoisier, Antoine, 1772 B, 1772 C, 1774 C, 1775 B, 1777 A, 1780 B, 1783 A, 1783 B, 1787 A, 1789 B,

1789 C, 1789 D, 1810 E, 1815 A
Lawes, John Bennet, 1857 B
Le Bel, Joseph-Achille, 1874 D
Lecanu, Louis René, 1838 F, 1862 B
Leclerc, Charles Victor Emmanuel, 1802 A
Leclerc, Georges Louis, see de Buffon, Comte
Lee, Robert E., 1865 E
Leeuwenhoek, Antony van, 1657 A, 1665 E, 1673 A, 1674 A, 1676, 1677, 1680 B, 1683 A, 1683 B, 1786 A, 1853 A
Lehmann, Karl Bernhard, 1896 B
Leibniz, Gottfried Wilhelm, 1684, 1690 A, 1693 B, 1696
Leishman, William Boog, 1896 C, 1900 F, 1903 J
Lemery, Nicolas, 1671 A
Lenard, Philipp, 1898 P
Lenin, Nikolai (Vladimir Ilyich Ulyanov), 1917 H
Lenoir, Jean Etienne, 1859 F, 1863 E
Leo VI (emperor of the Byzantine Empire), 900
Leoncavallo, Ruggiero, 1892 I
Leopold I (Holy Roman Emperor), 1657 B
Levaditi, Constantin, 1908 B
Levene, Phoebus Aaron Theodor, 1909 I
Lewis, Gilbert Newton, 1916 F
Lewis, Meriwether, 1804 E
Lewis, Paul A., 1909 F
Liebig, Georg, 1850 A
Lincoln, Abraham, 1863 F, 1865 E
Link, H., 1795 A
Linnaeus, Carolus, 1686, 1735 B, 1737, 1749 A, 1753, 1763 A, 1767 B
Linossier, Georges, 1845 B, 1898 M
Lippershey, Hans, 1608

Lister, Joseph Jackson, 1830 B, 1867 B, 1878 B
Liston, Robert, 1846 H
Liszt, Franz, 1856 G
Livingstone, David, 1871 E
Livy, 紀元前 790
Locke, John, 1690 B
Loeb, L., 1905 B
Loew, Oscar, 1869 E, 1893 A, 1901 J
Loewenstein, E., 1904 C
Loewi, Otto, 1911 F
Löffler, Friedrich August Johannes, 1877 A, 1881 H, 1882 D, 1883 B, 1888 E, 1890 A, 1898 G, 1901 F
Long, Crawford Williamson, 1846 H
Longfellow, Henry Wadsworth, 1855 D
Loschmidt, Johann Josef, 1811 B, 1865 C
Louis XIII (king of France), 1624 B
Louis XIV (king of France), 1643 B, 1662 C
Louis XVI (king of France), 1793 B
Louis Philippe (king of France), 1848 E
L'Ouverture, Toussaint, 1802 A
Low, Juliette Gordon, 1912 I
Lowell, Percival, 1858 D
Lower, Richard, 1669 A
Lubavin, Nicholas, 1869 E
Lubs, H.A., 1915 A
Ludwig, Carl Friedrich, 1869 D
Luer, H.Wulfing, 1886 J
Lumière, Auguste, 1895 J
Lumière, Louis, 1895 J
Lürman, A., 1885 F
Luther, Martin, 1517, 1543 B
Lyell, Charles, 1858 D

M

MacMunn, Charles Alexander, 1884 J
Magellan, Ferdinand, 1519 B
Magnus, Albertus, 1250 A

Magnus, Gustav, 1837 I
Mallon, Mary, 1903 E
Malpighi, Marcello, 1661 A, 1683 B
Malthus, Thomas Robert, 1798 C
Manet, Edouard, 1881 M
Manson, Patrick, 1880 D, 1883 C
Mantoux, Charles, 1908 C
Marchiafava, Ettore, 1880 D, 1884 I, 1887 E
Marconi, Guglielmo, 1901 N
Marlowe, Christopher, 1592
Marquette, Jacques, 1673 C
Martin, Archer John Porter, 1906 M
Martin, Benjamin, 1720 A
Martin, Charles James, 1914 B
Martin, Louis, 1894 F
Marx, Karl, 1847 D, 1867 F
Mason, Charles, 1766 B
Massini, R., 1907 A
Mather, Cotton, 1693 A, 1721 A
Matisse, Henri, 1906 R
Mattioli, Pierandrea, 77 B
Maugham, W.Somerset, 1915 H
Maxwell, James Clerk, 1855 B, 1865 D, 1867 C, 1888 H
Mayer, Adolf, 1882 F, 1892 E, 1899 E
Mayer, Robert, 1842 D
Mayow, Johannes, 1668 B, 1675 B
Mazarin, Giulio Cardinal, 1643 B
McAdam, John Loudon, 1815 C
McCoy, Elizabeth, 1912 A
McCoy, George Walter, 1911 C
McKinley, William, 1901 Q
McLeod, M.B., 1893 A
Medin, Karl Oscar, 1881 G
Meister, Joseph, 1885 H
Melville, Herman, 1851 F
Mendel, Gregor, 1761 B, 1865 B, 1900 C, 1900 J, 1902 I, 1903 M
Mendeleyev, Dmitri Ivanovich, 1869 G
Mendelssohn-Bartholdy, Felix,

1831 D, 1843 C
Menghini, Vicenzo, 1745 A
Menten, Maud Leonora, 1913 F
Mercuriali, Geronimo, 1572
Metchnikoff, Elie Ilya Ilyich,
　1884 H, 1903 F, 1907 H
Metius, Adrian, 1608
Metius, James, 1590 A, 1608
Meyer, A., 1888 A, 1897 B,
　1899 A
Meyer, Julius Lothar, 1869 G
Meyer, Karl F., 1887 D, 1914 A,
　1918 C
Meyerhof, Otto Fritz, 1911 I,
　1912 D
M'Fadyean, John, 1900 G
Michaelis, Leonor, 1913 F
Michelangelo, 1504, 1508
Michelson, Albert Abraham,
　1887 H
Miescher, Johann Friedrich,
　1869 E, 1889 I
Migula, Walter, 1897 A, 1897 B
Millikan, Robert Andrews,
　1911 M
Milton, John, 1667 C
Miquel, P., 1879 A
Mirbel, Charles François Brisseau, 1802 C
Mitchell, Charles, 1819 A,
　1839 E
Mitscherlich, Eilhard, 1848 A
Monet, Claude, 1868 G
Monroe, James, 1823 D
Montagu, Mary Wortley, 1717
Monteverdi, Claudio, 1587,
　1607 B
Montgolfier, Jacques-Etienne,
　1783 D
Montgolfier, Joseph-Michel,
　1783 D
Morange, A., 1879 C
More, Thomas, 1535 B
Morgagni, Giovanni, 1761 A
Morgan, J.P., 1905 O
Morgan, Thomas Hunt, 1910 E,
　1911 G, 1911 H, 1915 D
Morley, Edward William,
　1887 H

Morse, Samuel F.B., 1837 J,
　1844 B
Morton, William Thomas,
　1846 H
Moseley, Henry Gwyn Jeffreys,
　1869 G, 1914 I
Mozart, Wolfgang Amadeus,
　1770 C, 1786 B, 1787 D,
　1791 B
Mulder, Gerardus Johannes,
　1838 E
Muller, Hermann Joseph,
　1911 G, 1915 D
Müller, Otto Frederik, 1773 A,
　1786 A
Müller, Walther, 1908 H
Munch, Edvard, 1893 K
Müntz, Achille, 1877 C
Mushet, Robert, 1856 E

N

Napier, John, 1585, 1614 B,
　1617 B
Nathansohn, A., 1902 A
Needham, John Turberville,
　1748 A, 1749 B, 1765 A,
　1861 A
Neelsen, Friedrich, 1882 B,
　1883 A
Negri, Adelchi, 1903 L, 1905 F
Neisser, Albert Ludwig Siegmund, 1879 B, 1887 E,
　1906 H
Nelson, Horatio, 1801 E, 1805 B
Nernst, Walter Hermann,
　1906 N
Neubauer, Otto, 1911 B
Neuberg, Carl Alexander,
　1911 B, 1913 E, 1918 F
Neufeld, Fred, 1900 A, 1902 B
Neumann, R., 1896 B
Newcomen, Thomas, 1711,
　1765 C
Newport, George, 1853 A
Newton, Isaac, 1665 D, 1666 A,
　1666 B, 1684, 1687, 1704
Nicolaier, Arthur, 1884 F
Nicolle, Charles Jules Henri,
　1909 E

Niepce, Joseph Nicéphore,
　1822 D
Nietzsche, Friedrich Wilhelm,
　1883 J
Nightingale, Florence, 1860 B
Nijinsky, Vaslav, 1913 L
Nobel, Alfred, 1867 E, 1896 H
Nocard, Edmond, 1898 D
Nollet, Jean Antoine, 1748 C
Nordtmeyer, H., 1891 A
Normann, William, 1901 K
North, Thomas, 1579
Norton, J.F., 1910 A
Nuttall, George Henry Falkiner,
　1888 F, 1889 F, 1892 A,
　1895 D

O

Oersted, Hans Christian, 1822 B
Oertmann, Ernst, 1872 F
Ogston, Alexander, 1878 C,
　1881 B, 1884 A
Oldenberg, Henry, 1665 E,
　1673 A
O'Meara, R.A., 1898 A
Omelianski, W., 1906 A
Orla-Jensen, Segurd, 1909 A
Osiander, Andreas, 1543 B
Ostwald, Friedrich Wilhalm,
　1900 L
Otto, Nikolaus August, 1876 H,
　1893 G
Oughtred, William, 1622
Overton, Charles E., 1894 G

P

Panum, Peter Ludwig, 1846 B,
　1856 B, 1884 H
Papin, Denys, 1681 B, 1881 H
Paracelsus, 1526, 1648 A,
　1661 B
Park, William Hallock, 1894 F,
　1914 E
Parkinson, James, 1817 B
Parr, Leland W., 1910 A
Pascal, Blaise, 1641 A, 1646 B
Pasquen, Enrique, 1886 E,
　1904 D, 1906 G
Passy, Frédéric, 1862 D

Pasteur, Louis, 1720 A, 1822 A, 1837 C, 1848 A, 1857 C, 1858 A, 1858 B, 1859 A, 1860 A, 1861 A, 1861 B, 1867 B, 1868 B, 1869 B, 1869 C, 1870 A, 1871 B, 1876 A, 1877 B, 1878 D, 1878 E, 1880 C, 1881 A, 1881 C, 1881 F, 1881 H, 1885 H, 1885 I, 1886 D, 1888 E, 1888 G, 1895 D, 1897 C
Pavlov, Ivan Petrovich, 1904 I
Paxton, Joseph, 1851 D
Payen, Anselme, 1833 A, 1834 A
Peary, Robert Edwin, 1909 K
Pelletier, Pierre, 1817 C
Pepusch, John Christopher, 1728
Pepys, Samuel, 1660 D, 1675 A, 1825 F
Peri, Jacopo, 1600 B, 1607 B
Pérignon, Dom, 1678
Perkin, William Henry, 1856 C
Perrin, Jean Baptiste, 1827 B
Pershing, John J., 1916 H, 1917 H
Persoon, C.J., 1822 A
Persoz, Jean François, 1833 A
Perty, Maximilian, 1852 A, 1887 B
Peterson, W.H., 1912 A
Petri, Richard Julius, 1881 A, 1887 A
Petterson, A., 1912 B
Pfeffer, Wilhelm Friedrich, 1881 I, 1885 C, 1886 H
Pfeiffer, Richard Friedrich Johannes, 1892 B, 1892 D, 1894 E
Pflüger, Eduard, 1872 F, 1875 D
Phipps, James, 1796 B
Picasso, Pablo, 1900 S, 1903 R, 1907 O
Pickford, Mary, 1912 J
Pictet, Raoul Pierre, 1877 F
Pinner, Adolf, 1885 N
Pixii, Hippolyte, 1832 D

Planche, Louis Antoine, 1810 C
Planck, Max, 1900 N, 1905 J
Plato, 紀元前 430 B, 紀元前 367, 2 世紀 B, 1512
Plencíz, Marcus Antonius, 1762 A
Pliny the Elder, 77 A
Plutarch, 紀元前 790, 1579
Poe, Edgar Allan, 1827 F, 1839 H, 1842 F, 1849 F
Pollender, Aloys, 1849 B, 1863 A
Popov, Aleksandr Stepanovich, 1901 N
Popper, Erwin, 1908 B
Portier, Paul, 1902 G
Potter, Beatrix, 1902 O
Pouchet, Félix-Archimède, 1858 A, 1861 A
Prazmowski, Adam, 1861 B, 1880 A
Preisz, H., 1909 C
Prescott, Samuel C., 1895 B
Prevost, Jean Louis, 1821 B
Priestley, Joseph, 1771 A, 1771 B, 1772 A, 1774 B, 1775 A, 1783 B, 1790 B
Proskauer, Bernhard, 1898 A
Proust, Joseph, 1799
Proust, Marcel, 1913 K
Ptolemy, 2 世紀 B, 1512, 1543 B
Puccini, Giacomo, 1896 K, 1900 Q, 1904 M
Pugh, Evan, 1857 B
Pulitzer, Joseph, 1903 Q
Purkinje, Jan Evangelista, 1837 E, 1839 D, 1846 G, 1885 P
Pylarini, Giacomo, 1715 A

R

Ramon, Gaston Léon, 1904 C
Ramón y Cajal, Santiago, 1885 L
Ray, John, 1682 A, 1686, 1735 B
Reagh, A.L., 1903 G
Redi, Francesco, 1668 A
Reed, Walter, 1899 D, 1901 F, 1905 E

Remak, Robert, 1839 C
Rembrandt van Rijn, 1641 B
Remlinger, Paul, 1903 K
Renoir, Pierre Auguste, 1876 L
Revis, C., 1910 A
Rey, Jean, 1630 B, 1673 B
Rhazes, 910
Rhodes, Cecil, 1902 N
Richard the Lion-Hearted (king of England), 1215
Richelieu, Cardinal, 1624 B
Richet, Charles, 1902 G
Ricketts, Howard Taylor, 1906 E, 1909 D, 1916 C
Rilke, Rainer Maria, 1905 N
Ringer, Sydney, 1883 G
Ritter, J., 1879 C
Ritter, Johann, 1801 A
Roberts, William, 1872 A
Robie, Frederick G., 1909 L
Robison, Robert, 1914 G, 1918 F
Rockefeller, John D., 1901 M
Rodin, Auguste, 1880 G, 1886 L
Roger, H., 1902 B
Röhmann, F., 1895 G
Rohmer, Sax, 1913 K
Romanowsky, Dmitri Leonidovich, 1902 J
Röntgen, Wilhelm Konrad, 1895 H, 1901 L
Roosevelt, Franklin Delano, 1916 E
Roosevelt, Theodore, 1901 Q, 1912 I
Rosenbach, Anton Julius Friedrich, 1875 A, 1884 A
Rosenthal, L., 1903 D
Ross, Ronald, 1880 D, 1883 C, 1897 E, 1898 J
Rossini, Gioacchino Antonio, 1816 C
Rous, Francis Peyton, 1911 E
Rousseau, Jean Jacques, 1751, 1762 B
Roux, Émile, 1880 C, 1881 F, 1888 E, 1893 C, 1894 F, 1898 D, 1903 F
Roux, Wilhelm, 1883 F
Rudbeck, Olaf, 1653 A

Rumford, Benjamin Thompson, 1798 A
Runge, Friedlieb Ferdinand, 1906 M
Rush, Benjamin, 1793 A
Russell, Bertrand, 1913 H
Russell, Harry L., 1895 B
Rutherford, Daniel, 1771 A, 1772 B
Rutherford, Ernest, 1899 H, 1908 H, 1911 L

S

Sachariassen, Johannes, 1608
Sala, Angelo, 1617 A
Salmon, Daniel, 1886 F
Sanarelli, Guiseppe, 1898 H, 1899 D
Sanfelice, Francesco, 1910 C
Sanger, Margaret Higgins, 1914 M
Santorius, 1614 A, 1626 A
Savonuzzi, E., 1901 E
Schaede, R., 1902 D
Schardinger, Franz, 1905 C
Schaudinn, Fritz, 1905 D
Schedel, Hartmann, 1492 A
Scheele, Carl Wilhelm, 1771 A, 1772 B, 1774 B, 1780 A, 1783 C, 1790 B
Schick, Bela, 1905 G, 1913 B
Shcleiden, Matthias Jakob, 1837 E, 1838 D, 1839 D, 1858 B
Schloesing, Jean Jacques Theophilae, 1868 C, 1877 C
Schoen, Moise, 1911 B
Schönbein, Christian Friedrich, 1840 E, 1845 B, 1845 C, 1906 M
Schönlein, Johann Lucas, 1839 C, 1841 A
Schott, Otto, 1886 G
Schottleius, M., 1899 C
Schottmüller, Hugo, 1900 D, 1903 A
Schröder, Heinrich Georg Friedrich, 1854 A
Schroeter, Joseph, 1875 B, 1886 A

Schubert, Franz Peter, 1813 C, 1822 E, 1827 G
Schucht, A., 1906 H
Schultze, Max Johann Sigismund, 1846 G, 1861 F
Schwann, Theodor, 1836 A, 1837 B, 1837 E, 1838 C, 1839 A, 1839 D, 1858 B, 1878 E
Scott, Dred, 1857 G
Scott, Robert, 1912 I
Scott, Walter, 1789 A, 1810 G, 1819 D
Sedgwick, W.T., 1899 G
Sédillot, C., 1878 A
Séguin, Armand, 1789 C
Semmelweis, Ignaz Philipp, 1846 A, 1861 C
Senebier, Jean, 1782
Serrati, Serafino, 1823 A
Service, Robert William, 1907 M
Shakespeare, William, 1590 C, 1600 C, 1606 B
Shaw, E.B., 1887 D, 1914 A, 1918 C
Shaw, George Bernard, 1894 L, 1902 P, 1914 O
Shelley, Mary Wollstonecraft Godwin, 1792, 1818 C
Shelley, Percy Bysshe, 1818 C, 1819 D
Shemsu (emperor of China), 紀元前 3180
Shen Lung (emperor of China), 紀元前 3000 A
Shen Nung (emperor of China), 紀元前 2750
Sheridan, Richard Brinsley, 1777 B
Sherman, Sidney, 1836 B
Shibata, K., 1902 D
Shiga, Kiyoshi, 1898 C, 1900 E
Sholes, Christopher Latham, 1867 D, 1873 C
Sibelius, Jean, 1899 K
Siedentopf, Henry, 1903 N
Simon, Théodore, 1905 M
Sitting Bull (Chief), 1876 I

Sloane, Hans, 1721 A
Smith, Adam, 1776 E
Smith, Erwin Frink, 1899 B, 1907 D
Smith, John, 1624 C
Smith, John Stafford, 1814 B
Smith, Theobald, 1886 F, 1893 E, 1898 E, 1903 G, 1909 G
Smithson, James, 1846 I
Snow, John, 1849 A, 1854 C, 1873 A
Soddy, Frederick, 1913 G
Söhngen, N.L., 1906 A
Soubeiran, Eugène, 1831 B
Sousa, John Philip, 1897 O
Soxhlet, F., 1886 D
Spallanzani, Lazzaro, 1765 A, 1779 A, 1807 A, 1808 A, 1850 A
Spemann, Hans, 1918 E
Spitzer, W., 1895 G, 1897 K
Stahl, Georg Ernst, 1606 A, 1668 C, 1697 A, 1697 B
Stanford, Leland, 1885 Q
Stanley, Henry M., 1871 E
Starling, Ernest Henry, 1905 L
Steinhardt, Edna, 1913 C, 1917 D
Stephenson, George, 1814 A
Stern, William, 1914 J
Sternberg, George Miller, 1881 C, 1884 H
Sterne, Laurence, 1759 C
Stevenson, Robert Louis, 1883 K, 1886 M
Stevinus, Simon, 1585, 1586, 1590 B
Stoker, Bram, 1897 N
Stokes, George Gabriel, 1864 A
Stoney, George Johnston, 1897 L
Stowe, Harriet Beecher, 1852 D
Stradivari, Antonio, 1665 F
Strasburger, Eduard Adolf, 1882 I
Strauss, Johann, II, 1867 G, 1874 G
Strauss, Richard, 1905 O, 1911 O

人名索引

Stravinsky, Igor Fyodorovich, 1913 L
Sturgeon, William, 1823 C
Sturtevant, Alfred Henry, 1911 G, 1911 H, 1915 D
Sullivan, Arthur, 1878 L, 1879 K, 1885 R
Sutton, Walter Stanborough, 1903 M
Swammerdam, Jan, 1658, 1669 B
Swift, Jonathan, 1726 B
Sydenham, Thomas, 1667 A, 1670 A, 1670 B, 1675 A, 1679
Synge, John Millington, 1907 N
Synge, Richard Laurence Millington, 1906 M

T

Taft, William Howard, 1912 I
Talbot, William Henry Fox, 1834 B, 1841 B
Tatum, Edward L., 1908 E
Tchaikovsky, Petr Ilyich, 1882 M, 1888 K
Teichmann, Ludwig, 1853 B
Tennyson, Alfred Lord, 1832 F, 1850 E, 1854 F
Terman, Lewis Madison, 1914 J
Thackeray, William Makepeace, 1848 F
Thales, 紀元前 585
Thaxter, Ronald, 1795 A
Theiler, Arnold, 1900 G
Thénard, Louis Jacques, 1818 A
Thierfelder, H., 1895 D
Thompson, D'Arcy Wentworth, 1917 F
Thompson, Thomas, 1813 A
Thomson, J.J., 1897 L, 1898 P
Thomson, William (Lord Kelvin), 1848 B, 1851 A, 1851 C, 1867 C
Thoreau, Henry David, 1854 F
Thucydides, 紀元前 430 A
Thunberg, Torsten Ludwig, 1917 G
Tiegel, E.T., 1871 A

Timoni, Emmanuel, 1715 A
Todd, C., 1903 D
Tolles, Robert B., 1874 C, 1878 H
Tolstoy, Leo, 1865 G, 1878 M
Torricelli, Evangelista, 1643 A
Toulouse-Lautrec, Henri de, 1892 K
Townsend, C.O., 1907 D
Traube, Moritz, 1858 C, 1861 E, 1878 E, 1879 F, 1882 G, 1885 M
Traum, Jacob, 1914 A
Treviranus, Gottfried, 1800 B, 1802 B
Trevisan, V., 1842 A, 1882 E, 1887 B
Tschermak, Erich, 1865 B, 1900 C, 1900 J
Tsu Hsi, Empress, 1900 P
Tsvett, Mikhail Semenovich, 1906 M
Turpin, Pierre, 1838 C, 1839 A
Twain, Mark, 1876 K, 1884 P
Twort, Frederick William, 1915 C, 1917 C
Tyler, John, 1811 D
Tyndall, John, 1876 A, 1877 B
Typhoid Mary, 1903 E

U

Underwood, Michael, 1789 A
Underwood, William L., 1895 B
Urban Ⅱ (Pope), 1095

V

Vail, Alfred, 1837 J
Vaillard, L., 1893 C
Vallée, Henri, 1904 E
van Beneden, Edouard Joseph Louis-Marie, 1887 F
van Calcar, Jan, 1543 A
van Gogh, Vincent, 1888 L, 1889 L, 1890 K
van Helmont, Francis Mercurius, 1648 A
van Helmont, Johannes Baptista, 1648 A, 1659 B, 1727, 1757

van Musschenbroek, Pieter, 1745 B
van Niel, Cornelius B., 1894 B
van't Hoff, Jacobus Henricus, 1874 D, 1881 I, 1884 L, 1886 H, 1901 L
Vauquelin, Louis Nicolas, 1806 A
Veillon, Adrien, 1892 A
Verdi, Giuseppe, 1851 E, 1853 E, 1871 G, 1874 G, 1887 I
Verne, Jules, 1870 D, 1873 D
Vesalius, Andreas, 1543 A, 1637
Vespucci, Amerigo, 1502
Victor Emmanuel Ⅱ (king of Italy), 1861 I
Victoria (queen of England), 1837 K
Villa, Pancho, 1916 H
Villard, Paul, 1900 M
Villemin, Jean Antoine, 1865 A, 1868 D
Virchow, Rudolf Carl, 1856 D, 1858 A
Vivaldi, Antonio, 1726 A
Vogel, F.C., 1812 D
Voges, O., 1898 A
Volta, Alessandro Giuseppe, 1776 B, 1780 C, 1800 D
Voltaire, 1734, 1751, 1759 C
von Baer, Karl Ernst Ritter, 1825 E, 1828 A
von Baeyer, Adolf, 1870 B, 1889 A
von Behring, Emil, *see* Behring, Emil Adolf
von Bismarck, Otto, 1862 D, 1871 D
von Bumm, Ernst, 1879 B
von Ceulen, Ludolph, 1596
von Dusch, Theodor, 1854 A
von Ermengem, Emile-Pierre-Marie, 1820 A, 1895 C, 1896 A
von Euler-Chelpin, Hans Karl August, 1906 J, 1906 K
von Guericke, Otto, 1645, 1654, 1660 B
von Heine, Jacob, 1840 B

von Humboldt, Friedrich Heinrich Alexander, 1805 A
von Kleist, Ewald Georg, 1745 B
von Liebig, Justus, 1825 C, 1827 C, 1831 B, 1837 F, 1838 B, 1839 A, 1839 B, 1846 F, 1855 A, 1858 C, 1870 A, 1871 B, 1878 E
von Linde, Karl, 1876 F
von Linné, Carl, see Linnaeus, Carolus
von Mohl, Hugo, 1846 G
von Nägeli, Carl Wilhelm, 1857 A, 1869 E, 1879 F
von Pettenkofer, Max, 1892 C
von Pirquet, Clemens Peter, 1905 G, 1907 E
von Prowazek, Stanilaus, 1907 B, 1916 C
von Sachs, Julius, 1862 C
von Siebold, Carol Theodor Ernst, 1845 A
von Stradonitz, Friedrich August Kekulé, see Kekulé, Friedrich
von Wassermann, August, 1901 G, 1906 H
von Zeppelin, Ferdinand, 1900 O

W

Wagner, Richard, 1850 D, 1865 F, 1876 J
Waldeyer-Hartz, Wilhelm, 1882 H
Waldseemüller, Martin, 1502
Walker, John, 1827 C
Wallace, Alfred Russel, 1844 A, 1858 D
Walpole, W.S., 1906 B
Walton, Izaak, 1653 D
Warburg, Otto Heinrich, 1906 K, 1908 D, 1910 D, 1914 H, 1917 G
Warington, Robert, 1877 C
Washington, Booker T., 1888 L
Washington, George, 1776 A, 1789 E

Watt, James, 1765 C
Webster, Noah, 1806 D, 1828 D
Wedgwood, Josiah, 1763 B
Wehmer, C., 1917 B
Weichselbaum, Anton, 1884 G, 1887 E
Weiditz, Hans, 1530 B, 1542
Weigert, Carl, 1876 B
Weil, E., 1916 D
Weill, Kurt, 1728
Weismann, August Friedrich Leopold, 1883 E, 1883 F
Weizmann, Chaim Azriel, 1912 A
Welch, William Henry, 1892 A
Wells, H.G., 1898 R
Wernstedt, W., 1911 D, 1912 B
Wharton, Edith, 1911 P
Wheatstone, Charles, 1843 A
Whewell, William, 1833 B, 1833 C
Whistler, James Abbot McNeill, 1872 H
Whitehead, Alfred North, 1913 H
Whitman, Walt, 1855 D
Whittier, John Greenleaf, 1856 F
Wickman, Ivar, 1881 G
Widal, Georges Fernand Isidore, 1896 E, 1898 C
Wieland, Heinrich Otto, 1912 E, 1917 G
Wilde, Oscar, 1895 L
Wildiers, E., 1901 D
Wilfarth, H., 1857 B, 1886 B
Wilhelm I (emperor of Germany), 1871 D
Wilks, Samuel, 1832 B
Williams, Anna Wessels, 1894 F
Willis, Thomas, 1659 A, 1659 B
Willstätter, Richard Martin, 1904 H, 1912 F
Wilson, Woodrow, 1912 I
Winogradsky, Sergei, 1877 C, 1887 B, 1891 B, 1895 A
Winslow, A.R., 1908 A
Winslow, C.-E.A., 1908 A, 1916 G, 1917 A

Wöhler, Friedrich, 1827 C, 1828 B, 1837 F, 1839 A
Wolff, Kasper Friedrich, 1759 A
Wolffhügel, Gustav, 1881 H
Wollaston, William Hyde, 1804 C, 1810 D, 1812 E
Wollstonecraft, Mary, see Shelley, Mary Wollstonecraft Godwin Wood, Alexander, 1853 D
Woodruff, C.Eugene, 1906 G
Woods, C.D., 1889 B
Woodward, John, 1715 A
Wordsworth, William, 1798 D, 1807 E
Wren, Christopher, 1671 B
Wright, Almroth, 1896 C, 1903 I, 1903 J
Wright, Frank Lloyd, 1909 L
Wright, James Homer, 1902 J
Wright, Orville, 1903 O
Wright, Wilbur, 1903 O
Wyss, Johann David, 1813 D
Wyss, Johann Rudolf, 1813 D

Y

Yale, Elihu, 1701
Yersin, Alexander Émile John, 1888 E, 1894 C, 1894 F
Young, Thomas, 1801 B
Young, William John, 1906 J, 1906 K

Z

Zeiss, Carl, 1886 G
Ziehl, Franz, 1882 B, 1883 A
Zinke, Georg Gottfried, 1879 E
Zsigmondy, Richard Adolf, 1903 N
Zu Chong-zhi, 600
Zu Geng-shi, 600
Zuber, A., 1892 A

事項索引

和文索引

あ

「アイヴァンホー」, 1819 D
アイソトープ, 1913 G
「アイーダ」, 1871 G
「アヴィニョンの娘たち」, 1907 O
アステカ族, 1519 A
アスパラギン, 1806 A
アスピリン, 1899 I
アセチルコリン, 1911 F
アセトイン, 1898 A, 1906 B
アセトン発酵, 1905 C
アセトン-ブタノール発酵, 1912 A
「アッシャー家の没落」, 1839 H
圧力測定, 1910 F
アデニン(核酸の), 1885 N
アデノシン 5′-三リン酸, 1906 K
アドレナリン, 1911 F
アナフィラキシー, 1902 G, 1911 F
アニリン染料, 1856 C
アフリカウマ病, 1900 G
アブリン, 1891 D
アボガドロ数, 1811 B, 1827 B, 1848 C
アミアン条約, 1802 D
アミノ酸, 1806 A, 1810 D, 1820 C, 1902 L
アメリカ独立戦争, 1775 C, 1783 E

アメリカ南部連邦, 1861 I
アメリカ(命名), 1502
「嵐が丘」, 1847 E
アラビア数字, 1250 B
アラモ, 1836 B
アルカプトン尿症, 1908 E
アルコールの蒸留, 900 B, 1100
アルコール発酵, 1815 A, 1837 C, 1838 C, 1857 C, 1860 A, 1870 B, 1906 J, 1906 K, 1911 B, 1913 E, 1914 G, 1918 F
アルスフェナミン, 1910 B
アルドヘキソース, 1884 K
アルブミン様物質, 1838 E, 1886 B
「アルマゲスト」, 2 世紀 B
アレキシン, 1889 F, 1895 E, 1898 I, 1899 F
安定した空気, 1754, 1757, 1766 A, 1779 B
「アンデルセン童話集」, 1835 D
「アンナ・カレーニナ」, 1878 M
アンペア, 1822 L
アンモニア(化学合成), 1908 F

い

硫黄細菌, 1842 A, 1887 B, 1897 A, 1902 A, 1903 B
イオン(用語の起源), 1833 B
医学書, 紀元前 2595 A
イギリス海軍, 1588
医真菌学, 1841 A

異染性顆粒, 1888 A
イタリア国王, 1861 I
一般相対性理論, 1915 E
遺伝学(用語), 1909 H
遺伝子
 遺伝の要因, 1915 D
 定義, 1909 H
遺伝子型, 1909 H
遺伝の法則, 1869 F
「イリアス」, 紀元前 1190
陰イオン(用語の由来), 1833 B
陰極(命名の由来), 1833 B
インク, 紀元前 3000 C
印刷術, 1454
インドール試験, 1889 A
インフルエンザ, 1580, 1732, 1781 A, 1830 A, 1847 A, 1889 E, 1892 B, 1918 D
インフルエンザウイルス, 1901 E

う

ウイルス
 基本小体, 1886 E
 組織培養, 1913 C, 1917 D
 封入体, 1906 E
ヴェスヴィオ山, 79
ウェストファリア条約, 1648 B
ヴェルサイユ条約, 1918 G
ウシ結核, 1865 A, 1902 F, 1906 I
「失われた時を求めて」, 1913 K
「美しき青きドナウ」, 1867 G

ウニ, 1876 D, 1889 H, 1908 D
ウマ伝染性貧血症ウイルス, 1904 E
ウラシル, 1885 N
ウラニウム, 1896 G

え

映画, 1895 J
液性免疫, 1884 H, 1888 F, 1903 I
液胞（植物）, 1881 I
エチルアルコール, 1828 C, 1860 A, 1868 B, 1870 B, 1897 C
エッフェル塔, 1884 N, 1889 K
エーテル（麻酔）, 1846 H
エピトープ, 1917 E
エムルシン, 1837 F
エール大学, 1701
エルトールビブリオ, 1906 F
塩酸, 1810 E
炎症, 1867 A, 1903 H
塩素, 1800 A
塩素ガス（戦争での使用）, 1915 G
エントロピー, 1854 D
エンペドクレスの四元素, 紀元前 460, 紀元前 430 B

お

王政復古（イングランド）, 1660 C
黄熱病, 1623 A, 1693 A, 1699 A, 1790 A, 1793 A, 1796 A, 1802 A, 1820 B, 1878 F, 1899 D, 1901 F, 1905 E
黄熱病委員会, 1901 F
オウム病, 1879 C
「大鴉」, 1842 F
オーストラリア（発見）, 1770 A
「オズの魔法使い」, 1900 R
オゾン, 1840 E, 1875 D
オックスフォード大学, 1167
オートクレーブ, 1681 B, 1881 H
オプソニン, 1903 I
オリンピック, 1896 L
オルガナイザー機能（胚組織）,

1918 E
オングストローム, 1853 C
温室効果, 1908 G
温度計, 1699 C, 1714, 1741, 1851 A
温度測定, 1714, 1741

か

ガイガーカウンター, 1908 H
回帰熱, 664
壊血病, 1095, 1912 G
カイコの病気, 1835 A, 1837 D, 1869 B
解析幾何学, 1637
「海底二万里」, 1870 D
解糖, 1911 I, 1912 D
外毒素, 1888 E, 1890 B
灰白髄炎, 1789 A, 1840 B, 1874 B, 1881 G, 1893 D, 1909 F, 1911 D, 1916 E
解剖
　人体—, 1543 A
　比較—, 1767 A, 1798 B
　病理—, 1761 A
「解放されたプロメテウス」, 1819 D
化学（科学としての）, 1789 D
化学記号, 1813 A
化学元素
　周期表, 1869 G
　定義, 1661 B
　リスト, 1789 D
化学合成独立栄養, 1887 B
化学合成無機栄養, 1887 B
科学者（用語の由来）, 1833 C
化学的異性体, 1827 C
化学的分離, 1806 B
化学的命名法, 1787 A, 1789 D
化学反応速度論, 1884 L
科学方法論, 1620 B
「鏡の国のアリス」, 1871 F
家禽コレラ, 1880 C
核
　細菌, 1888 C, 1897 B, 1909 B
　細胞, 1832 C, 1838 D, 1846 G, 1861 F, 1866 A, 1876 D, 1882 H, 1882 I
核酸, 1869 E, 1885 N, 1889 I

核質, 1882 I
過酸化水素（組織による分解）, 1818 A, 1893 A
加算機, 1641 A
煆焼, 750, 1500, 1630 B, 1673 B, 1783 B
ガス壊疽, 1892 A
ガスバーナー, 1850 C
カゼイン, 1780 A
化石（Linné 分類）, 1812 B
化石（翼手竜）, 1812 B
カタラーゼ, 1893 A, 1901 J
脚気, 1607 A, 1896 F, 1912 G
合衆国海軍兵学校, 1845 D
合衆国憲法, 1787 C
合衆国陸軍士官学校, 1802 E
活性化エネルギー, 1889 J
カナダ, 1867 F
過敏反応
　即時型, 1902 G
　遅延型, 1891 C
花粉, 1682 B
花粉管, 1823 B
カボチャ, 1899 B
カラアザール, 1900 F
ガラス, 紀元前 2000, 紀元前 1500 B
ガラパゴス諸島, 1831 A, 1835 B, 1859 B
「カラマーゾフの兄弟」, 1879 L
「ガリヴァー旅行記」, 1726 B
加硫ゴム, 1839 G
カルシウム（発見）, 1806 B
カルミン染色, 1849 D, 1869 A
「カルメン」, 1875 G
枯草菌, 1877 B
枯草の煎じ汁, 1876 A, 1877 B
カロタイプ写真, 1841 B
カロチン, 1904 H
肝炎
　感染性, 1912 C
　血清, 1885 F
「考える人」, 1880 G
還元系, 1911 J
看護, 1860 B
「カンタベリー物語」, 1400
缶詰食品（細菌性腐敗）, 1895 B
缶詰製造, 1804 A, 1808 A, 1819 A, 1839 E

和文索引

カンテン, 1881 A, 1882 A
癌（リンパ節）, 1832 B

き

気圧計, 1643 A, 1646 B
幾何学, 紀元前 300, 1637
気球, 1783 D
擬似科学的詐欺, 1830 D
ギーセン大学, 1825 C
気体, 1671 A, 1754, 1781 B
　発酵, 1766 A, 1772 A
　法則, 1662 A, 1687, 1699 B, 1787 B
帰納法, 1620 B
キノン−ヒドロキノン反応, 1904 G
基本小体（ウイルス）, 1886 E
キモノジラミ（発疹チフス）, 1909 E
球菌, 1908 A
吸収計, 1850 C
吸収帯, 1884 J
旧世界サル, 1908 B
牛痘, 1774 A, 1796 B
牛痘ウイルス, 1904 D, 1906 G
牛乳の殺菌, 1886 D
吸熱反応, 1864 B
共役反応, 1900 L
狂犬病, 77 A, 1546 A, 1879 E, 1885 H, 1903 K, 1903 L
共産党, 1917 H
「共産党宣言」, 1847 D
恐水病, 1546 A
胸腺の核酸, 1909 I
共有結合, 1916 F
「虚栄の市」, 1848 F
キリスト教女子青年会, 1855 C
キリスト教青年会, 1844 C
義和団の乱, 1900 P
筋肉
　エネルギー反応, 1912 D
　呼吸, 1850 A
　収縮, 1859 D, 1907 I
　生化学, 1861 E
　熱量測定, 1911 I
　発酵, 1870 B

く

グアニン, 1885 N

空気ポンプ, 1645, 1654, 1660 A
クエン酸, 1780 A, 1917 B
「草の葉」, 1855 D
楔形文字, 紀元前 2500
グラム（定義）, 1791 A
グリコーゲン, 1857 E, 1899 A
「クリスマス・キャロル」, 1843 D
グリセロール, 1780 A
クリミア戦争, 1854 E, 1854 F, 1860 D, 1862 D
クリーム分離器, 1879 I
グルコース−リン酸, 1914 G
クル病, 1912 G
クループ, 1765 B
グレゴリオ暦, 1582 B
クロマチン, 1882 H
クロマトグラフィー, 1906 M
クロロホルム, 1831 B
薫製食物, 紀元前 1000

け

計算機, 1693 B
計算尺, 1620 A, 1622
形成層, 1682 B
ケイ藻土, 1891 A
鶏痘ウイルス, 1901 E, 1904 D, 1910 C
系統発生, 1866 A
下水処理, 1914 L
血圧, 1733
血液
　血清, 1895 E, 1896 E
　酸素運搬, 1840 D
　循環, 1559, 1616, 1628, 1637, 1661 A, 1669 A, 1683 B, 1733
　鉄, 1745 A
血液ガス, 1837 I, 1869 D
血液ガス分析器, 1902 K
血液型, 1900 H
結核, 1546 A, 1680 A, 1720 A, 1865 A, 1868 D, 1882 D, 1890 C, 1891 C, 1898 E, 1902 F, 1906 I, 1908 C
　スクラッチテスト, 1907 E
　ワクチン, 1906 I
結核菌
　ウシ型, 1898 E

染色, 1882 B, 1883 A
　ヒト型, 1898 E
血清病, 1905 G
血清療法, 1890 D
ゲティスバーグの演説, 1863 F
検疫, 1403
限外顕微鏡, 1903 N
嫌気性菌, 1861 B
嫌気的方法, 1889 D
原形質, 1837 E, 1846 G, 1861 F
原形質吐出, 1900 B
原形質分離, 1894 A
原子, 1803 A, 1852 B, 1858 E, 1881 J, 1897 L
原子価, 1852 B, 1858 E
原子構造, 1911 L
原子番号, 1869 G, 1914 I
原子量, 1803 A, 1818 B, 1848 C, 1869 G, 1913 G, 1914 I
原人, 1891 E
減数分裂, 1887 F
原生生物界, 1861 D, 1866 A
元素，→化学元素
原虫, 1674 A, 1676, 1837 D, 1845 A, 1880 D, 1884 I, 1885 K, 1893 E
原虫病, 1880 D, 1884 I, 1885 K, 1893 E
顕微鏡, 1625
　Leeuwenhoek, 1673 A
　双眼, 1667 B
　発明, 1590 A
顕微鏡検査
　血液, 1821 B
　紫外線, 1904 J
　組織切片の金染色, 1867 A
　組織冷凍法, 1867 A
　副載物台の集光器, 1873 B
顕微鏡写真, 1881 A
顕微鏡写真（細菌）, 1877 A
検流計, 1780 C

こ

コアグラーゼテスト, 1905 B
光学異性, 1884 K
光学回転, 1815 C
光学活性, 1815 B, 1848 A
硬化病（カイコ）, 1835 A
「交響曲第 1 番ニ長調」, 1813 C

「交響曲第1番ハ長調」, 1800 G
「交響曲第5番」, 1807 D, 1888 K
抗原（体細胞，抗原）, 1903 G
光合成, 1779 B, 1782, 1804 B,
　　1837 H, 1862 C, 1881 I
交差, 1911 G
香辛料（食物保存）, 紀元前1000
酵素, 1900 I
酵素-基質相互作用, 1894 I,
　　1897 G
抗体, 1888 F, 1891 D
光電効果, 1887 G, 1898 P, 1905 J
抗毒素
　　血清, 1890 D
　　ジフテリア, 1890 D,
　　　　1890 E, 1894 F, 1897 H
　　破傷風, 1890 D
　　リシンとアブリン, 1891 D
好熱性生物, 1846 D, 1862 A,
　　1879 A
交配型（真菌）, 1904 A
酵母
　　顕微鏡的観察, 1680 E,
　　　　1837 C
　　増殖, 1837 B
　　発酵, 1766 A, 1838 C,
　　　　1839 A, 1839 B, 1860 A,
　　　　1878 D, 1883 D, 1889 C,
　　　　1897 C, 1911 B
「高慢と偏見」, 1813 D
「こうもり」, 1874 G
交流電流, 1832 D
氷熱量計, 1783 A, 1850 C
コカルボキシラーゼ, 1906 K
呼吸
　　研究, 1910 F
　　シアン化物による阻害,
　　　　1781 C
　　組織, 1807 A, 1840 D,
　　　　1850 A, 1859 C, 1869 D,
　　　　1875 D
　　動物と空気（酸素）, 1660 A,
　　　　1664 A, 1668 B, 1675 B,
　　　　1775 A, 1783 A, 1846 F
　　燃焼として, 1777 A,
　　　　1783 A, 1789 C
　　理論, 1917 G
「国富論」, 1776 E
「国民の創生」, 1915 I

「湖上の美人」, 1810 G
後成説, 1759 A
個体発生, 1866 A
国会図書館（アメリカ）, 1800 F
琥珀（磁性）, 紀元前585,
　　1600 A
コベントガーデン, 1858 F
コルダイト爆薬, 1912 A
ゴールドラッシュ, 1848 E,
　　1897 M
コレステロール, 1894 G,
　　1901 K, 1913 D
コレラ, 1768, 1817 A, 1826 A,
　　1832 A, 1849 A, 1854 B,
　　1854 C, 1863 B, 1873 A,
　　1884 D, 1885 G, 1892 C,
　　1894 E, 1895 E, 1896 D,
　　1897 I, 1906 F
コレラ菌，──→Vibrio cholerae
コレラワクチン, 1885 G, 1896 D
昆虫学, 1669 B
昆虫の生活環, 1669 B
コンピュータ, 1801 C, 1832 E
根粒
　　細菌, 1857 B, 1886 B,
　　　　1888 B
　　非マメ科植物, 1885 E,
　　　　1887 C

さ

細菌
　　記述, 1773 A, 1786 A
　　最初の観察, 1676, 1683 A
　　溶菌, 1898 F
細菌莢膜, 1909 C
細菌性ウイルス, 1898 F,
　　1915 C, 1917 C
細菌性殺虫剤, 1902 E, 1915 B
細菌性赤痢, 1898 C, 1900 E
細菌生態学, 1905 A
最高裁判所（アメリカ）,
　　1857 G, 1896 I
「西国の人気男」, 1907 N
「最後の晩餐」, 1495 B
砕石道路, 1815 C
細胞
　　植物, 1802 C
　　定義, 1861 F
　　命名の由来, 1665 B

細胞質, 1882 I
細胞性免疫, 1903 I
細胞の呼吸, 1914 H
細胞病理学, 1858 B
細胞分裂, 1837 E, 1882 H,
　　1882 I, 1903 M
細胞壁（細菌の）, 1900 B,
　　1902 C
細胞膜, 1846 G, 1894 A, 1894 G
細胞膜（細菌）, 1902 C
細胞理論, 1837 E, 1838 D,
　　1839 D, 1846 G, 1858 B
「サイラス・ラッパムの向上」,
　　1885 S
酢酸, 750, 1820 E, 1822 A,
　　1837 C, 1853 B, 1868 B
「叫び」, 1893 K
殺菌作用物質, 1889 F, 1895 E
サルバルサン, 1910 B
「サロメ」, 1905 O
酸化, 1774 C, 1775 B, 1783 B,
　　1789 C, 1789 D
酸化-還元, 1878 G, 1897 K,
　　1904 J, 1911 J, 1917 G
酸化酵素, 1894 J, 1897 J
酸化ヘモグロビン, 1862 B,
　　1864 A
酸化（癒瘡木）, 1810 C
「三銃士」, 1844 D
三十年戦争, 1618, 1648 B
産褥熱, 1842 C, 1846 A, 1861 C
酸素, 1771 A, 1774 B, 1775 B,
　　1780 B
　　液体, 1877 F
　　植物による産生, 1771 B,
　　　　1779 B
サンフランシスコ地震, 1906 Q

し

次亜塩素酸溶液, 1846 A
ジアスターゼ, 1833 A
シアノバクテリア, 1872 B
シアン化合物, 1781 C, 1783 C,
　　1811 C, 1857 D, 1876 E
ジェニー紡績機, 1764 B
「ジェーン・エア」, 1847 E
塩漬け（食物）, 紀元前1000
紫外線放射, 1801 A
歯科学, 1771 C

和文索引

「詩学」, 1674 B
シカゴ大学, 1891 H
志賀の菌, 1900 E, 1903 D
「四季」, 1726 A
磁気, 1600 A
色素欠乏症, 1908 E
「ジキル博士とハイド氏」, 1886 M
「地獄の門」, 1880 G, 1886 L
自己抗体, 1901 I, 1904 B
自己免疫, 1901 I
自己免疫疾患, 1901 I, 1904 B
シスチン, 1810 D
システィーナ礼拝堂, 1508
磁性（天然磁石，琥珀），紀元前 585
「自然界における人類の位置」, 1863 C
「自然哲学の数学的原理」, 1687
「自然論」, 1836 C
疾患分類, 1763 A
「失楽園」, 1667 C
自動車, 1863 E, 1884 M, 1885 O, 1893 F, 1901 O, 1903 P, 1904 L, 1908 I
「時禱集」, 1905 N
シトシン, 1885 N
ジフテリア, 1492 A, 1576, 1748 B, 1765 B, 1821 A, 1883 B, 1888 A, 1888 E, 1890 D, 1890 E, 1894 F, 1896 B
　菌, 1888 E
　抗毒素, 1894 F
　トキソイド, 1904 C, 1909 G
　毒素, 1888 E, 1894 F, 1902 H
　毒素と抗毒素の測定法, 1897 F
　毒素−抗毒素ワクチン, 1913 A, 1914 E
　皮膚検査, 1913 B
シベリア横断鉄道, 1891 F, 1904 K
脂肪酸（β-酸化説）, 1904 F
脂肪小体（染色）, 1899 A
脂肪（飽和・不飽和）, 1901 K
「資本論」, 1867 F
市民権法, 1866 C, 1875 F

指紋, 1885 P, 1901 P
「社会契約論」, 1762 B
ジャガイモ飢饉, 1846 C
弱毒化（微生物の）, 1880 C, 1881 F
写真, 1822 D, 1834 D, 1839 F, 1841 B, 1888 I
シャルルの法則, 1699 B, 1787 B
「シャーロック・ホームズの冒険」, 1882 L, 1891 I
シャンパン, 1678
種（定義）, 1682 A, 1749 A, 1753
「種の起源」, 1858 D, 1859 B
雌雄異株植物, 1694
自由エネルギー, 1878 I
周期表, 1869 G, 1914 I
シュウ酸, 1780 A
十字軍（第 1 回）, 1095
収束レンズ, 1267
柔組織, 1682 B
雌雄同株植物, 1694
重力, 1666 B, 1687
受精, 1779 A, 1823 B, 1853 A, 1876 D, 1889 H
種痘, 1715 A, 1717, 1721 A, 1764 A, 1776 A
ジュネーブ条約, 1864 C
シュメール，紀元前 2500
シュメール人の数学，紀元前 1700
潤滑油−点光度計, 1850 C
純粋培養, 1875 B, 1875 C, 1878 B, 1881 A, 1883 D
硝化細菌, 1877 C, 1891 B
蒸気機関, 1711, 1765 C, 1769 B
蒸気船, 1807 C, 1819 B
蒸気滅菌, 1881 H
象形文字，紀元前 3000 C
条件反射, 1904 I
猩紅熱, 1553, 1675 A, 1736, 1748 B
「省察」, 1637
ショウジョウバエ，→ Drosophila
小数, 1250 B, 1585
小数点, 499
消毒, 1842 C, 1856 A, 1916 M
小児麻痺, 1911 D
蒸留, 750

食細胞, 1884 H, 1888 F
食作用, 1884 H, 1903 I
食中毒, 900, 1735 A, 1820 A, 1894 D, 1895 C, 1914 C
触媒反応
　化学的, 1812 D, 1817 D, 1820 E
　酵素による, 1878 D, 1889 C, 1893 A, 1894 I, 1895 G, 1897 J
　理論, 1837 G
植物
　解剖と雌雄, 1682 B
　交雑, 1865 B
　構造, 1802 C
　雑種, 1761 B
　受精, 1823 B
　生理学, 1727, 1881 I
　大気中の炭素, 1779 B, 1804 B
　窒素, 1804 B
　地理, 1805 A
　二酸化炭素吸収, 1837 H
　百科事典, 1812 C
　分類, 1250, 1583, 1623 B, 1686, 1735 B, 1749 A, 1812 C
　水収支, 1727
　有性生殖, 1694
植物界, 1866 A
「植物誌」, 1546 B
植物図鑑, 77 B, 1530 B, 1542
植物百科事典, 1812 C
食物
　腐敗, 1895 B
　保存，紀元前 1000, 1765 A, 1804 A, 1808 A, 1810 B
食物感染, 1888 D, 1896 A
書誌学, 1545
「抒情歌謡集」, 1798 D
ショック反応（走化性）, 1881 D
ショ糖（発酵前の分解）, 1846 E
所得税, 1913 I
進化, 1749 B, 1794, 1809, 1812 B, 1831 A, 1835 B, 1844 A, 1858 D, 1859 B, 1863 C, 1871 C
「神曲」, 1307
真菌感染

事項索引

ジャガイモ枯凋病, 1846 C
ヒト皮膚疾患, 1839 C, 1841 A
真空管, 1883 I
真空ポンプ, 1654
人種隔離, 1875 F, 1896 I
浸水レンズ, 1840 C
神聖ローマ帝国, 1806 C
心臓（機能）, 紀元前 280
心臓の弁, 紀元前 280
浸透圧, 1881 I, 1886 H
浸透性, 1748 C

す

酢, 紀元前 1000, 1822 A, 1868 B
　蒸留, 750
　食物保存, 紀元前 1000
　酢の母, 1822 A, 1837 C
「水上の音楽」, 1715 B
水素, 1671 A, 1766 A, 1781 B, 1783 B
　液体, 1898 O
　活性化, 1911 J
　太陽, 1853 C
膵臓, 1857 F
水中音波探知機, 1915 F
髄膜炎, 1887 E
髄膜炎球菌, 1887 E
「数学原理」, 1913 H
スエズ運河, 1859 G, 1869 J, 1871 G
「スケッチブック」, 1820 F
錫鉱石（製錬）, 紀元前 3000 B
スー族, 1876 I
スーダンⅢ, 1899 A
スタンフォード大学, 1885 Q
スーダンブラック B, 1899 A
酢の母, 1822 A, 1837 C
スパルタ, 紀元前 430 A
スペイン風邪, 1918 D
スペイン病, 1495 A
スペイン無敵艦隊, 1588
「スワン家の方へ」, 1913 K

せ

精液, 1779 A
生気論, 1859 A, 1897 C
精子, 1677, 1767 B, 1825 E, 1853 A, 1876 D
「星条旗よ永遠なれ」, 1897 O
生殖質説, 1883 E, 1883 F
精神年齢, 1905 M
静電気, 紀元前 585, 1660 B, 1745 B
青銅器時代, 紀元前 3000 B
生物学的酸化, 1840 E, 1875 D, 1908 D
生物学（用語の使用）, 1800 B, 1802 B
生物発光, 1889 C
生物発生の法則, 1866 A
「政府二論」, 1690 B
生命の自然発生, 1668 A, 1748 A, 1749 B, 1765 A, 1808 A, 1858 A, 1858 B, 1861 A, 1872 A, 1876 A, 1877 B
セイヨウバクチノキ, 1781 C
セイヨウワサビ（ペルオキシダーゼ）, 1912 F
赤外線放射, 1800 C
赤十字, 1862 D, 1881 K
石炭ガス, 1739, 1859 F
石炭酸, 1867 B
脊椎動物, 1802 B
積分, 1690 A, 1696, 1821 D
赤痢, 580, 1095, 1670 A
赤痢菌, 1898 C, 1900 E, 1917 C
セクレチン, 1905 L
赤血球, 1658, 1661 A, 1673 A, 1674 A, 1889 F
接合体, 1909 H
絶対零度, 1848 B
接吻, 1886 L
「セビリアの理髪師」, 1816 C
セルロース, 1834 A, 1906 A
染色
　Gram 染色, 1882 E, 1884 B, 1884 G
　細菌, 1869 A, 1876 B, 1877 A, 1882 B, 1883 A, 1884 B
　組織切片, 1849 D
染色体, 1882 H, 1903 M
遺伝因子, 1905 H, 1915 D
数, 1887 F
地図, 1911 H

「戦争と平和」, 1865 G
先天性代謝異常, 1908 E
腺ペスト, 紀元前 1190, 542, 664, 1095, 1343, 1348, 1358, 1403, 1665 A, 1894 C, 1906 D, 1907 C, 1914 B
染料
　還元, 1895 F
　細菌感染のコントロール, 1885 I
　酸素要求量の研究, 1885 M
　生物学的染色, 1856 C
　組織学的染色, 1849 D

そ

藻, 1674 A, 1846 D, 1862 A
走化性, 1881 D, 1885 C, 1893 B
走光性, 1881 D
双子葉植物, 1682 A
増殖因子, 1901 D
象皮病, 1883 C
増幅器（ラジオ）, 1906 O
側鎖説, 1897 G
組織学, 1849 E, 1885 L
組織呼吸, 1807 A
組織培養, 1907 G, 1913 C, 1917 D

た

第 1 次世界大戦, 1914 M, 1915 G, 1916 H, 1917 H, 1918 G
体温計, 1626 A, 1866 B
大憲章, 1215
体細胞抗原, 1903 G
耐酸性染色, 1882 B
代謝, 1614 A
対数, 1614 B, 1617 B, 1822 C
代数, 250, 1847 C
タイタニック号, 1912 H
ダイナマイト, 1867 E
タイプライター, 1867 D, 1873 C
太陽（水素の存在）, 1853 C
第四級アンモニウム化合物, 1916 P
大陸横断鉄道, 1869 I
大陸会議, 1776 D
対立遺伝子, 1909 H
「宝島」, 1883 K

和文索引

多形核白血球, 1884 H
ダゲレオタイプ, 1839 F, 1841 B
タージ・マハール, 1634
戦い
　エイブラハム平原, 1759 H
　コペンハーゲン, 1801 D
　ソンム川, 1916 H
　トラファルガー, 1805 B
　バラクラヴァ, 1854 E,
　　1854 F
　マナサス, 1861 I
　ライプチヒ, 1813 B
　ワーテルロー, 1815 D
脱水素酵素, 1912 E
脱窒素, 1868 C, 1881 E, 1886 C
ダニ, 1893 E
タバコモザイクウイルス,
　1882 F, 1892 E, 1899 E
「ダビデ」, 1504
「ダブリンの人々」, 1914 N
炭酸水, 1772 A
胆汁溶解性（肺炎球菌）,
　1900 A
単子葉植物, 1682 A
男女共学（大学）, 1833 D
炭疽, 79, 1849 B, 1863 A,
　1868 A, 1871 A, 1876 C,
　1877 D
　ワクチン, 1881 F
炭素結合, 1874 D
タンパク質（用語の由来）,
　1838 E

ち

チェロキー族, 1838 G
蓄音機, 1877 G
窒素, 1771 A, 1772 B, 1775 B,
　1790 B, 1883 H
窒素固定
　共生的, 1886 B, 1887 C
　根粒細菌, 1886 B, 1887 C
　細菌, 1885 D, 1901 C
　非マメ科植物, 1885 E,
　　1887 C, 1902 D
　マメ科植物, 1838 B,
　　1857 B, 1889 B
窒素定量法, 1883 H
地動説, 2 世紀 B, 1512, 1543 B,
　1610

チトクローム, 1884 J
チトクロームオキシダーゼ,
　1910 D
知能検査, 1905 M
知能指数（IQ）, 1914 J
チミン, 1885 N
チュイルリー宮殿, 1795 B
注射器, 1853 D, 1886 J
「釣魚大全」, 1653 B
超新星, 1573
腸チフス, 1095, 1480, 1546 A,
　1607 A, 1659 A, 1856 A,
　1860 B, 1873 A, 1896 C,
　1901 H, 1903 E
　キャリア, 1903 E
　菌, 1880 B, 1884 E, 1896 E,
　　1897 I
　ワクチン, 1896 C, 1901 H,
　　1903 J
「蝶々夫人」, 1904 M
腸熱, 1900 D
直接顕微鏡的係数, 1911 A

つ

「ツァラトゥストラはかく語り
　き」, 1883 J
「椿姫」, 1853 E
ツベルクリン, 1890 C, 1891 C
「罪と罰」, 1866 D

て

手足口病, 1898 G, 1901 F
ディーゼルエンジン, 1893 G
定量化（化学）, 1754, 1789 D
定量分析（アルコール発酵）,
　1860 A
デオキシリボ核酸, 1909 I
デオキシリボース, 1909 I
「デカメロン」, 1358
デカルト幾何学, 1637
デカルト曲線, 1637
デカルト座標, 1637
適応, 1907 A
適応酵素, 1900 I
テキサス熱, 1893 E
滴虫類, 1838 A
「テス」, 1891 I
鉄
　血液中, 1745 A

呼吸の触媒, 1914 H
「哲学原理」, 1637
「哲学書簡」, 1734
鉄器時代, 紀元前 2500
デヒドロゲナーゼ, 1912 E
電位（酸化還元反応）, 1904 G
電解質（用語の起源）, 1833 B
転化酵素, 1849 C
電荷（酸と塩基）, 1803 B
電気, 1600 A, 1752, 1780 C,
　1800 D, 1881 J
電気化学, 1806 B
電気抵抗測定器, 1843 A
電気の原子, 1881 J
電気分解（用語の起源）, 1833 B
電気変圧器, 1831 C
電気力学, 1822 B
電子, 1897 L, 1911 M, 1916 F
電磁気, 1821 C
電磁石, 1823 C, 1829 A
点字体系, 1829 B
電磁場, 1821 C, 1865 D
電磁放射, 1888 H
転写器, 1812 E
電磁誘導, 1831 C
電信, 1837 J, 1844 B
伝染性流産, 1897 D, 1914 A,
　1918 C
電池, 1800 D, 1850 C
天動説, 紀元前 367, 2 世紀 B,
　1512, 1543 B
電灯（白熱）, 1879 G
電動モーター, 1831 C
天然磁石, 紀元前 585
天然痘, 紀元前 1122, 164,
　500, 664, 910, 1495 A,
　1518, 1519 A, 1630 A,
　1667 A, 1670 B, 1675 A,
　1715 A, 1717, 1721 A,
　1764 A, 1774 A, 1776 A,
　1796 B, 1837 A, 1881 F
　種痘, 1715 A, 1717,
　　1721 A, 1764 A, 1774 A
　接種, 1774 A, 1776 A,
　　1796 B, 1885 F
　免疫, 500
電波, 1888 H
電場（磁力効果）, 1822 B
デンプン加水分解テスト,

1918 B
デンプン（植物による合成），1862 C
天変地異説, 1812 B
電離, 1886 I
電話, 1876 G

と

ドイツ関税同盟, 1833 E
ドイツ帝国, 1871 D
銅鉱石（精錬），紀元前 3000 B
等時性, 1582 A
謄写版, 1879 H
痘瘡, 1546 A, 1886 E
動物界, 1798 B, 1866 A
動物学, 1546 B
「動物誌」, 1546 B
「動物哲学」, 1809
動物の電気, 1780 C, 1800 D
動物の熱, 1777 A, 1783 A, 1846 F
動脈硬化, 1913 D
トキソイド
　ジフテリア, 1904 C
　破傷風, 1893 C, 1904 C
特殊相対性理論, 1905 K
毒素
　アブリン, 1891 D
　ジフテリア, 1888 E, 1894 F
　破傷風, 1890 B, 1891 D, 1893 C
　ボツリヌス中毒, 1895 C
　リシン, 1891 D
毒素-抗毒素ワクチン, 1913 A, 1914 E
独立宣言（アメリカ）, 1776 D
独立の法則, 1900 J
「トスカ」, 1900 Q
突然変異
　細菌, 1900 C, 1907 A
　植物, 1900 K
「トム・ジョーンズ」, 1749 C
「トム・ソーヤーの冒険」, 1876 K
「ドラキュラ」, 1897 K
トラコーマ, 1907 B
トラベラーズチェック, 1891 G
「トリスタンとイゾルデ」, 1865 F

「トリストラム・シャンディ」, 1759 C
トリパノソーマ, 1900 F, 1907 H
トリパノソーマ症, 1907 H
トリパンレッド, 1907 H
トリプシン, 1877 E
鶏ペスト, 1901 E
ドルトンの法則, 1803 A
奴隷解放宣言, 1863 F
奴隷制度廃止, 1866 C
トロイア戦争, 紀元前 1190
「ドン・キホーテ」, 1605
「ドン・ジョヴァンニ」, 1787 D

な

内芽胞, 1852 A, 1869 B, 1876 A
　熱抵抗性, 1876 A, 1877 B
「内経」, 紀元前 2595 A
内毒素, 1856 B, 1892 D
内燃機関, 1859 F, 1863 E, 1876 H, 1885 O, 1893 G
内部環境, 1857 F
内分泌腺, 1905 L
「眺めのいい部屋」, 1908 J
「七破風の家」, 1851 F
ナポリ病, 1495 A
南極（探検）, 1911 N, 1912 I
南北戦争, 1861 I, 1865 E

に

二酸化炭素
　血液中, 1837 I
　呼吸による産生, 1777 A, 1783 A
　植物による吸収, 1779 B, 1804 B, 1837 H, 1862 C
　発見, 1754
　発酵による産生, 1757, 1766 A, 1772 A, 1839 B, 1860 A, 1870 B, 1897 C
二次方程式, 紀元前 1700
「二都物語」, 1859 I
ニトロソインドール反応, 1889 A
「ニーベルングの指輪」, 1876 J
二名法, 1623 B, 1737 B, 1749 A, 1753
ニューアムステルダム, 1664 B
乳酸

筋肉, 1859 D, 1907 I, 1912 D
発酵, 1780 A, 1857 C, 1870 B, 1913 E, 1914 F
乳酸菌, 1878 B, 1893 A, 1901 B
乳脂肪濃度（ミルク）, 1890 G
ニューヨーク, 1664 B
尿酸, 1780 A
尿素, 1828 B
「人形の家」, 1879 L
「人間の絆」, 1915 H

ね

ネオサルバルサン, 1910 B
「ねじの回転」, 1898 R
熱気滅菌, 1881 H
熱原理, 1906 N
熱力学, 1847 B, 1850 B, 1854 D, 1864 B, 1867 C, 1906 N
熱力学の法則
　第 1, 1847 B, 1850 B
　第 2, 1850 B, 1854 D, 1867 C
　第 3, 1906 N
熱量測定法（筋収縮）, 1911 I
眠り病, 1907 H
粘液菌, 1795 A
粘液腫, 1898 H
燃焼, 1665 C, 1668 B, 1668 C, 1673 B, 1772 C

の

農芸化学, 1855 A
ノーベル賞, 1896 H, 1901 L
ノミ（腺ペストの伝播）, 1906 D
ノミ（ペスト菌の媒介）, 1914 B

は

「ハイアワーサの歌」, 1855 D
バイエル薬品会社, 1899 I
肺炎球菌, 1881 C, 1882 E, 1884 G, 1902 B
　莢膜, 1902 B
　胆汁可溶性, 1900 A
　連鎖球菌との区別, 1900 A
バイオリン, 1665 F
胚種説
　疾病, 1546 A, 1840 A, 1858 B, 1876 C

和文索引

発酵, 1857 C
培地, 1872 C, 1875 B, 1882 A
梅毒, 1495 A, 1498, 1530 A,
　　1767 A, 1901 G, 1903 F,
　　1905 D, 1906 H, 1910 B
胚葉, 1828 A
麦芽, 1830 C
麦角中毒, 紀元前 430 A, 857
バクテリオトロピン, 1903 I
バクテリオファージ, 1898 F,
　　1915 C, 1917 C
「博物誌」, 1749 B
破傷風
　　菌, 1884 F, 1889 D
　　抗毒素, 1890 D, 1909 G
　　トキソイド, 1893 C
　　毒素, 1890 B
バスティーユ監獄, 1789 E
「ハックルベリー・フィン」,
　　1884 P
白血球, 1867 A, 1884 H, 1903 I
発酵, 1624 A, 1648 A, 1659 B,
　　1678, 1680 C, 1697 A,
　　1720 B, 1757, 1766 A,
　　1780 A, 1789 B, 1810 A,
　　1815 A, 1830 C, 1837 C,
　　1838 C, 1839 A, 1839 B,
　　1846 E, 1857 C, 1858 B,
　　1859 A, 1860 A, 1861 B,
　　1870 A, 1870 B, 1871 B,
　　1878 D, 1878 E, 1879 F,
　　1905 C
発疹, 1767 B
発疹チフス, 紀元前 430 A,
　　1095, 1096, 1480, 1546 A,
　　1812 A, 1822 E, 1906 E,
　　1909 E, 1914 D, 1916 C
発生学, 1759 A, 1825 E,
　　1828 A, 1918 E
発電機, 1821 C, 1831 C, 1832 D
発熱反応, 1864 B
パナマ運河, 1880 F, 1914 K
パピルス, 紀元前 3000 C
ハプテン, 1917 E
ハマダラカ, 1897 E, 1898 J
パラチフス細菌, 1900 D
「バラの騎士」, 1911 O
バラ胞子体, 1915 B
鍼, 紀元前 2750

バリウム, 1806 B
パリ万国博覧会, 1889 K
「春の祭典」, 1913 L
ハワイ (アメリカによる併合),
　　1898 Q
パンゲネシス, 1868 E, 1889 G
パンゲン, 1889 G
伴性遺伝子, 1910 E, 1911 G
反トラスト法, 1890 I
ハンノキ属, 1885 E, 1887 C,
　　1902 D

ひ

ピアノ協奏曲 1 番ト短調,
　　1831 D
ピアノ協奏曲イ長調, 1856 G
比較解剖学, 1798 B
光
　　干渉模様, 1801 B
　　スペクトル, 1666 A
　　電磁的性質, 1865 D
光酸化, 1804 C
「ピグマリオン」, 1914 O
ビーグル号, 1831 A, 1859 B
飛行機, 1903 O
微小動物, 1674 A, 1720 A,
　　1762 A, 1767 B
微小熱量計, 1912 D
ヒスタミン, 1911 F
ヒスパニオラ, 1492 B, 1518
ビタミン, 1896 F, 1901 D,
　　1906 L, 1912 G
ビタミン B, 1901 D
「ピーター・ラビットのお話」,
　　1902 O
ヒト
　　人種, 1776 C
　　体温, 1626 A
「人と超人」, 1902 P
微分, 1665 D, 1684, 1687,
　　1690 A, 1696, 1821 D
「ひまわり」, 1888 L
「緋文字」, 1850 E
百日咳, 1640, 1679, 1906 C
百分度温度計, 1741
「百科全書」, 1751
ピューリタン革命, 1646 C
ピュリツァー賞, 1903 Q
病気の種, 1546 A, 1762 A

表現型, 1909 H
標識づけ, 1904 F
ピリミジン, 1885 N
微粒子病 (カイコ), 1837 D
ピルグリムファーザーズ,
　　1620 C
ビルビン酸, 1911 B

ふ

「ファウスト博士」, 1592
ファクシミリ, 1902 M
「フィガロの結婚」, 1786 A
フィルター
　　ケイ藻土, 1891 A
　　磁器, 1884 C
　　陶器, 1871 A
封入体, 1906 G, 1907 B
「不思議の国のアリス」, 1865 G
ブタコレラ, 1886 F, 1899 D
物質 (組成), 1704, 1881 J
沸騰温度 (水), 1699 C,
　　1714, 1741
ブドウ球菌, 1878 C, 1881 B,
　　1884 A
ブドウ糖
　　デンプン, 1811 A
　　木材, 1820 D
プトレマイオスの宇宙体系,
　　2 世紀 B
腐敗, 1659 B, 1697 A, 1720 B,
　　1839 B
腐敗中毒, 1856 B
普仏戦争, 1870 C, 1871 D
「冬の旅」, 1827 G
ブラウン運動, 1827 B
プラーク (バクテリオファー
　　ジ), 1917 C
プラスチック, 1909 J
フランス革命, 1789 E
フランス痘, 1495 A
「ブランデンブルク協奏曲」,
　　1721 B
振子 (周期性), 1582 A
振子時計, 1657 A
プリズム, 1666 A
プリマス, 1620 C
プリン, 1884 K, 1885 N
「プリンキピア」, 1666 B, 1687
「プルタルコス英雄伝」,

紀元前 790〜640, 1579
ブルラン川, 1861 I
ブール論理, 1847 C
フロギストン, 1606 A, 1668 C, 1697 B, 1720 B, 1771 B, 1772 C, 1775 A, 1775 B, 1781 B, 1783 B
分光学, 1853 C
分子量, 1848 C
ブンゼンバーナー, 1850 C
「分別と感受性」, 1811 E
分離と独立の法則, 1865 B, 1903 M
分類
　化石, 1812 B
　細菌, 1773 A, 1825 A, 1838 A, 1852 A, 1866 A, 1872 B, 1875 B, 1887 B, 1897 A, 1900 A, 1901 A, 1901 B, 1902 A, 1902 B, 1903 A, 1905 B, 1908 A, 1909 A, 1916 A, 1917 A
　疾患, 1763 A
　植物, 1250 A, 1583, 1623 B, 1686, 1735 B, 1749 A, 1812 C
　生物, 1866 A
　動物, 紀元前 367
　微小動物, 1767 B
分類学, 1812 C, 1908 A, 1909 A, 1916 A
　球菌, 1908 A
　細菌, 1838 A, 1857 A, 1868 A, 1872 B, 1875 A, 1886 A, 1901 A, 1908 A, 1909 A, 1916 A, 1917 A
　植物学, 1737, 1749 A, 1753, 1812 C
　生物学, 1861 D, 1866 A
　命名法, 1916 A
分裂菌類, 1857 A

へ

米西戦争, 1898 Q
平板培地法, 1881 A
ヘイマーケット広場の大虐殺, 1886 K
ヘキサメチレン-テトラミン複合体, 1916 B

ヘキソース一リン酸, 1914 G
ヘキソース（構造）, 1894 H
ヘキソース二リン酸, 1906 J
ベークライト, 1909 J
ヘテロ接合体, 1909 H
ペプシン, 1836 A
ペプチド結合, 1902 L
ヘマチン, 1825 D, 1838 F
ヘマトキシリン, 1849 D
ヘマトシン, 1838 F, 1862 B
ヘミン, 1853 B
ヘモグロビン
　吸収スペクトル, 1862 B
　酸化-還元, 1864 A
　酸素運搬, 1872 F
ペラグラ, 1912 G
ペルオキシダーゼ, 1845 B, 1898 M
ベルリン大学, 1810 F
「ペロポネソス戦争史」, 紀元前 430 A
ベンゼン, 1825 B, 1858 E, 1865 C
ペントース（構造）, 1894 H
鞭毛（細菌）, 1877 A, 1890 A
　抗原, 1903 G
「ヘンリー 6 世」, 1590 C

ほ

ボーア戦争, 1896 C, 1899 J
ボーイスカウト, 1910 H
ボイルの法則, 1662 A, 1687
「ボヴァリー夫人」, 1856 F
望遠鏡, 1608, 1610, 1681 A, 1729, 1758
放射
　紫外線, 1801 A
　赤外線, 1800 C
　電磁, 1865 D, 1888 H
放射性元素, 1896 G, 1898 N, 1899 H, 1900 M
放射能, 1896 G
紡績フレーム, 1769 A
法則
　遺伝, 1900 J
　エネルギー保存, 1842 D
　質量保存, 1789 D
　定比例, 1799
　独立, 1865 B, 1900 J,

1903 M
　分離, 1865 B, 1900 J, 1903 M
防腐消毒剤, 1846 A, 1861 C, 1867 B, 1885 I
「方法序説」, 1637
墨汁染色, 1909 C
補酵素（発酵）, 1906 K
ボストン虐殺, 1770 B
ボストン茶会事件, 1773 B
補体, 1889 F, 1895 E, 1898 I, 1899 F
補体結合, 1901 G, 1906 H
北極（探検）, 1909 K
発作性血色素尿症, 1904 B
ボツリヌス中毒, 900 A, 1735 A, 1820 A, 1895 C
哺乳動物の卵子, 1825 E
ホモ接合体, 1909 H
ポリオウイルス, 1908 B, 1912 B
ボルシェビキ派, 1917 H
ボルト, 1800 D
ホルモン, 1905 L
ポロニウム, 1898 N
ボンベ熱量計, 1864 B

ま

マイクロフォン, 1878 J
「マイ・フェア・レディ」, 1914 O
摩擦（熱産生）, 1798 A
摩擦マッチ, 1827 D
魔女裁判, 1692
麻疹, 紀元前 430 A, 910, 1546 A, 1553, 1670 B, 1846 B
麻酔, 1846 H
「魔笛」, 1791 B
魔法の弾丸, 1907 H, 1910 B
魔法瓶, 1892 H
マメ科植物の根粒, 1857 B, 1886 B, 1887 C, 1888 B
マラリア, 1095, 1880 D, 1883 C, 1884 I, 1885 K, 1897 E, 1898 J
マルタ熱, 1887 D, 1918 C
マンハッタン島, 1626 B

み

「未完成交響曲」, 1822 E
水（水素と酸素からの生成）, 1783 B, 1812 D
水時計, 紀元前 2595 B
ミトコンドリア, 1890 F, 1898 K
ミルク中の脂肪, 1890 G
ミロのビーナス, 1820 G

む

無機化合物, 1807 B
無機酸, 1210 A
無菌生物, 1885 J, 1895 D, 1899 C
無細胞標本（酵母）, 1897 C
無症候性キャリア, 1903 E
無脊椎動物, 1802 B
無線通信, 1901 N
「ムーラン・ルージュ」, 1892 K

め

眼鏡, 1249, 1299
メタン, 1776 B, 1906 A
メタン産生細菌, 1906 A
メチルレッドテスト, 1915 A
滅菌, 1881 H
メーデー, 1886 K
メートル条約, 1875 E
メートル（標準）, 1791 A
メートル法, 1791 A
メトロポリタン歌劇場, 1883 L, 1905 O
免疫
　液性, 1884 H, 1888 F, 1903 I
　後天的, 1905 G
　細胞性, 1903 I
　自己, 1901 I
　受動, 1892 F
　能動, 1892 F
免疫化学, 1907 F
免疫血清, 1890 D
免疫溶血, 1898 I
綿花, 1854 A
綿火薬, 1845 C

も

毛細血管循環, 1661 A, 1683 B

「黙示録の四騎士」, 1918 H
「モヒカン族の最後」, 1826 B
「森の生活」, 1854 F
モールス信号, 1837 J
「モンテクリスト伯」, 1845 E
モンロー主義, 1823 D

や

薬草, 紀元前 3000 A, 紀元前 2750, 77 B, 1535 A
「夜警」, 1641 B
薬局方, 77 B, 1535 A
野兎病, 1911 C
「闇の奥」, 1902 O

ゆ

有機化学（定義）, 1861 G
有機化合物, 1807 B, 1858 E
有糸分裂, 1882 H, 1883 F
優生学, 1869 F
ユスティニアヌスの大疫病, 542
癒瘡木, 1804 C, 1810 C, 1840 E
ユダヤ瀝青, 1822 D
ユリウス暦, 1582 B

よ

陽イオン（命名の由来）, 1833 B
陽極（用語の由来）, 1833 B
溶菌素, 1894 E
溶血による *streptococcus* の分類, 1903 A
溶血（免疫）, 1898 I
葉緑素, 1817 C, 1837 H, 1904 H
葉緑体
　光合成, 1881 I
　発見, 1862 C
「世の習わし」, 1700

ら

癩, 1874 A
ライン同盟, 1806 C
酪酸発酵, 1861 B
ラジウム, 1898 N
ラジオ, 1901 N, 1906 O
ラッカーゼ, 1894 J
落下体, 1586, 1590 B
「ラ・ボエーム」, 1896 K
藍藻類, 1862 A, 1872 B, 1875 A

り

力学, 紀元前 250
「リゴレット」, 1851 E
リーシュマニア症, 1900 F
リシン, 1891 D
立方, 立方根, 紀元前 1700
リボ核酸, 1909 I
硫化炭素, 1893 C
流行性カタル性黄疸, 1912 C
流行熱, 紀元前 1500 A
硫酸, 1300
硫酸銅, 1617 A
流体静力学, 紀元前 250
流率, 1665 D
量子理論, 1900 N, 1905 J
両性, 1694
リンゴ酸, 1780 A
リン酸塩（発酵の刺激）, 1903 C, 1906 J
リンパ系, 1653 A
淋病, 1767 A, 1879 B

る

ルーヴル, 1612

れ

冷蔵庫, 1859 E, 1861 H, 1876 F
レシチン, 1894 G
連合王国, 1801 D
連合規約, 1781 D
連鎖群, 1911 G
レンズ
　Leeuwenhoek の顕微鏡, 1673 A
　アポクロマート, 1886 G
　色消し, 1729, 1758, 1827 A, 1830 B
　拡大, 1249, 1267
　収束, 1267
　浸水, 1840 C
　接眼, 1681 A
　油浸対物, 1874 C, 1878 H
レンチウイルス, 1904 E

ろ

ローエングリン, 1850 D
濾過性ウイルス, 1898 G, 1899 E, 1901 E, 1908 B

濾過ポンプ, 1850 C
ロクフォールチーズ, 1070
「ローマ帝国衰亡史」, 1776 F
ロンドン大火, 1665 A, 1666 C
ロンドン大博覧会, 1851 D

わ

惑星運動, 1609

ワクチン
 heat-killed whole-cell, 1886 F
 狂犬病, 1885 H
 コレラ, 1885 G, 1892 G, 1896 D
 ジフテリア, 1894 F
 炭疽, 1881 F

腸チフス, 1896 C, 1903 J
天然痘, 1774 A, 1776 A, 1796 B, 1885 F
ペスト, 1897 F
ワクニシニアウイルス, 1886 E, 1905 J, 1913 C
ワシントン記念塔, 1884 N
「悪口学校」, 1777 B

欧文索引

A

Acetobacter aceti, 1868 B
acetylmethylcarbinol, 1898 A, 1906 B
A Christmas Carol, 1843 B
Acrosporium, 1902 B
Act of Union, 1801 D
A Dictionary of the English Language, 1755 B
A Doll's House, 1879 L
Aedes aegypti, 1820 B
Aerobacter aerogenes, 1898 A, 1906 B, 1915 A
A German Requiem, 1868 F
Agrobacterium tumefaciens, 1907 D
Aida, 1871 G
À la recherche du temps perdu, 1913 K
Alhumpert 賞, 1861 A
Alice in Wonderland, 1865 G
alizarin blue, 1895 F
allantiasis, 1820 A
allele, 1909 H
allemorph, 1909 H
Almagest, 2 世紀 B
Also Sprach Zarathustra, 1883 J
American Association for the Advancement of Science, 1848 D
American Society for Microbiology (ASM), 1899 G, 1916 G
A Midsummer Night's Dream,

1843 C
anaërobies, 1861 B
analytical engine, 1832 E
An American Dictionary of the English Language, 1828 D
A New Theory of Consumptions : More Especially of a Phthisis of the Lungs, 1720 A
Animal Chemistry, 1846 F
Animalcula infusoria fluviatilia et marina, 1786 A
"Annabel Lee", 1849 F
Anna Karenina, 1878 M
Antoninus の疫病, 164
A Portrait of the Artist as a Young Man, 1914 N
Appomattox Courthouse, 1865 E
Arms and the Man, 1894 L
A Room with a View, 1908 J
Around the World in Eighty Days, 1873 D
Ars magna lucis et umbrae, 1646 A
Arthus reaction, 1903 H
Articulata, 1798 B
A Shropshire Lad, 1896 J
Aspergillus niger, 1917 B
Astronomica nova, 1609
A Study in Scarlet, 1882 L
A Summary of Medicine, 1498
A Tale of Two Cities, 1859 I
Athens の疫病, 紀元前 430 A
Atmungsferment, 1910 D
ATP, 1906 K

A Treatise on the Natural History of the Human Teeth, 1771 C
At the Moulin Rouge, 1892 K
azote, 1772 B
Azotobacter, 1901 C
Azotobacter agilis, 1901 C
Azotobacter chroococcum, 1901 C

B

Babcock test, 1890 G
Babes-Ernst granules, 1888 A
Bacillus, 1872 B, 1876 A, 1897 B
Bacillus abortus, 1897 D
Bacillus aërogenes capsulatus, 1892 A
Bacillus amylovorus, 1879 D
Bacillus anthracis, 1872 B, 1876 C, 1881 F
Bacillus botulinus, 1895 C
bacillus Calmette-Guérin, 1906 I
Bacillus enteritidis, 1888 D
Bacillus granulobacter pectinovorum, 1912 A
Bacillus icteroides, 1899 D
Bacillus macerans, 1905 C
Bacillus mycoides, 1909 B
Bacillus perfringens, 1892 A
Bacillus prodigiosus, 1900 C
Bacillus radicicola, 1888 B
Bacillus subtilis, 1872 B, 1877 B
Bacillus suis, 1914 A
Bacillus thuringiensis, 1902 E, 1915 B
Bacillus ulna, 1872 B
Bacteridia, 1863 A

Bacteridium, 1868 A
Bacterium, 1838 A, 1868 A
Bacterium coli, 1889 A, 1910 A
Bacterium coli commune, 1885 A
Bacterium denitrificans, 1886 C
Bacterium friedländeri, 1882 E
Bacterium lactis aerogenes, 1885 A
Bacterium photometricum, 1881 D
Bacterium tularense, 1911 C
Bacterium tumefaciens, 1907 D
Bacterium typhosum, 1889 A, 1910 A
Bang's disease, 1897 D
Bar at the Folies Bergère, 1881 M
"Barefoot Boy", 1856 F
Barrack-Room Ballads, 1892 J
Bartlett's Quotations, 1855 D
BCG ワクチン, 1902 F, 1906 I
Beggiatoa, 1842 A, 1887 B
Beilstein のハンドブック, 1880 E
Bengal isinglass, 1882 A
Bergey's Manual of Determinative Bacteriology, 1917 A
Berkefeld フィルター, 1891 A
Bessemer の製鋼法, 1856 E
beta-imidazolylethylamine, 1911 F
Biblia naturae, 1669 B
Bibliotheca universalis, 1545
Binet-Simon テスト, 1914 J
biogeochemical cycles, 1872 D
bios, 1901 D
Birth of a Nation, 1915 I
Bismarck brown, 1884 B
"bloody" polenta, 1823 A
Bordetella pertussis, 1906 C
Borrelia, 664
Borrel 小体, 1906 G
Bosch の手法, 1908 F
Botrytis, 1835 A
bovo-vaccine, 1902 F
Boy Pioneers and Sons of Daniel Boone, 1910 H
Brandenburg Concerti, 1721 B
British Association for the Advancement of Science, 1830 D

British Plague Commission, 1906 D
Broad Street water pump, 1854 C
Brucella, 1887 D, 1914 A, 1918 C
Brucella tularense, 1911 C
Bulfinch's Mythology, 1855 D
Bull Moose Party, 1912 I

C

California Institute of Technology, 1891 H
Cambridge University, 1217
camera lucida, 1812 E
Candide, 1759 C
Canon, 1020
Carmen, 1875 G
Ceylon moss, 1882 A
Chamberland フィルター, 1884 C, 1891 A
Chaos infusorium, 1767 B
"Characterization and Classification of Bacterial Types", 1917 A
"Charge of the Light Brigade", 1854 F
Childe Harold's Pilgrimage, 1812 G
Chlamydia, 1907 B
Chlamydia psittaci, 1879 C
chlamydobacteria, 1846 D
Chlamydozoa, 1907 B
Chromatium, 1887 B
cinematographe, 1895 J
"Civilization", 1870 D
Claviceps purpurea, 857
Clostridium
  発見, 1861 B
  命名, 1880 A
Clostridium acetobutylicum, 1912 A
Clostridium botulinum, 1895 C
Clostridium pasteurianum, 1895 A
Clostridium perfringens, 1892 A
Clostridium tetani, 1884 F, 1889 D
Clostridium welchii, 1892 A
Coccobacteria, 1886 A

coli-aerogenes 菌, 1898 A
coliform bacteria, 1910 A
colon-typhoid group, 1910 A
contagium vivum fixum, 1892 E
contagium vivum fluidum, 1899 E
Cornfield with Crows, 1890 K
Corynebacterium diphtheriae, 1883 B, 1888 A, 1894 F, 1896 B
Crime and Punishment, 1866 D
crown gall, 1907 D
Crystal Palace, 1851 D
Cynocephalus hamadryas, 1908 B

D

Daisy Miller, 1878 M
Daniel Sieff Institute of Science, 1912 A
Danysz 現象, 1902 H
Das Kapital, 1867 F
Das Rheingold, 1876 J
David, 1504
David Copperfield, 1850 E
De anatomicicis administrationibus, 2 世紀 A
De anima, 1020
Debility of the Lower Extremities, 1789 A
De contagione, 1546 A, 1762 A
De harmonica mundi, 1609
De historia stirpium, 1542
De humani corporis fabrica, 1543 A
dehydrases, 1912 E
De la formation du foetus, 1637
De magnete, magnetisque corporibus, et de magno magnete tellure, physiologia nova, 1600 A
De materia medica, 77 B, 1530 B, 1542
De morbis cutaneis et omnibus corporis humani excrementis tractatus, 1572
De motu, 1590 B
De motu cordis, 1628
De nova stella, 1573
dephlogisticated air, 1780 B, 1781 B, 1783 B

De plantis, 1583
Der Aetiologie, der Begriff und die Prophylasis des Kindbettfiebers, 1861 C
De re anatomica, 1559
De revolutionibus orbium coelestium, 1543 B
Der Ring des Nibelungen, 1876 J
Der Rosenkavalier, 1911 O
Des animaux, 1749 B
De sedibus et causis morborum per anatomen indagatis, 1761 A
De sexu plantarum epistola, 1694
Desmobacteria, 1886 A
Desulfovibrio desulfuricans, 1894 B
De thiende, 1585
De usu partium, 2世紀 A
De vegetabilibus, 1250 A
De venarum ostiolis, 1603
De vero telescopii inventore, 1608
Dewar flask, 1892 H
Diary, 1660 D, 1675 A, 1825 F
Die Cellularpathologie, 1858 B
Die Fledermaus, 1874 G
Die Götterdämmerung, 1876 J
Die Organische Chemie in ihrer Anwendung auf Physiologie und Pathologie, 1846 F
Die Vitamine, 1912 G
Die Walküre, 1876 J
Die Winterreise, 1827 G
difference engine, 1822 C, 1832 E
dimethyl-*p*-phenylenediamine, 1895 F, 1895 G
Diplococcus, 1902 B
Diplococcus pneumoniae, 1884 G
diploid, 1882 I
Diptera, 1883 E
Discorsi e dimostranzioni matematiche intorno a due nove scienze, 1610
Discours de la méthode, 1637
Dispensatorium, 1535 A
DNA,⟶デオキシリボ核酸
Doctor Faustus, 1592
Don Giovanni, 1787 D

Donnan の膜平衡, 1911 K
Doppler 効果, 1842 E
DPN, 1906 K
Dracula, 1897 N
Dr. Fu Manchu, 1913 K
D-ribose, 1909 I
Drosophila, 1910 E, 1911 G, 1911 H, 1915 D
Dubliners, 1914 N
Du côtéde chez Swann, 1913 K
Durham 管, 1898 B

E

ear rot of corn, 1879 D
Ebers のパピルス古文書, 紀元前 1500 A
Eberthella typhi, 1880 B
Edison 効果, 1883 I
Ehrlich-Böhme 試薬, 1889 A
electric pile, 1800 D
Elgin Marbles, 1803 D
Encyclopedia Britannica, 1771 D
Encyclopedie, 1751
Enterobacter aerogenes, 1885 A, 1898 A
entozoa, 1825 E, 1867 B
Epidemiorum et ephemeridium, 1640
Erlenmeyer フラスコ, 1890 H
Erwinia, 1899 B
Erwinia amylovora, 1879 D
Escherichia coli, 1885 A, 1889 A, 1898 A, 1907 A, 1910 A, 1915 A
Escherichia coli mutabile, 1907 A
"Essay on the Principle of Population", 1798 C
Ethan Frome, 1911 P
Eubacteria, 1886 A, 1897 A
Eurydice, 1600 B, 1607 B
Experimental Inquiry Concerning the Source of Heat Excited by Friction, 1798 A
Experiments upon Magnesia Alba, Quicklime, and Some Other Alcaline Substances, 1754

F

$F_1 \cdot F_2$ 世代, 1909 H

Fahrenheit スケール, 1714
Fairy Tales, 1835 D
Fallopius 管, 1561
Familiar Quotations, 1855 D
Family Limitation, 1914 M
Far From the Madding Crowd, 1874 F
Fäulnissbacterien, 1885 B
Faust（グノー）, 1859 H, 1883 L
Faust（ゲーテ）, 1808 B
Fidelio, 1805 C
Finlandia, 1899 K
Fischer 投影式, 1884 K
Flexner の菌, 1900 E, 1903 D
Foucault の振り子, 1851 B
Francisella tularensis, 1911 C
Frankenstein, or the Modern Prometheus, 1818 C
Frankia, 1887 C, 1888 B
Friedländer 桿菌, 1882 E, 1884 G
fructose-1, 6-bisphosphate, 1914 F
fructose-6-phosphate, 1918 F

G

Galen の疫病, 164
gas sylvestre, 1648 A, 1757
Gay-Lussac の法則, 1699 B, 1787 B
Gay-Lussac 反応式, 1815 A
gemmules, 1868 E
General History of Virginia, 1624 C
Genera morborum, 1763 A
Genera plantarum, 1737
Geographica, 2世紀 B
Giemsa 染色, 1905 I
Gifton College, 1869 K
Girl Scouts of America, 1912 I
gluconeogenesis, 1912 D
Golgi 体, 1885 L, 1898 L
Gram 染色, 1882 E, 1884 B, 1884 G
Great Expectations, 1861 K
great pokkes, 1495 A
Grüber-Widal test, 1896 E
guano, 1805 A

Gulliver's Travels, 1726 B
"Gunga Din", 1892 J
Gunter 尺, 1620 A, 1622

H

H 抗原, 1903 G
Haber 法, 1908 F
Haemastaticks, 1733
Haemophilus influenzae, 1892 B
Haffkine Institute, 1897 F
Halley 彗星, 1705
Handbuch der organischen Chemie, 1880 E
Handbuch der Pflanzenphisiologie, 1881 I
Hansel and Gretel, 1893 J
Hansen 病, 1874 A
haploid, 1882 I
Harden-Young エステル, 1906 J
Harden-Young 補酵素, 1906 K
Harvard University, 1636
Heine-Medin 病, 1881 G
Henry VI, 1590 C
Herbarum Vivae Eicones, 1530 B
Hereditary Genius, 1869 F
Her First Biscuit, 1912 J
Hétérogénie, ou traité de la génération spontanée, 1858 A
Hippocrates の誓い, 紀元前 460
Hippocrates の四体液, 紀元前 460
Hippocrates 派, 紀元前 460
Histoire naturelle, 1749 B
Historia animalium, 1546 B
Historia insectorum generalis, 1669 B
Historia plantarum, 1546 B
History of the Peloponnesian War, 紀元前 430 A
History of the Valorous and Witty Knight–Errant Don Quixote, 1605
HIV, 1904 E
H.M.S. Pinafore, 1878 L
Hodgkin 病, 1832 B
horror autotoxicus, 1901 I
Huckleberry Finn, 1884 P
Hudson's Bay Company, 1670 C

I

I and the Village, 1911 Q
Il Trovatore, 1853 E
Importance of Being Earnest, 1895 L
indophenol blue, 1895 F, 1895 G
indophenol oxidase, 1895 G, 1897 K, 1910 D
inflammable air, 1766 A, 1781 B, 1783 B
influentia coeli, 1580
Infusoria, 1773 A
ingrafting（天然痘）, 1717
"In Memoriam, A.H.H.", 1850 E
Inside the Bar, Tynemouth, 1883 M
International Bureau of Weights and Measures, 1875 E
Is Mars Habitable?, 1858 D
Ivanhoe, 1819 D
Ivory soap, 1878 K

J

Jacquard の織機, 1801 C, 1832 E
Jamestown 植民地, 1607 A
Jane Eyre, 1847 E
Johns Hopkins Medical School and Hospital, 1893 I

K

Kaposi 肉腫, 1872 E
Kelvin 温度計, 1851 A
King James Bible, 1611
Klebsiella, 1882 E, 1902 B
Klebsiella pneumoniae, 1882 E, 1884 G
Klebs-Löffler 桿菌, 1883 B
Koch の 4 原則, 1840 A, 1877 D, 1882 D, 1883 B
Koch の平板培地法, 1881 A
Kovács 試薬, 1889 A

L

La Bohème, 1896 K
Lactobacillus, 1901 B
La Dioptrique, 1637
La Géométrie, 1637
Langmuir の水槽, 1910 G
L'Art Poétique, 1674 B
La Traviata, 1853 E
Leaves of Grass, 1855 D
Le contrat social, 1762 B
Lehrbuch der Botanik für Hochschulen, 1882 I
Le livre de tous les ménages, 1810 B
Le moulin de la Galette, 1900 S
Le nozze di Figaro, 1786 B
Le règne animal, 1798 B
Le sacre du printemps, 1913 L
Les demoiselles d'Avignon, 1907 O
Les météores, 1637
Les misérables, 1862 E
Lettres anglaises ou philosophiques, 1734
Lewis-Langmuir 理論, 1916 F
Leyden 瓶, 1745 B, 1752
L'Homme, 1637
lock-and-key 説, 1894 I, 1897 G
Lohengrin, 1850 D
Lucia di Lammermoor, 1835 C
"Lullaby", 1868 F
Lyrical Ballads, 1798 D

M

Macaca rhesus, 1908 B
macadam, 1815 C
Macbeth, 1606 B
macrophages, 1884 H
Madame Bovary, 1856 F
Madame Butterfly, 1904 M
Magna Carta, 1215
Man and Superman, 1902 P
Manual of Determinative Bacteriology, 1901 A
Mason-Dixon 線, 1766 B
Massachusetts Bay Colony, 1630 A
Mathematical Analysis of Logic, 1847 C
Maxwell の魔物, 1867 C
Mazarin Bible, 1454
Meditationes de prima philosophia, 1637

Mémoire sur la fermentation alcoölique, 1860 A
Mémoire sur la fermentation appelée lactique, 1857 C
Mendelの法則, 1902 I, 1903 M, 1915 D
Mendelian factor, 1909 H
Mendel's Principles of Heredity：a Defence, 1902 I
Messiah, 1742
Methode de nomenclature chimique, 1787 A
Methodus plantarum nova, 1682 A
Michaelis-Menten 式, 1913 F
Michelson-Morley 実験, 1887 H
Micrococcus, 1872 B, 1875 A
Micrococcus amylovorus, 1879 D
Micrococcus melitensis, 1887 D, 1897 D
Micrographia, 1665 B
microphages, 1884 H
Microscopical Researches into the Similarity in the Structure and Growth of Animals and Plants, 1839 D
Moby Dick, 1851 F
Moll Flanders, 1721 C
Mollusca, 1798 B
Mona Lisa, 1507
Monas, 1773 A
Moulin de la Galette, 1876 L
Mycobacterium leprae, 1874 A
Mycobacterium tuberculosis, 1882 D
Mycoderma aceti, 1868 B
Mycoderma mesentericum, 1822 A
Mycologia europia, 1825 A
mycoplasma, 1898 D

N

NAD, 1906 K
NADI 試薬, 1895 G
Napier の骨, 1617 B, 1622
National Academy of Sciences, 1863 D
National Association for the Advancement of Colored People (NAACP), 1909 K
"Nature", 1836 C
Nature（雑誌）, 1869 H
Neanderthal 人, 1856 D
Negri 小体, 1903 L
Nei Ching, 紀元前 2595 A
Neisseria gonorrhoeae, 1879 B, 1887 E
Neisseria meningitidis, 1887 E
Neuberg エステル, 1918 F
Neufeld Quellung 反応, 1902 B
Neurocytes hydrophobiae, 1903 L
Neurospora, 1908 E
New Experiments Physico-Mechanicall, 1662 A
New System of Chemical Philosophy, 1803 A
Nitrobacter, 1877 C
Nitrosomonas, 1877 C
Notes on the Matters Affecting the Health, Efficiency and Hospital Administration of the British Army, 1860 B
Novum organum, 1620 B
nuclein, 1869 E, 1889 I
nucleoproteid 毒素, 1910 C

O

O 抗原, 1903 G
Oberlin College, 1833 D
Ode on a Grecian Urn, 1819 D
Of Human Bondage, 1915 H
"Of Measles in the Year 1670", 1670 B
Oidium albicans, 1902 B
Old Tuberculin, 1890 C, 1907 E, 1908 C
Oliver Twist, 1838 H
On Growth and Form, 1917 E
"On the Communication of Cholera by Impure Thames Water", 1854 C
"On the Distinctions of a Plant and an Animal, and on a Fourth Kingdom of Nature", 1861 D
"On the Dynamical Theory of the Electromagnetic Field", 1865 D
"On the Equilibrium of Heterogeneous Substances", 1878 I
On the Mode of Communication of Cholera, 1854 C
On the Natural Varieties of Mankind, 1776 C
On the Origin of Species by Means of Natural Selection, 1858 D, 1859 B
"On the Tendency of Varieties to Depart Indefinitely from the Original Type", 1858 D
Opuscles physiques et chimiques, 1774 C
Opus majus, 1249
Orfeo, 1607 B
Oscillarias, 1872 B
Oscillatoria, 1842 A
Otello, 1887 I
Oxford English Dictionary (*OED*), 1884 O
oxidase, 1897 J
oxymuriatic acid, 1800 A
Ozymandias, 1818 C

P

Pagliacci (Ruggiero Leoncavallo), 1892 I
panspermia, 1907 J
Paradise Lost, 1667 C
Parkinson 病, 1817 B
Park-Williams 株, 1894 F
Paschen 小体, 1906 G
Pasteur 研究所, 1885 H, 1888 G
Pasteurella multocida, 1880 C
Pasteurella pestis, 1914 B
Pasteurella tularensis, 1911 C
Pathologische Untersuchungen, 1840 A
peach yellows, 1879 D
pear blight, 1879 D
pestilence, 紀元前 3180, 紀元前 1190
Petri's capsules, 1887 A
Petri 皿, 1881 A, 1887 A
Philosophiae naturalis principia mathematica, 1687
Philosophical Transactions of the

欧文索引　　　*247*

Royal Society of London, 1665 E
Philosophie zoologique, 1809
Phytophthora infestans, 1846 C
plague, 紀元前 3180, 紀元前 1190, 紀元前 790〜640, 79, 251
Playboy of the Western World, 1907 N
pleuropneumonialike organisms（PPLO）, 1898 D
pleuropneumonia organisms（PPO）, 1898 D
Plutarch's Lives, 紀元前 790〜640, 1579
pneuma, 紀元前 280
pneumotyphus, 1879 C
Poems of Emily Dickinson, 1890 J
Poems（キーツ）, 1817 E
Poems（ホプキンズ）, 1918 H
Poetry in Two Volumes, 1807 E
potato scab, 1879 D
precipitation reaction, antisera, 1897 I
Pride and Prejudice, 1813 D
Principia mathematica, 1666 B, 1687
Principia Mathematica, 1913 H
Principia philosophiae, 1637
Prometheus Unbound, 1819 D
Proteus, 1885 B, 1916 D
protoctist, 1861 D
Prufrock and Other Observations, 1917 I
Pseudomonas, 1882 C, 1886 C
Pseudomonas aeruginosa, 1882 C
Pygmalion, 1914 O

Q

Queen Elizabeth（映画）, 1912 J

R

Radcliffe College, 1879 J
Radiata, 1798 B
Reflections on the Decline of Science in England, 1830 D
Requiem, 1874 G
Restkörper, 1915 B
rhesus monkey, 1909 F

Rhizobium, 1888 B
Rhizobium leguminosarum, 1888 B
Rhizopus, 1904 A
Rhodes 奨学金, 1902 N
Rickettsia, 1909 D
Rickettsia prowazekii, 1916 C
Rigoletto, 1851 E
Ringer 液, 1883 G
"Rip Van Winkle", 1820 F
RNA, 1909
Robison エステル, 1914 G
Robinson Crusoe, 1719
Rockefeller Institute for Medical Research, 1901 M
Rocky Mountain 紅斑熱, 1906 E, 1909 D
Romanowsky 染色, 1902 J, 1905 I
Rothamsted 農業実験場, 1857 B
Rous sarcoma virus, 1911 E
Royal Opera House, 1858 F
Royal Society of London, 1662 B, 1665 E, 1673 A, 1715 A

S

Saccharomyces, 1837 B
Salmonella, 1886 F
Salmonella enteriditis, 1888 D, 1896 A
Salmonella paratyphi, 1900 D
Salmonella typhi, 1880 B, 1884 E, 1889 A, 1910 A
Salomé, 1905 O
salt frog 実験, 1872 G
Sarcina ventriculi, 1842 B
Schick テスト, 1913 B
Schinzia leguminosarum, 1888 B
Schizomycetes, 1857 A, 1897 A, 1916 A
Schreckbewegung, 1881 D, 1885 C
Scrutinium phisico-medicum pestis, 1646 A
Self-Portrait with Severed Ear, 1889 L
seminaria, 1546 A
Sense and Sensibility, a Novel by a Lady, 1811 E
Serratia marcescens, 1823 A, 1900 C
She Stoops to Conquer, 1773 C
Shigella 毒素, 1903 D
Shigella dysenteriae, 1898 C, 1900 E, 1903 D
Shigella flexneri, 1900 E, 1903 D
Siegfried, 1876 J
Sketch Book of Geoffrey Crayon, Gent, 1820 F
small pokkes, 1495 A
Smithsonian Institution, 1846 I
Society of American Bacteriologists, 1899 G, 1916 G, 1917 A
Somerville College, 1879 J
"Song of Hiawatha", 1855 D
Songs of a Sourdough, 1907 M
SOS 遭難信号, 1906 P
Sotto-Bacillen, 1902 E
Species plantarum, 1753
spiraeic acid, 1899 I
Spirilina, 1825 A
Spirillum, 1838 A, 1868 A
Spirillum desulfuricans, 1894 B
Spirillum volutans, 1888 A
spiritus nitro-aereus, 1675 B
Spirochaeta, 1838 A
Spiroceta pallida, 1905 D
Spirogyra, 1674 A
Sporonema, 1852 A
Stanford-Binet テスト, 1914 J
St. Anthony's fire, 857
Staphylococcus, 1878 C, 1881 B, 1884 A
Staphylococcus albus, 1884 A
Staphylococcus aureus, 1884 A, 1905 B
化膿性, 1905 B
食中毒, 1894 D, 1914 C
Staphylococcus pyogenes albus, 1884 A
Staphylococcus pyogenes aureus, 1884 A
"Stars and Stripes Forever", 1897 O
Streptococcus, 1875 A, 1881 B, 1884 A, 1884 G, 1902 B,

1903 A
Streptococcus lactis, 1878 B
Streptococcus pneumoniae, 1884 G
Streptococcus pyogenes, 1884 A
Studien über Hysterie, 1895 I
Stundenbuch, 1905 N
swan-necked flask, 1861 A
Symphony no. 1 in C Major, 1800 G
Symphony no. 1 in D Major, 1813 C
Symphony no. 5, the Fifth Symphony, 1888 K
Synopsis palmariorum matheseos 1706
"Syphilis sive Morbus Gallicus", 1530 A
System a naturae, 1735 B, 1767 B
System der Bakterien, 1897 A

T

Tale of Peter Rabbit, 1902 O
Tarzan of the Apes, 1914 N
TAT, 1909 G, 1913 N
Tess of the D'Urbervilles : A Pure Woman, 1891 I
tetranucleotide, 1909 I
Theatrum chemicum, 1500
The 1812 Overture, 1882 M
The Adventures of Sherlock Holmes, 1882 L, 1891 I
The Adventures of Tom Sawyer, 1876 K
The Age of Fable, 1855 D
"The Anacreontic Song", 1814 B
The Artist's Mother, 1872 H
The Barber of Seville, 1816 C
The Beggar's Opera, 1728
The Beginning of Life, 1872 A
"The Blue Danube Waltz", 1867 G
The Brothers Karamazov, 1879 L
The Canterbury Tales, 1400
The Communist Manifesto, 1847 D
The Compendious Dictionary of the English Language,

1806 D
The Compleat Angler, 1653 B
The Count of Monte Cristo, 1845 E
"The Cremation of Sam McGee", 1907 M
The Decameron, 1358
The Deerslayer, 1841 C
The Descent of Man and Selection in Relation to Sex, 1871 C
The Divine Comedy, 1307
The Elements, 紀元前 300
The Fall of the House of Usher, 1839 H
The Four Horsemen of the Apocalypse, 1918 H
The Four Seasons, 1726 A
The Gates of Hell, 1880 G, 1886 L
The Great Herbal, 紀元前 3000 A
The Heart of Darkness, 1902 O
The History of the Decline and Fall of the Roman Empire, 1776 F
The History of Tom Jones, a Foundling, 1749 C
The House of the Seven Gables, 1851 F
The Iliad, 紀元前 1190
The Joy of Life, 1906 R
The Kiss, 1886 L
The Lady of the Lake, 1810 G
The Last of the Mohicans, 1826 B
The Last Supper, 1495 B
"The Legend of Sleepy Hollow", 1820 F
The Life and Death of Mr. Badman, 1680 A
The Life and Opinions of Tristram Shandy, Gentleman, 1759 C
The Lives of the Noble Grecians and Romans, Plutarch's Lives, 紀元前 790, 1579
"The Love Song of J. Alfred Prufrock", 1917 I
The Magic Flute, 1791 B
The Mikado, 1885 R
The Mill on the Floss, 1860 C
"The Monument", 1671 B

The Musketeers of Pig Alley, 1912 J
The Night Watch, 1641 B
The Old Curiosity Shop, 1841 C
The Old Guitarist, 1903 R
Theoria generationis, 1759 A
The Pirates of Penzance, 1879 K
The Plague Research Laboratory, 1897 F
"The Raven", 1842 F
The Red Badge of Courage, 1895 K
The Rise of Silas Latham, 1885 S
The River, 1868 G
"The Road to Mandalay", 1892 J
The Scarlet Letter, 1850 E
The Sceptical Chymist 1661 B
The School for Scandal, 1777 B
The Scream, 1893 K
"The Shooting of Dan McGrew", 1907 M
"The Star-Spangled Banner,", 1814 B
The Strange Case of Dr. Jekyll and Mr. Hyde, 1886 M
The Sunflowers, 1888 L
The Swiss Family Robinson, 1813 D
The Thinker, 1880 G
The Three Musketeers, 1844 D
The Turn of the Screw, 1898 R
The Variation of Animals and Plants under Domestication, 1868 E
The War of the Worlds, 1898 R
The Way of the Western World, 1700
The Wealth of Nations, 1776 E
The Wind in the Willows, 1908 J
The Wisdom of God Manifested in the Works of the Creation, 1686
The Wizard of Oz, 1900 R
The Woman Rebel, 1914 M
"The Ziegfeld Follies", 1907 L
Thiobacillus, 1902 A
Thiobacillus denitrificans, 1903 B
Thiobacillus thioparus, 1902 A,

1903 B
Thiobacteria, 1897 A
Thomas Cook ＆ Son, 1891 G
Through the Looking-Glass and What Alice Found There, 1871 F
Thucydidesの疫病, 紀元前430 A
Tosca, 1900 Q
Tower Bridge, 1894 M
Traité élémentaire de chimie présenté dans un ordre nouveau et d'après les découvertes modernes, 1789 D
transmutation, 1794
Treasure Island, 1883 K
Tristan und Isolde, 1865 F
Tuskegee Normal and Industrial Institute, 1881 L
Twelfth Night, 1600 C
Twenty Thousand Leagues Under the Sea, 1870 D
Two Treatises of Civil Government, 1690 B
Two Women on the Beach, 1891 J
Typhoid Fever：Its Nature, Mode of Spreading and Prevention, 1873 A

U

Über die Erhaltung der Kraft, 1847 B
Uncle Tom's Cabin, 1852 D
"Unfinished Symphony", 1822 E
Un souvenir de Solférino, 1862 D
Untersuchungen über Bakterien, 1872 B, 1872 D
uranic rays, 1896 G

V

Valence and the Structure of Atoms and Molecules, 1916 F
Vanity Fair：a Novel Without a Hero, 1848 F
Vegetable Statics, 1727
Vermes, 1767 B, 1773 A
Vermium terrestrium et fluviatilum, 1773 A
Vertebrata, 1798 B
Vestiges of the Natural History of Creation, 1844 A
vesuvin, 1884 B
Vibrio, 1773 A, 1825 A, 1838 A, 1868 A
Vibrio cholerae, 1854 B, 1884 D, 1895 E
Vindication of the Rights of Women, 1792
vital spirit, 1660 A
Voges-Proskauerテスト, 1898 A
Voltaの電池, 1800 D
Volutankugeln, 1888 A
volutin, 1888 A

W

Walden, or Life in the Woods, 1854 F
War and Peace, 1865 G
Wassermannテスト, 1906 H
Water Music, 1715 B
Weil-Felix反応, 1916 D
Weizmann Institute, 1912 A
Welch's bacillus, 1892 A
Where Angels Fear To Tread, 1905 N
Widalテスト, 1896 E
Woman in a Red Dress, 1891 J

Wright染色, 1902 J
Wurstvergiftung, 1820 A
Wuthering Heights, 1847 E

X

X線, 1895 H
X線スペクトル, 1914 I

Y

yellow plague, 664
Yersinia pestis, 1894 C
YMCA, 1844 C
YWCA, 1855 C

Z

Zellsubstanz, Kern und Zellteilung, 1882 H
Zeppelin型飛行船, 1900 O
Ziehl-Neelsen染色, 1883 A
Zoological Evidence as to Man's Place in Nature, 1863 C
Zoonomia, 1794
zymase, 1897 C

ギリシャ文字

α粒子, 1899 H
βガラクトシダーゼ, 1889 C
β粒子, 1899 H
γ線, 1900 M
πの計算, 紀元前1700, 紀元前260, 190, 499, 600, 1596, 1706, 1882 J

数字

1812年戦争, 1812 F
2, 3-ブタンジオール, 1906 B
「80日間世界一周」, 1873 D

監訳者

嶋田甚五郎（しまだ・じんごろう）聖マリアンナ医科大学客員教授
中島　秀喜（なかしま・ひでき）　聖マリアンナ医科大学教授

科学史ライブラリー

微生物学の歴史 I

定価はカバーに表示

2004年9月10日　初版第1刷

監訳者	嶋　田　甚　五　郎
	中　島　秀　喜
発行者	朝　倉　邦　造
発行所	株式会社　朝　倉　書　店

東京都新宿区新小川町 6-29
郵便番号　１６２-８７０７
電　話 03（3260）0141
FAX　03（3260）0180
http://www.asakura.co.jp

〈検印省略〉

Ⓒ2004〈無断複写・転載を禁ず〉　　新日本印刷・渡辺製本

ISBN 4-254-10580-0　C 3340　　Printed in Japan

塩野義製薬医科学研究所 畑中正一編

電子顕微鏡 ウイルス学

31085-4 C3047　　B5判 196頁 本体6800円

学部学生，大学院生，医学・生物学研究者を対象にして電顕写真を中心に様々なウイルスを具体的に解説した。総論でウイルス学全般を簡潔に解説し，各論ではウイルスの分類，構造と機能，感染と病原性を多くの電顕写真を示しながら解説

前国立感染症研 竹田美文・筑波大 林　英生編

細　　菌　　学

31082-X C3047　　B5判 724頁 本体30000円

分子生物学，分子遺伝学，分子免疫学などの進歩に伴い，細菌学の最近の進歩もめざましいものがあり，感染症の発症機構を分子レベルで解明するようになっている。本書は，細菌学の研究者や周辺領域の研究者，臨床医に有益な専門書

日本ワクチン学会編

ワクチンの事典

30079-4 C3547　　A5判 320頁 本体10000円

新興・再興感染症の出現・流行をはじめ，さまざまな病気に対する予防・治療の手段として，ワクチンの重要性があらためて認識されている。本書は，様々の疾患の病態を解説したうえで，ワクチンに関する，現時点における最新かつ妥当でスタンダードな考え方を整理して，総論・各論から公衆衛生・法規制まで，包括的に記述した。基礎・臨床の医師，看護師・保健師・検査技師などの医療関係者，および行政関係者などが，正確な理解と明解な指針を得るための必携書

TH.M.シュタイネック／K.ズートホフ著
元順天堂大 小川鼎三監訳

図　説　医　学　史

10025-6 C3040　　A5判 368頁 本体7800円

250枚の豊富な図版を中心に，古代から現代に至る医学と医療の歩みが簡潔にわかりやすくまとめられている。すべての問題にふれられている概説書を希望の方，臨床医，コメディカル関係者，科学史・文化史専攻の方々にとって最適の書である

E.J.ホームヤード著　元東経大 大沼正則監訳
科学史ライブラリー

錬　金　術　の　歴　史
—近代化学の起源—

10571-1 C3040　　A5判 272頁 本体5500円

錬金術の起源と発展を記述し基礎にある哲学を解説。錬金術にまつわるロマンスも描く。図版多数〔内容〕ギリシア／中国／錬金術用器具／イスラム／初期の西洋／記号・象徴・秘語／パラケルスス／イギリス／フランス／ヘルヴェティウス／他

P.J.ボウラー著
三重大 小川眞里子・中部大 財部香枝他訳
科学史ライブラリー

環境科学の歴史 I

10575-4 C3340　　A5判 256頁 本体4800円

地理学・地質学から生態学・進化論にいたるまで自然的・生物的環境を扱う科学をすべて網羅する総合的・包括的な「環境科学」の初の本格的通史。〔内容〕認識の問題／古代と中世の時代／ルネサンスと革命／地球の理論／自然と啓蒙／英雄時代他

P.J.ボウラー著
三重大 小川眞里子・阪大 森脇靖子他訳
科学史ライブラリー

環境科学の歴史 II

10576-2 C3340　　A5判 256頁 本体4800円

II巻ではダーウィンによる進化論革命，生態学の誕生と発展，プレートテクトニクスによる地球科学革命，さらに現代の環境危機・環境主義まで幅広く解説。〔内容〕進化の時代／地球科学／ダーウィニズムの勝利／生態学と環境主義／文献解題他

前同志社大 島尾永康著
科学史ライブラリー

人　物　化　学　史
—パラケルススからポーリングまで—

10577-0 C3340　　A5判 240頁 本体3900円

近代化学の成立から現代までを，個々の化学者の業績とその生涯に焦点を当てて解説。図版多数。〔内容〕化学史概説／パラケルスス／ラヴォワジエ／デーヴィ／桜井錠二／下村孝太郎／キュリー／鈴木梅太郎／ハーンとマイトナー／ポーリング他

W.H.ブロック著
大野　誠・梅田　淳・菊池好行訳
科学史ライブラリー

化　学　の　歴　史 I

10578-9 C3340　　A5判 308頁 本体5000円

錬金術，近代化学，環境問題。化学の歩んできた道を人間社会との関わりも含め生き生きと描く。〔内容〕宇宙の本性とヘルメスの博物館／懐疑的科学者／化学原論／化学哲学の新体系／有機分析／化学の方法／化合物／産業に応用される化学／他

上記価格（税別）は 2004年8月現在